Martina Ritter (Hrsg.)

Bits und Bytes vom Apfel der Erkenntnis

Andrea Roedig

(1999)

FORUM FRAUENFORSCHUNG

Schriftenreihe der Sektion Frauenforschung in der Deutschen Gesellschaft für Soziologie

Band 10

Ritter, Martina, 1961, Dr. phil.; Studium der Soziologie, Philosophie und Politikwissenschaft in Frankfurt a.M.; 1987 bis 1992 Mitarbeiterin im Bereich Techniksoziologie am „Institut für Sozialforschung" in Frankfurt a.M. Seit 1992 wissenschaftliche Mitarbeiterin/wissenschaftliche Assistentin am Institut für Soziologie der Universität Gießen im Bereich „Kultursoziologie". Veröffentlichungen: Computer oder Stöckelschuh? Eine empirische Untersuchung über Mädchen am Computer. Frankfurt a.M. 1994; (m.a.) Frauen in der Defensive. Zur backlash-Debatte in Deutschland. Münster 1995.

Bits und Bytes vom Apfel der Erkenntnis

Frauen – Technik – Männer

herausgegeben von
Martina Ritter

WESTFÄLISCHES DAMPFBOOT

Ich geh, ich gehe schon – ich gehe nicht –
mich dünkt, ich sah am Grunde ein Gesicht –
Komm, laß uns lieber heim, die Sonne sticht!

Annette von Droste-Hülshoff (1797-1848)

Für Magdalene Deters, Berlin
gestorben im Januar 1996

Die Deutsche Bibliothek – CIP-Einheitsaufnahme

Bits und Bytes vom Apfel der Erkenntnis : Frauen - Technik - Männer / hrsg. von Martina Ritter. - 1. Aufl. - Münster : Westfälisches Dampfboot, 1999
(Forum Frauenforschung ; 10)
ISBN 3-89691-210-0

1. Auflage Münster 1999

Umschlag: Lütke · Fahle · Seifert, Münster
Druck: Rosch-Buch Druckerei GmbH, Scheßlitz
Gedruckt auf säurefreiem Papier.
ISBN 3-89691-210-0

Inhalt

Vorwort
Bits und Bytes vom Apfel der Erkenntnis
Neuere Debatten in der feministischen Technikdiskussion

Mit dem Band „Bits und Bytes vom Apfel der Erkenntnis“ sollen die verschiedenen Felder der feministischen Technikdiskussion dokumentiert und die Diskussionen vorangetrieben werden. Gerade Fragen der Technikforschung eignen sich für, oder besser: verlangen interdisziplinäre Ansätze, da im Bereich Technik Denkformen, materielle Erfordernisse und Logiken verschiedener Wissenschaftsfelder ineinander verwoben werden. Es erschien uns ein wertes Ziel, diese Verwobenheit zum Thema zu machen und die verschiedenen Denkmuster, die in der Gestaltung von Technik, Technologien und technischen Artefakten aufgehoben sind, hervortreten zu lassen und ihre geschlechtsspezifische Prägung zu durchdenken. Daher sind in diesem Buch Philosophinnen, Historikerinnen, Soziologinnen, Politikwissenschaftlerinnen, Informatikerinnen, Naturwissenschaftlerinnen und Ökonominnen versammelt, um sich mit der Frage Technik und Geschlecht im weitesten Sinne zu beschäftigen. Denn das alte Ziel der Frauenforschung, interdisziplinär zu sein, erweist sich als überaus kompliziert, nichtsdestoweniger notwendig. Leicht ist es, die verschiedenen Varianten der Geistes- und Sozialwissenschaften miteinander ins Gespräch zu bringen, die Debatte zwischen Naturwissenschaftlerinnen und Sozialwissenschaftlerinnen erwies sich aber als äußerst schwierig. Zu verschieden schienen die Denk- und Interpretationsmuster. Gerade das Feld Technik bietet hier aber einen Ansatzpunkt, naturwissenschaftliche Rationalitätsmuster auf ihre kontextuelle sozio-kulturelle Situiertheit hin zu prüfen, wie auch umgekehrt die sozialwissenschaftlich abgesicherten Abgrenzungen von Technikwissen und technik-logischen Denkformen in Frage zu stellen und deren Potentiale zu verstehen.
Obgleich die modernen, alle Gegenstandsbereiche und Politikfelder umspannenden großen Erzählungen durch die Betonung der Unsicherheit und Kon-

tingenz spätmoderner Gesellschaften ins Wanken gebracht worden sind und ihre Erklärungskraft sehr gelitten hat, gilt diese Verunsicherung nur begrenzt für die Traditionen des Geschlechterverhältnisses. Die geschlechtsspezifische Arbeitsteilung sowie die damit korrespondierende Vergeschlechtlichung von Technik sind immer noch konstitutive Elemente moderner Gesellschaften. Wenn auch der allseits bekannte umgangssprachliche Ausruf „Frauen und Technik!" mit seinen impliziten Vorurteilen gegenüber dem technischen Verständnis und den technischen Fähigkeiten von Frauen lächerlich und daher leiser geworden ist, muß dies nicht zugleich Ausdruck eines Einstellungswandels sein. Es stellt sich daher die Frage, inwieweit und an welchen Stellen die geschlechterbezogenen Zuschreibungsmuster langsam aufbrechen und wo und wie, trotz des Wandels, die immergleichen Bilder reproduziert werden. Unabhängig von den Lebenswelten und Tätigkeitsbereichen beeinflussen die gesellschaftlichen, geschlechterbezogenen Leitbilder als Subtexte nach wie vor kulturelle Deutungsmuster und soziales Handeln, im privaten wie im arbeitsbezogenen Handeln. In ihren handlungsleitenden Funktionen bilden individuelle und gesellschaftliche Leitbilder zugleich Filter, die die wichtige Eigenschaft haben, die Komplexität der sozialen Wirklichkeit zu reduzieren, also die Wahrnehmung von Realität zu begrenzen, um so soziales Handeln zu ermöglichen. Damit verbindet sich die Tendenz, das Unbekannte oder mit dem Bekannten unvereinbare Phänomen kognitiv auszufiltern. Diese Filterfunktionen geschlechterbezogener Leitbilder erklären auch das Beharrungsvermögen von Vorurteilsstrukturen im Hinblick auf technisches Wissen und Können von Frauen. Denn technische Pionierleistungen und Kompetenzen von Frauen erleiden entweder das Schicksal der Ausblendung oder der verzerrten Wahrnehmung und Interpretation. Hier zeigt sich ein zu analysierender Zusammenhang mit dem von der Frauenforschung konstatierten „doing-gender" in der Professionalisierungsentwicklung (Wetterer), also für die Reproduktion dessen, was als typisch weiblich und typisch männlich gilt. Dies betrifft vor allem ingenieurwissenschaftliche Berufsfelder.
Gehen wir davon aus, daß unser Alltagshandeln auch von geschlechterbezogenen, leitbildgesteuerten Subtexten strukturiert wird, stellt sich die Frage, inwiefern sich die Geschlechter in der Reproduktion von geschlechterspezifischen Zuschreibungen im Hinblick auf Technik unterscheiden. Ein speziell Frauen unterstelltes reduziertes Technikverständnis spiegelt sich augenscheinlich in einer bei Frauen verbreiteten „Technikfeindlichkeit" und „Technikdistanz" wieder. Die in techniksoziologischen Forschungen herauskristallisierten Unterschiede zwischen Mädchen und Jungen in bezug auf Aneignungs- und Anwendungsweisen von Technik geraten vor diesem Hin-

tergrund in Gefahr, nicht als „verschieden aber gleichwertig“ interpretiert, sondern als typisch weibliche Technikdistanz ausgelegt zu werden. Auf der anderen Seite bedeutet die Durchsetzung von Leitbildern und die im Bedeutungshorizont moderner Gesellschaften erzeugten Deutungsmuster von Männlichkeit und Weiblichkeit, daß die Subjekte diese Muster tendenziell teilen und reproduzieren: Das, was analytisch als Stereotyp herauskristallisiert werden kann, wird eben auch von den Subjekten tendenziell gefühlt und gelebt. In diesem Zusammenhang stehen dann Analysen von Konfliktlagen, die sich für Frauen durch ihre Selbstdeutungen wie auch durch gesellschaftliche Stereotypisierungen in der Beschäftigung mit Technik ergeben. Eine Analyse dieser Zusammenhänge wie auch die theoretische Entschlüsselung moderner Rationalitätsformen als am männlichen Subjekt ausgebildete und entlanggedachte Muster des Denkens sind deshalb ein wesentlicher Schritt, die scheinbare Objektivität und Rationalität technischer Prozesse zu entschlüsseln und zu kontextualisieren. Mit dem Anlegen feministischer Kategorien an diese Logiken lassen sich dann Perspektiven für eine Gesellschaftskritik und für Utopien unverzerrter Identität entwickeln.
Die Aufsätze des Sammelbandes sind themenspezifisch in vier Abschnitte gruppiert.

I. Geburten aus dem Geist
Im ersten Abschnitt sind Aufsätze versammelt, die die Verknüpfung von Erkenntnistheorie und Männlichkeit unter dem Gesichtspunkt der Geist-Körper-Trennung thematisieren. Die Logik der technisch-naturwissenschaftlichen Denkmuster wird in die Traditionen der philosophischen Wahrheitsdiskussion eingeordnet und auf ihre geschlechtsspezifischen Verzerrungen und Verankerungen hin überprüft.
Regina Becker-Schmidt rekonstruiert in ihrem Aufsatz die in die methodischen Postulate der Naturwissenschaft eingelassenen identitätslogischen Phantasien einer kontrollierbaren Geburt aus dem Geist, der auf die mit Vielfalt und Zufälligkeit verknüpfte „weibliche Reproduktionsweise“ verzichten kann und soll. Dies erfüllt sich in der Phantasie vom Vater als dem Statthalter der Gewißheiten, dessen Sohn die Variation des Neuen bedeutet.
Diese Konstruktion des Lebens jenseits von Weiblichkeit verfolgt auch Maria Osietzki, wenn sie aus den Gesetzen der Thermodynamik die zugrunde liegenden Vorstellungen von männlicher Ordnungskraft und Selbstreferentialität als Grundmodell für Leben herauskristallisiert.
Am Beispiel der sprachlichen Rekonstruktion des Begriffes „intelligentia“ erläutert Heike Stach die Durchsetzungskraft des Konzeptes „Künstliche In-

telligenz“, das in der Tradition der abendländischen Philosophie zum Kulminationspunkt des Schöpfermythos’ „Geist aus Geist“ wird, und daher zukunftsträchtig die Unabhängigkeit von einschränkender Stofflichkeit verspricht.
Barbara Schelkle dreht diese Denkspirale eine Windung weiter, indem sie die Debatte um die Unterscheidung von Menschen und Maschinen rekonstruiert. Sie zeigt dabei, wie im Bemühen um Abgrenzung des Menschlichen vom Maschinellen die definitorischen Differenzen konstruiert werden, die letztlich wieder biologisch-naturwissenschaftliche Begründungen als letzte Objektivitäten herbeizitieren. Die Ausformung der sozialen Verhältnisse, die den „Familienvater“ als Generaltypus für den „Menschen“ anbietet, verschwindet in dieser Perspektive.

II. Situiertes Wissen – Lebenswelt und Deutungsmuster
Mit der soziokulturellen Situiertheit und Kontextgebundenheit von Wissensformen, Denkmodellen und konkreten Technologien beschäftigen sich die hier zugeordneten Aufsätze. In diesen Zusammenhang haben wir auch die Texte gebracht, die an den sozio-kulturellen Bedeutungen ansetzen, innerhalb derer Subjekte technische Artefakte und Technologien in ihr Alltagshandeln einordnen. An diesen Beispielen zeigen sich die Konsequenzen der Vergeschlechtlichung von Technik, wie auch die sich daraus ergebenden gelebten und theoretischen Potentiale der Kritik an der zunehmenden Technisierung der Welt.
Elvira Scheich zeigt in ihrer Rekonstruktion der verschiedenen Konzeptionen der Naturerkenntnis, wie naturwissenschaftliche Tatsachen konstruiert werden. Dabei wird deutlich, daß sich im Zuge der Erkenntnisprozesse der als unveränderliche „Natur“ gefaßte Gegenstand der Forschung tendenziell auflöst. Den darauf reagierenden innertheoretischen Ausschlußversuchen zur Konstruktion eines hermetischen Weltbildes setzt sie die Situiertheit des Wissens und den Bezug auf die Differenzkategorie Geschlecht als Kontrastfolie entgegen.
Auch Martina Hammel betont die Kraft der soziologischen Kategorie „Geschlecht“ als Differenzierungsmodell gegen die Normen der Formalisierung und Abkoppelung von sozialen Zusammenhängen, der die Technikgestaltung zunehmend unterliegt. Feministische Kategorien will sie nicht als inhaltlich definierte Weiblichkeit verstanden wissen, sondern als Kritik scheinbar wertfreier Modelle.
Der Artikel der Herausgeberin (Martina Ritter) reflektiert Ergebnisse von zwei qualitativen empirischen Untersuchungen über adoleszente computerbegeisterte Mädchen, anhand derer die Bedeutung des Computers als „kultu-

relles Objekt“ im Selbstdeutungsprozeß der Mädchen sichtbar wird. Es zeigt sich darin die normative und psycho-dynamische Strukturierungskraft des Computers für die Identitätsbildungsprozesse der Mädchen im Spannungsfeld ihrer Bindungen an den Vater als Männlichkeits-Typ und ihrer inneren Konfliktlagen zu ihrer Selbstdefinition als Frau.
Christel Walter berichtet aus ihrer empirisch-inhaltsanalytischen Untersuchung zu den Technikkonzepten von Männern und Frauen. Sie kristallisiert dabei die geschlechtsspezifischen Selbst- und Fremdzuordnungen zur Technik heraus und kann zeigen, daß die Eigenstereotypisierungen nicht unbedingt der gesellschaftlichen Vergeschlechtlichung von Fachgebieten entsprechen.

III. Organisationen ohne Geschlecht?
Von Bedeutung erscheint die in der Techniksoziologie und Informatik geführte Diskussion über den Einfluß der in Software eingelassenen Denk- und Wissenssysteme auf das Handeln von AnwenderInnen. Bezogen auf einen möglichen technikinduzierten Organisationswandel wird außerdem relevant, welches Verständnis über die Strukturen von Organisationen in der Softwareentwicklung bzw. Informatik vorherrschend ist. Damit verbindet sich die Vermutung, daß die fachspezifischen Vorstellungen nicht nur in die betriebliche Software eingelassen sind, sondern auch über deren Nutzung Einfluß auf die Neustrukturierung von Organisationen nehmen. Ließ sich in der Informatik in den 80er Jahren ein eher reduziertes Problemverständnis sozialer Prozesse in Organisationen beobachten, kristallisieren sich gegenwärtig verschiedene Positionen heraus. Dabei stellen sich allgemein Fragen nach ihren Orientierungen sowie Auswirkungen auf die Softwaregestaltung und den darin angelegten Handlungsrestriktionen oder -möglichkeiten und speziell nach feministischen Positionen innerhalb dieses Diskurses.
Eva Jelden macht deutlich, wie gerade in der Informationstechnologie bereits auf der Konstruktionsebene von Programmen normativ gebundene Vorentscheidungen getroffen werden, die die Handlungsspielräume von Menschen systematisch einengen. Die moralischen Zielformulierungen, die durch Softwareexperten in Arbeitsprozesse eingehen, aber als solche nicht mehr erkennbar sind, deuten auf die zunehmende Umwandlung von moralischen Problemen in technische Fragen hin.
Regina Buhr und Boris Buchholz zeigen anhand der Rekonstruktion der Entwicklung der gängigen Schreibmaschinentastatur, welche Interessen und Schließungsmechanismen zur Durchsetzung scheinbar objektiv rationaler Lösungen führen. Die Perspektive der Geschlechterdifferenz dient ihnen zur

Verdeutlichung der Interessengebundenheit technischer Entwicklungen. Auch Brigitte Aulenbacher versteht das hierarchische Geschlechterverhältnis als durchgängiges Strukturierungsprinzip moderner Gesellschaften, das auch die Rationalisierungsprozesse in der Industrie trotz gewisser Abmilderungen tendenziell androzentrisch gestaltet.
In ihrem Artikel über die Chancen von Frauen in den Informationstechnologien konstatiert Bettina Schmitt die Wiederkehr bekannter Muster der Benachteiligung von Frauen im Erwerbsleben. Dennoch macht sie Bruchstellen aus, an denen andere Entwicklungen als die geschlechtertypischen möglich sein könnten. Diese setzen an den diskursiven Komponenten der Informationstechnologie an, die den Versuchen, der Informationstechnologie einen technischen Kern zu geben, zumindest potentiell zuwiderlaufen.
Auch Margot Poppenhusen schlägt in ihrer Untersuchung über Frauen in gewerblich-technischen Berufen einen differenzierten Blick auf die Situation von Frauen in diesen männlichen Feldern vor. Sie verdeutlicht die individuellen Pionierleistungen von Frauen, die abgefedert durch unterstützende Maßnahmen möglich sind und damit zu Veränderungen auf der symbolischen Ebene bei beiden Geschlechtern führen können.

IV. Techniknutzung – Frauenbewegung – Frauenpolitik

Kommunikationstechnologien bieten potentiell Möglichkeiten, den nationalen und transnationalen Informationstransfer zu erleichtern und zu beschleunigen. Dieses „Angebot“ erscheint deshalb von Bedeutung, weil sich damit neue Chancen für eine offenbar unkomplizierte, nationale und weltweite Verständigung von Frauen eröffnen. Die Reflexion und Vorstellung der tatsächlichen Nutzung dieser Technologien für frauenpolitische und frauenspezifische Zusammenhänge verfolgen die beiden Artikel von Tanja Paulitz und Doreen Westphal, in denen informationstechnologische Frauennetzwerke und ihr Wirkungsradius vorgestellt werden.
Doreen Westphal berichtet über die Entstehung und Nutzung des On-line-Projektes des Network of East-West Women aus der Perspektive einer Expertin, die auch Nutzerin ist. Dabei verdeutlicht sie die sehr unaufgeregte und sachorientierte Nutzung dieses Netzwerkes, insbesondere in bezug auf die Verknüpfungschancen von Frauen.
Tanja Paulitz bewertet die Möglichkeiten, die die Kommunikation mit „virtuellen Schwestern“ auf der ganzen Welt für Frauennetzwerke bieten, ebenfalls positiv. Sie betont die Möglichkeiten, die in den stärker kontrollierten Printmedien ausgesparten Themen und Informationen im quasi geschützten Raum des kommunikativen Netzwerkes unter gleichberechtigten Bedingun-

gen bearbeiten zu können. Sie ruft, wie auch Doreen Westphal, dazu auf, die Chancen, die sich uns bieten, wahrzunehmen und Techniken für unsere Zwecke zu nutzen.
Die Konzeption dieses Buches wurde von Magdalene Deters (Berlin) und mir gleichermaßen entwickelt. Auch die Auswahl der Autorinnen und Texte nahmen wir gemeinsam vor. Im Prozeß der Durchführung unseres Buchprojektes ist Magdalene Deters dann vollkommen unerwartet gestorben. Ich mußte daher dieses Buch ohne die Kompetenz und die Kraft der Techniksoziologin Magdalene Deters zu Ende führen. Wir haben aber nicht nur eine begabte und liebenswerte Kollegin verloren, sondern auch eine engagierte Mitstreiterin in Wissenschaft und Politik, die uns sehr fehlt und um die wir trauern.
Bei den AutorInnen möchte ich mich für ihre Arbeit und ihr Durchhaltevermögen unter diesen Bedingungen bedanken. Es ist auch in ihrem Sinn gewesen, dieses Buch wie geplant und im Andenken an Magdalene Deters fertig zu stellen.
Ich hoffe, Magdalenes Ideen und Vorstellungen sind nicht nur in dieses Buch eingegangen, sondern darin auch aufgehoben und verwirklicht, so daß es auch ihr Buch geblieben ist.
Nicht nur Magdalene Deters' Tod hat dieses Buch betroffen. Es hat Zeitverzögerungen und Schwierigkeiten gegeben, die dazu führten, daß zwischen dem Verfassen der Beiträge und der Veröffentlichung drei Jahre liegen. Die Beiträge, die Zwischenergebnisse aus größeren Forschungsprojekten vorstellen, sind daher nicht auf dem neuesten Stand. Wir haben uns aber entschieden, trotz dieser 'Alterungsprozesse' der Ergebnisse, das Buch wie geplant fertigzustellen. Auch Zwischenberichte, Überlegungen und einzelne Stadien von Forschungen haben einen Erkenntniswert und gehören in dieses am Dialog orientierten Buch.

I. Geburten aus dem Geist

Regina Becker-Schmidt

Matrix und Junggesellenmaschine
Identitätslogik in naturwissenschaftlichen Diskursen

Zur Thematik: Matrix und Junggesellenmaschine

Ich möchte in diesem Beitrag der Frage nachgehen, inwiefern Einsichten aus der feministischen Forschung, die sich am Streit um Differenz und Gleichheit der Geschlechter entzündet haben, paradigmatisch für eine grundlegende Kritik an identitätslogischen Denkmustern in anderen Kontexten sein könnten, z.B. in einzelnen Diskursen der Natur- und Technikwissenschaften. Kritik an identitätslogischen Modellen ist keine Denkbewegung, die genuin der Frauenforschung zuzurechnen ist. Im deutschsprachigen Raum waren es vor allem die Vertreter der Frankfurter Schule, insbesondere Th.W. Adorno und M. Horkheimer, an deren Kritik identifizierenden Denkens sich Feministinnen abgearbeitet haben.[1]

Nach M. Horkheimer und Th. W. Adorno entsteht wissenschaftliche und gesellschaftliche Willkür, wo identifizierendes Denken auf umfangslogische Bestimmungen aus ist, die nicht nur homogenisieren, was der Sache nach nicht gleichsinnig ist, sondern die auch selektiv verfahren, ohne zu legitimieren, warum das, wovon abgesehen wird, unberücksichtigt bleibt.

Subsumtions- und Identitätslogik sind Denkformen, mit deren Hilfe im Geschlechterverhältnis Trennungen so vorgenommen und Unterschiede so festgelegt werden, daß Hierarchisierungen die Folge sind. In der europäischen Geschichte und Geistesgeschichte definiert sich der Mann als Mensch. Dabei ist er in Wirklichkeit – seiner eigenen Unterscheidungslogik folgend – Mensch und Nicht-Frau. Die Frau ist ihm Nicht-Mann, und ein Nicht-Mann ist ihm ein Nicht-Mensch. Also ist die Frau eine Leerstelle, ein Loch im männlichen Bewußtsein.

Herrschaftskonforme Vorstellungen von Differenzen im Geschlechterverhältnis sind eng mit Vorstellungen von Naturbeherrschung verbunden. Die Scheidung von „Natur“ und „Kultur“ gilt in der Ideengeschichte des Abend-

landes als Trennlinie zwischen den Genus-Gruppen: „Natur“ wurde mit „weiblich“ und Kultur mit „männlich“ assoziiert. So entstand eine enge Verknüpfung zwischen der Rechtfertigung von Naturbeherrschung, die als Bedingung des gesellschaftlichen Fortschritts galt, und der Legitimierung von Frauenunterdrückung, die im Dienste einer „natürlichen Ordnung“ zu geschehen schien (Scheich 1993). Wir werden diesem Zusammenhang heute nicht mehr in dieser Offenheit und Direktheit begegnen, aber oft genug in technischen Begriffen und naturwissenschaftlichen Metaphoriken, denen reduzierte und naturalisierte Vorstellungen von Weiblichkeit unterliegen, obwohl sie sich ganz geschlechtsneutral geben. Dazu ein Beispiel: In den Naturwissenschaften und in der Technik spielt der Begriff „Matrix“ eine große Rolle.
In der Molekulargenetik wird die RNS (Ribonukleinsäure), der für den Transport von Erbinformationen eine zentrale Bedeutung zukommt, Matrizen-RNS genannt.
Bei der Setzmaschine ist die Matrize die in einem Metallkörper befindliche Hohlform zur Aufnahme des Prägestockes, der sogenannten „Patrize“. „Matrix“ wurde aus dem Französischen entlehnt. Dort heißt „matrice“ sowohl „Gußform“ als auch „Gebärmutter“. Der ursprünglich vielschichtige Wortsinn von „Matrix“ (Mutter; Muttertier; Stamm eines Baumes, aus dem neue Zweige kommen; Ursache, Quelle, Ursprung; Mutter, mit der Assoziation Mutterleib, Gebärmutter) verschwindet im Deutschen (Scheller 1820, S.856). Die Übertragung ins Technische tilgt sowohl die aktiven und repräsentativen Attribute (generative Produktivität, genealogische Vermittlung) als auch die Doppelbedeutung der mütterlichen Matrix, nämlich Original und musterhaftes Vorbild zu sein. Identifiziert wird im technischen Gebrauch nur eins: die Funktion als Behälter. Im Brockhaus von 1889 können wir nachlesen: „Matrize, im allgemeinen Bezeichung für eine untiefe Form, in die ein erhabener Körper paßt oder in der ein solcher angefertigt werden soll.“ (S.668) Untiefe und Erhabenheit, Matrize und Patrize: Unschwer lassen sich die unterschwelligen geschlechtlichen Konnotationen und die sie begleitenden Ab- und Aufwertungen erkennen.[2]
Die Frage nach den Mechanismen, mit Hilfe derer identifizierendes Denken Differenzen unterdrückt, führt über die Verknüpfung von Naturbeherrschung und Frauendiskriminierung hinaus. Diese Denkform hat, sobald sie vergißt, was sie ausblendet, als soziale Logik Konsequenzen für alle Lebewesen, alle Menschen, auch wenn Frauen zumeist in besonderer Weise betroffen sind.
Aus diesen Vorüberlegungen ergibt sich der Aufbau der weiteren Argumentation: Ich werde zunächst das Thema „Gleichheit und Differenz im Geschlechterverhältnis“ behandeln. Von dieser Modellanalyse soll Licht auf identitäts-

logische Prämissen in zwei anderen Diskursen fallen. Zum einen geht es um den Begriff der Widerspruchsfreiheit in der Mathematik, die als theoretische Grundlage für viele Anwendungsbereiche der Naturwissenschaften gelten kann. Zum anderen sollen Anlage-Umwelt-Konzepte aus der Molekularbiologie und Gentechnologie diskutiert werden. Ich möchte zeigen, daß bestimmte methodische Postulate der Naturwissenschaften, vor allem der Mathematik, untauglich für die Analyse von Zusammenhängen sind, die – wie Anlage und Umwelt, Evolution und Sozialgeschichte, Vererbung und Tradierung – unterschiedlichen Konstitutionsprozessen unterliegen und die sich darum nicht innerhalb eines kohärenten theoretischen Kontinuums begreifen lassen, sondern nur interdisziplinär und durch Widerspruchsanalysen hindurch.

J. Baudrillard nennt – in Anlehnung an M. Duchamp – männliches technologisches Denken, das selbstreferentiell bleibt und anderes als Ähnliches nicht ins Bewußtsein integrieren kann, eine Junggesellenmaschine (Baudrillard 1989, S.128).[3] Das steckt hinter dem Titel, der auf die Frage am Schluß des Artikels verweist: Ist die Gentechnologie eine Junggesellenmaschine?

Gleichheit und Differenz im Geschlechterverhältnis

In der Frauenforschung erweist sich die Forderung nach Beachtung der Geschlechterdifferenz als ebenso mehrdeutig wie die nach der Gleichbehandlung von Frauen und Männern (Vgl. hierzu: Gerhard u.a. 1990; Benhabib u.a. 1993).

Liegt die Definitionsmacht bei denen, die auf klaren Trennlinien beharren, um sich selbst am Gegensatz zu konturieren oder eine „eigene Art“ behaupten zu können, geht es ihnen um die Sicherung von Macht und Priviligien sowie die Behauptung von Überlegenheit, dann dient die Betonung der Differenz der Ab- und Ausgrenzung. Unterschiede werden nicht etwa gemacht, um Vielfalt gelten zu lassen, sondern um Hierarchien zu legitimieren: Die eigene Genus-Gruppe wird auf-, die andere abgewertet. Mittel solcher Diskriminierung sind Weiblichkeits- und Männlichkeitsklischees, denen trotz historischer Variabilität quasi-natürliche Dignität zugeschrieben wird (Vgl. hierzu: Knapp 1995).

Die Akzentuierung von Verschiedenheit bekommt eine ganz andere Gewichtung, wenn sie aus der Perspektive der Diskriminierten vorgenommen wird. „Geschlechterdifferenz“ signalisiert als Kampfbegriff die Benachteiligungen, die Frauen im Unterschied zu Männern aufgrund ihrer untergeordneten Stellung im Geschlechterverhältnis erfahren. In diesem Kontext zielt der Begriff auf die Unterschiede, die gesellschaftlich zwischen den Genus-Gruppen gemacht werden, wenn es um die Verteilung von Arbeit, um Entlohnung, um Karrieren, um Sexualität und um kulturellen sowie politischen Einfluß geht. Zur Sprache kommen also nicht persönliche bzw. genus-gruppenspezifische Defizite oder Vorzüge, sondern strukturelle Phänomene in der Geschlechterordnung.

Im Vergleich zum Männeralltag enthalten weibliche Lebenszusammenhänge Besonderheiten: Doppelbelastung, Konfrontation mit Diskontinuitäten im Lebenslauf durch den Zwang, an Familienphasen und beruflichen Statuspassagen entlang Prioritäten zu wechseln. Des weiteren liegt im Hinweis auf geschlechtliche Differenzen ein Angriff auf androzentrische kulturelle Hegemonie. Sicherlich ist die einfache Proklamation einer weiblichen Gegenwelt problematisch. Auch weibliche Subjektivität und Praxis ist verstrickt in die dominante Kultur und Geschichte. Und doch gehen von Frauenbewegungen und feministischer Gesellschaftsanalyse Impulse aus, verkrustete patriarchale und phallokratische Strukturen aufzubrechen. Feministische Kritik kann weiter reichen: Da Frauen dem Geschlecht angehören, dessen soziale Konstruktion Nachrangigkeit gegenüber der männlichen Genus-Gruppe impliziert, können sie wissen, was es heißt, beherrscht zu werden. Das eröffnet die Möglichkeit, einen anderen Blick auf Machtphänomene zu werfen, als es in der Regel jene tun, die Herrschaft ausüben. Nicht auszuschließen ist aber ebenso, daß sich Frauen mit den Herrschenden identifizieren oder sich in gegebenen Verhältnissen häuslich einrichten.

Wir sehen: Der Begriff „Geschlechterdifferenz“ ist vielschichtig und in sich widersprüchlich. Zum einem beinhaltet er objektiv-strukturelle Unterschiede, aus denen für Frauen immer noch Benachteiligungen und Besonderheiten erwachsen, obwohl sie in vormals männlichen Domänen Terrain erobert und in vielen Bereichen Statusgewinne erzielt haben.

„Geschlechterdifferenz“ bezieht sich zum anderen auf Frauen und Männer als Subjekte. Das Auseinanderdriften von weiblichen und männlichen Vergesellschaftungsformen kann Auswirkungen auf geschlechtsspezifische Praxiserfahrungen, Werthaltungen und biographische Orientierungen haben. Frauen partizipieren jedoch an fast allen gesellschaftlichen Tätigkeitsfeldern, wenn auch nicht immer als Gleichgestellte. Deshalb gilt ebenso, daß sich jene Divergenzen gegenüber dem anderen Geschlecht einebnen, die sich historisch aus der geschlechtlichen Arbeitsteilung herleiten lassen. Ausgrenzung aus männlich konnotierten Bereichen hält Befähigungspotentiale latent, die – wie Frauen in Männerberufen zeigen – schnell manifest werden, sobald sie eine Chance bekommen, sich zu entfalten. „Geschlechterdifferenz“ im psychologischen Sinne ist darum einerseits Ideologie, nämlich dann, wenn sie ontologisch, biologisch oder anderswie vorurteilsgeladen begründet wird. Zu bedenken ist aber auch, daß geschichtliche Ungleichzeitigkeiten in der gesellschaftlichen Integration der Geschlechter und abweichende Akzentsetzungen in der geschlechtsspezifischen Sozialisation Frauen und Männer unterschiedlich prägen.

Die Vorstellungen von Gleichheit sind in einer feministischen Perspektive mit den Bestimmungen von Differenz verbunden. Forderungen nach Gleichbehandlung entzünden sich an Einsichten in geschlechtliche Benachteiligungsstrukturen. Nicht Angleichung an männliche Standards wird verlangt, sondern gleiche gesellschaftliche Geltung als Rechtsperson, als Citoyenne, als Sexualpartnerin, als Berufstätige, als Privatfrau mit eigenen Bedürfnissen. Gleichheit ist erst dann hergestellt, wenn jedem und jeder sowohl das Recht auf Eigenheit als auch das der Zugehörigkeit zugestanden wird. „Gleichheit" und „Differenz" sind im Geschlechterverhältnis keine Gegensätze, die sich ausschließen, sondern stehen in einem Verweisungszusammenhang.

Eine Politik der Egalität schließt darum ein, daß gesellschaftlich bedingte Unterschiede in Lebensverhältnissen, die sich nachteilig auswirken, durch soziale Maßnahmen abgetragen werden. Deshalb ist es für Demokratisierungsprozesse notwendig, Besonderheiten in weiblichen Lebensverhältnissen, die sich gegen Frauen richten, bei Gleichstellungsbemühungen zu berücksichtigen. Geschichtlich entstandene und damals wie heute unzumutbare Zurücksetzungen des weiblichen Geschlechts machen Korrekturen unumgänglich, bis das Geschlechterverhältnis in allen sozialen Bereichen ausgeglichen ist.

Was „Gleichheit" und „Differenz" im Geschlechterverhältnis jeweils bedeutet, ist kontextgebunden. Es macht einen Unterschied, ob ich Männer und Frauen als soziale Gruppen in Relation zueinander setze oder ob ich verschiedene Frauengruppen untereinander vergleiche. „Frauen" bilden ebensowenig eine homogene Einheit wie „Männer". Sie sind aber ebensowenig einfach eine bunte Vielfalt. Frauen sind aufgrund unterschiedlicher Herkunft, Hautfarbe und Lebensgeschichte ungleich. Und doch gibt es Ähnlichkeiten in ihrer Stellung als Angehörige der weiblichen Genus-Gruppe: Wo „Geschlecht" als gesellschaftliches Stratifikationskriterium gegenüber anderen sozialen Gliederungsprinzipien durchschlägt, unterliegen Frauen einem Statusgefälle, wenn wir ihre gesellschaftlichen Chancen mit denen von Männern der gleichen Ethnie, Schicht oder Klasse vergleichen. Das Moment der Gleichheit trotz Verschiedenheit liegt also in dem Phänomen, daß die untergeordnete Position der weiblichen Genus- Gruppe in der Geschlechterordnung eher die Regel als die Ausnahme ist.

Halten wir fest: Prinzipien der Verallgemeinerung (Gruppenbildung aufgrund von Übereinstimmungen) und Prinzipien der Besonderung (die Berücksichtigung und das Tolerieren von Unterschieden bei Individuen und Gruppen) sind zwei Seiten einer Betrachtungsweise. Die Unterschätzung von Differenz erschwert soziale Gleichheit im Sinne der Ebenbürtigkeit: Die Aussonderung von Verschiedenheit produziert Einerleiheit (Identität), aber nicht Egalität. Gleichrangigkeit von Verschiedenem läßt dagegen Raum für Andersheit und schafft damit Vielfalt. Die Überschätzung von Identität führt zu Abstraktionen, die sich mit einer Diskreditierung des Ausgegrenzten verbinden lassen. Beides – die isolierte Betrachtung von Ähnlichkeit wie die Überbetonung von Abweichung – führen zu Reduktion und Entkontextualisierung.
Wenden wir uns jetzt der Mathematik zu, einer axiomatischen Wissenschaft, in der Identitätslogik und Widerspruchsfreiheit wesentliche methodische Postulate sind.

Das Postulat der Widerspruchsfreiheit in der Mathematik

Die Kriterien der MathematikerInnen, was Wissenschaftlichkeit im strengen Sinne sei, sind nicht nur für die übrigen Disziplinen der Naturwissenschaft von hoher Verbindlichkeit, an ihnen werden häufig auch andere, z.B. die Sozialwissenschaften gemessen. Solche Kriterien sind u.a.: einheitlicher Theorieansatz, widerspruchsfreie Axiomatik, hoher Allgemeinheitsgrad von Aussagen.
Dabei wird zweierlei wenig bedacht. Zum einen: Die Standards der Mathematik sind nicht rein wissenschaftlich begründet, sie sind ebenso auf kulturelle und soziale Einflüsse zurückzuführen, wie das bei anderen Wissenschaften auch der Fall ist. So verdankt sich etwa in der Antike die dialektische Betrachtungsweise von geometrischen Problemen der Begegnung zwischen der eleatischen Schule der Philosophie und der Pythagoräischen Schule der Mathematik (Wilder 1973; Bochner 1973). Oder: Ontologische Ordnungsvorstellungen von der Natur, in der sich theologische Ansichten von der ordo Dei niederschlugen, mußten genauso überwunden werden wie Setzungen der traditionellen Logik. Und nicht zuletzt: Pragmatische Anforderungen in gesellschaftlich relevanten Anwendungsbereichen der Mathematik – z.B. bei physikalischen und ingenieurwissenschaftlichen Meßoperationen – veränderten Axiomatiken. Mathematik ist also wie alle Wissenschaft eine sozial eingebundene Praxis und ein kulturelles Konstrukt. Ihre Standards haben sich im

Verlaufe der Geschichte geändert und besitzen damit keine universelle Geltung.

Zum zweiten: Die Mathematik ist ein Gebäude gedanklicher Kontruktionen. Ihre Kalküls lassen sich durch logische Strukturen begründen, von denen die MathematikerInnen sich zwar Vorstellungen machen, diese Vorstellungen haben aber keine Entsprechung in irgendwelchen außermathematischen Realitäten. Die Empirieferne der Mathematik hat es ihr möglich gemacht, als reines Zeichensystem – ohne Beimischung von natürlichen Sprachen – zu funktionieren. Das Regelwerk der Mathematik und ihre Aussagelogik sind somit in hohem Maße selbstreferentiell. Daher lassen sich ihre wissenschaftlichen Standards auch nicht auf Wissenschaften übertragen, deren Gegenstandsbereiche empirische Grundlagen und historische Voraussetzungen haben.

In der Mathematik gibt es heftige Kontroversen. Aber alle Schulen halten doch an den Postulaten der Widerspruchsfreiheit und der Berechenbarkeit fest. Aber: Läßt sich alles berechnen? Vor allem: Was ist in der Mathematik ein Widerspruch? Seit der Antike gibt es in der Mathematik und ihren Anwendungsbereichen numerische und geometrische Phänomene, die sich Zahlenlogiken widersetzen. Ein berühmtes Beispiel hierfür ist π, eine Relation, in der der Kreisumfang zum Kreisdurchmesser ins Verhältnis gesetzt wird. π wird ausgedrückt in einem Dezimalbruch, der sich nicht in einer endlichen und regelhaften Abfolge von Ziffern schreiben läßt. Zwar hatte schon Archimedes eine pragmatische Lösung gefunden, den Wert von π annäherungsweise zu berechnen. Er unterlief einen Widerspruch, nämlich den, eine gekrümmte Linie (Kreisumfang) mit einer geraden Linie (Kreisdurchmesser) gleichzusetzen. Er begradigte die Krümmung, indem er um den inneren und äußeren Kreis eine Folge von Vielecken beschrieb, die sich berechnen ließen. Ungleiches wurde ungefähr gleich gemacht. Aber selbst mit Hilfe des Computers ist es bis heute nicht gelungen, π zahlenmäßig exakt zu erfassen.

In der Physik sind präzise Berechnungen von Geschwindigkeiten oder Beschleunigungen von Massen, die ständig in Bewegung sind, nicht möglich – weder lassen sich die Ausgangsbedingungen angeben, noch sind die Amplituden bei Schwankungen in der Geschwindigkeit konstant. Man rechnet in einem Wahrscheinlichkeitshorizont, hält aber am Postulat der Vorhersagbarkeit von Daten fest.

Für beide Beispiele gilt: Aussagen ohne Angaben der Genauigkeit sind vage. Das widerspricht eigentlich den Kriterien mathematischer Strenge. Das strikteste Kausalitätsprinzip der Naturwissenschaften überhaupt wurde durch die Einsicht erschüttert, daß Forschung generell einen Eingriff in den Forschungsgegenstand impliziert. 1955 formulierte Werner Heisenberg:

„Die wissenschaftliche Methode des Aussonderns, Erklärens und Ordnens wird sich der Grenzen bewußt, die ihr dadurch gesetzt sind, daß der Zugriff der Methode ihren Gegenstand so verändert und umgestaltet, daß sich die Methode nicht mehr vom Gegenstand distanzieren kann. Das naturwissenschaftliche Weltbild hört damit auf, ein eigentlich naturwissenschaftliches zu sein." (S.21)[4]

Befassen wir uns nun etwas genauer mit den Forderungen nach Widerspruchsfreiheit und Verallgemeinerbarkeit. Das Postulat von der Widerspruchsfreiheit ist so alt wie die Mathematik selbst. Schon Parmenides formulierte um 500 v.Chr.: „Dasselbe kann nicht zugleich sein und nicht sein." Ungefähr zweihundert Jahre später forderte Aristoteles: A kann nicht gleichzeitig nicht-A sein. In der modernen Mathematik verschärften sich die methodischen Bedingungen für den Nachweis von Widerspruchsfreiheit. Statt induktiver Erkenntnis wird strikte deduktive Ableitungslogik gefordert. Das gilt sowohl für die Axiomatiker in der Tradition von D. Hilbert wie für konstruktivistische Positionen im Sinne P. Lorenzens, der spieltheoretische Elemente in die Mathematik einführte (Fuchs 1966, S.58 u. 73).
Können in der Mathematik überhaupt Widersprüche vorkommen, die nicht nur als mangelnde Übereinstimmung mit geltenden Regeln zu verstehen sind, sondern die in den zu lösenden Problemen selbst stecken? Ist nicht dieses System so auf Homologie angelegt, daß es gar keine Differenzen qualitativer Art geben kann? Und wenn Inkonsistenzen auftauchen, wie geht man dann in der Mathematik damit um?
Inkonsistenzen tauchten z.B. in der Mengentheorie auf: Die Menge der reellen Zahlen kann, im Unterschied zu den natürlichen, nicht mehr abgezählt werden. Ihre Menge ist, nach einem Ausdruck von G. Cantor, zwar überzählbar, aber als Gesamtheit mit unendlich vielen Gliedern doch mathematisch zu fassen. Während der Axiomatiker D. Hilbert diese Möglichkeit theoretisch verteidigte, wurde sie von dem Konstruktivisten L. Brouwer abgelehnt: Da für die Mathematik die Tätigkeit des Zählens zentral ist, kann „Überzählbarkeit" nur ein Scheinphänomen sein. P. Lorenzen kommentiert den Streit in der Mengenlehre:

„Es ist heute leicht zu sehen, warum der Kampf nicht theoretisch entschieden werden konnte: zwischen konstruktivistischer und axiomatischer Mengenlehre besteht ja kein Widerspruch. Man kann ja beides tun." (Zit. nach: Fuchs, a.a.O., S.161)

Die Strenge der Mathematik ist versetzt mit einem gehörigen Schuß Pragmatik. Wo sie an Grenzen stieß, ergaben sich durch Erfindung neuer Optionen Annäherungsmöglichkeiten. Der Zahlenbegriff wurde stetig erweitert, um Rechenoperationen unbegrenzt ausführen zu können. Um die Subtraktion ohne Schranken handhabbar zu machen, wurden die negativen Zahlen kon-

struiert. Damit die Teilung ständig funktioniert, haben die Mathematiker gebrochene Zahlen eingeführt. Und schließlich schufen sie die irrationalen Zahlen, um potenzieren und wurzelziehen zu können. So wurde ein vom Finiten bis ins Infinite reichendes Zahlenkontinuum geschaffen, in dem es keine Lükken und Sprünge gibt: Differenzierung statt Differenz. Sie ist eigentlich nur als numerischer, quantitativer Unterschied zu fassen. Nicht-Identität als inhaltliche, qualitative Besonderheit, wie wir sie in den Sozialwissenschaften kennen, z.B. als Diskrepanz zwischen der gesellschaftlichen Zuordnung von Menschen zu einer Genus- Gruppe aufgrund eines anatomischen Kriteriums (hat einen Penis/ hat keinen Penis) und der sexuellen Selbsteinschätzung (homosexuell, lesbisch, transsexuell, phallisch-heterosexuell, heterosexuell im Spannungsfeld weiblicher und männlicher Phantasien und Körperbedürfnisse), scheint es in der Mathematik nicht zu geben. Hier stoßen wir auch nicht auf die Kluft zwischen Bewußtem und Unbewußtem, die im Denken zwar konträren Gesetzen unterliegen, im mentalen Geschehen aber gleichwohl zusammengehören, oder auf den Kontrast rational/irrational, der das Psychische begleitet. Widersprüchlichkeit ist in der Mathematik in erster Linie Regelwidrigkeit. Nur deshalb kann sie das Postulat der Widerspruchsfreiheit so streng einfordern: Die mathematischen Beweise beziehen sich auf die Schlüssigkeit von Operationen, die sie als Voraussetzungen für die Erfaßbarkeit ihrer Phänomene annimmt; über das wirkliche Vorhandensein der angenommenen Beziehungen ist damit nichts ausgesagt. Was A. von Gleich für die Quantentheorie feststellt, gilt wohl auch für die Mathematik: „Identität, Kontinuität, Linearität, Homogenität, Isotropie – das sind alles Eigenschaften (idealer) Strukturen und Gebilde, für die sich kein Pendant in der Wirklichkeit finden ließe." (Gleich 1989, S.70)
Verallgemeinerbare Aussagen sind in der Mathematik angestrebtes Erkenntnisziel. G. Frege, ein dezidierter Logiker, hat das einmal so ausgedrückt:

> „Wir gehen in der reinen Mathematik von bestimmten Schlußregeln aus, die uns am Schluß gestatten, daß, wenn ein Satz wahr ist, auch ein anderer Satz wahr sein kann. Diese Schlußregeln stellen den größten Teil der Prinzipien der formalen Logik dar. [...] Wir machen eine Annahme, die verlockend scheint, und leiten ihre Folgerungen ab. Wenn unsere Folgerung etwas ganz Allgemeines betrifft und nichts mehr oder weniger Besonderes, dann stellen unsere Schlußfolgerungen Mathematik dar." (Zit. nach Fuchs, a.a.O., S.196)

Warum soll die Suche nach etwas ganz Allgemeinen „wissenschaftlicher" sein als das Stolpern über etwas Besonderes? Einzelfälle können bisher angenommene Regelhaftigkeiten in Frage stellen oder auf bisher nicht erkannte Komplexitäten aufmerksam machen. Spukt in der Bevorzugung des Gene-

ralisierbaren, in dem das Gesetzmäßige mehr Gewicht hat als das Unberechenbare, doch noch das Erbe einer Philosophie herum, der – bis zu Heideggers Zeiten – das Sein mehr gilt als das „bloß“ Seiende?
Von der möglichen Produktivität der Einzelfallanalyse einmal abgesehen, läßt sich ein anderes methodisches Argument gegen die Hierarchisierung von Allgemeinem und Besonderem anführen: Allgemeinheit gibt es nur als Einheit von Einzelnem. Will ich eine Vielzahl von Einzelelementen klassifikatorisch zu einer in sich stimmigen Einheit zusammenfassen, so muß ich Kriterien für Einschluß und Ausschluß benennen: Was identifiziere ich als „ähnlich und zusammengehörig“, was als „andersartig und auszusondern“? Die Beschäftigung mit der Differenz ist also für Verallgemeinerungen ebenso notwendig wie die Beachtung von Gleichsinnigkeiten.
Bei einer Übertragung von methodischen Postulaten der Mathematik auf andere wissenschaftliche Gegenstandsbereiche ist also Vorsicht geboten. Es macht einen Unterschied, ob ich mit arithmetischen oder geometrischen Kalküls umgehe, die innerhalb eines theoretischen Kontinuums angesiedelt sind, oder mit Sachverhalten, deren Genese – nehmen wir die menschliche Entwicklung als Beispiel – auf unterschiedliche Dimensionen verweist: Natur und Kultur, Anlage und Umwelt, Evolution und Sozialgeschichte, Einzelbiographie und Gesellschaftsprozeß. Die Konstitution von Phänomenen, die solchermaßen zusammengesetzt sind, folgt nicht einer einzigen Logik – zu ihrer Erforschung sind darum verschiedene theoretische Zugangsweisen notwendig, um dem gerecht zu werden, was als contradictio in re auftauchen kann. Es ist etwas anderes, ob das Denken ein Gegenüber hat und sich darum nicht in Selbstreferentialität erschöpfen kann oder ob es kein Außen kennt und bei sich selbst bleibt. S. Beckett hat einem Malerfreund einen kurzen Text gewidmet, den ich in diesem Zusammenhang zitieren möchte:

> „Wieder auf dem Sprung gegenüber dem unbezwinglichen Außen. Auge und Hand fiebernd nach dem Nicht-Selbst. Durch dic von ihm unablässig veränderte Hand unablässig verändertes Auge. Zum Nicht-zu-Sehenden und Nicht-zu-Schaffenden vor- und zurückstoßender Blick. Ruhe im Hin und Her und Spuren dessen, was es heißt, zu sein und gegenüber zu sein. Tiefe wunde Spuren.“ (1967, S.381)

Ich habe mich mit so unterschiedlichen Gegenstandsbereichen wie „Geschlechterdifferenz als sozialwissenschaftliches Problem“ und „Widerspruchsfreiheit als Axiom der Mathematik“ beschäftigt, um deutlich zu machen, daß die Möglichkeit identitätslogischen Denkens an eine Voraussetzung gebunden ist: daß es in den Phänomenen, auf die es sich richtet, nichts Nicht-Identisches gibt. Das hört sich wie eine Tautologie an, ist aber – wie das abschließende Kapitel zeigen soll – ein methodisches Postulat, das in der

Gentechnologie keineswegs genügend berücksichtigt wird. In ihrem Problembereich – Vererbung und Tradierung, Angeborenes und Erworbenes – ist Unterschiedliches ineinander verwoben: Evolution und Sozialgeschichte, Anlage und Umwelt, Phylogenese und Ontogenese. Es kann hier also schwerlich nur Einerleiheit geben. Ob in der Gentechnologie Ähnlichkeit und Differenz, Besonderes und Allgemeines, Identität und Widersprüchlichkeit gleichermaßen zur Geltung kommen, dürfte davon abhängen, wie mit dem Zuammengesetzten – z.B. Anlage/Umwelt – umgegangen wird.

Gentechnologie: eine Junggesellenmaschine?

Die Anlage-Umwelt-Debatte verläuft in der Genetik kontrovers. Es gibt deterministische Modelle, die die Verhaltensweisen von Lebewesen ganz allgemein vorrangig auf angeborene Steuerung zurückführen möchten. Und es gibt andere, die von einer Anlage- Umwelt-Dialektik ausgehen.
Für die erste Position können Vertreter des US-amerikanischen Genom-Projektes stehen, die sich die Kartierung und Sequenzierung des menschlichen Genoms zur Aufgabe gemacht haben: D. Baltimore, D. Botstein, W. Gilbert, J.D. Watson u.a. Hier herrscht die Ansicht vor, die Anlage sei leichter in den Griff zu bekommen als die Umwelt (Fox-Keller 1993, S.291). Ein Genom ohne Umwelt erscheint als selbstreferentiell – alle Aufmerksamkeit kann auf seine immanente Struktur konzentriert werden. Da zudem davon ausgegangen wird, daß das genetische Material in allen Organismen gleichen Gesetzmäßigkeiten unterliegt, bilden die verschiedenen Lebewesen ein Kontinuum: Man meint, von den DNS-Strukturen des Hefepilzes sowie den dort vorgefundenen Funktionsweisen auf das Genom des Menschen schließen zu können (Watson 1993, S.188). Bei der Diagnose von Krankheitsursachen wird zwischen Mann und Maus kein Unterschied gemacht.
Der identifizierende Blick des Molekularbiologen ist selektiv auf Allele gerichtet, die angeblich krankmachen. Dabei geraten alle menschlichen Verhaltensweisen, die von der herrschenden, normierenden Gesellschaft als Abweichung klassifiziert werden, in den Verdacht, Erbübel zu sein: Alkoholismus, Depressivität, Aggressivität, Homosexualität u.s.w. Die deterministischen Genetiker gehen allen Ernstes davon aus, daß sich eines Tages alle menschlichen Verhaltensweisen als angeboren herausstellen werden, und daß sich durch genetische Manipulationen individuelle „Fehlentwicklungen“ werden vermeiden lassen (Handler 1970). Daß hier identitätslogisch argumentiert wird, liegt auf der Hand: Die DNS funktioniert in allen Lebewesen gleich; es gibt nur eine Differenz: die zwischen gesunden und kranken Genen.

Regine Kollek (1994) hat gezeigt, daß sich hinter diesen Vereinfachungen durch Abstraktion von Verschiedenheit und Extrapolationen durch Entkontextualisierung (Vernetzungen von Genkomplexen werden ebenso ignoriert wie Umwelteinflüsse), eine Vision verbirgt: die Vision von der Kontrolle über das individuelle und gesellschaftliche Leben. Über eine Welt ohne Widersprüche, ohne komplexe Wechselwirkungen und qualitative Differenzen läßt sich leicht herrschen:

„Waren in prä-genetischen Zeiten Geburt und Vererbung unkontrollierte und unkontrollierbare Prozesse, die immer die Gefahr von Vererbungsfehlern, sprich Erbkrankheiten mit sich trugen, verheißt das genetische Zeitalter die kontrollierte, fehlerfreie Geburt aus der Retorte, und damit aus dem Geist, der in der europäischen Kultur als männlich identifiziert wird.“ (Kollek 1994, S.11)

Auch das liegt auf der Hand: Die Hüter des heiligen Grals – so nannte W. Gilbert 1986 das menschliche Genom auf einem Kongress – möchten die Gentechnologie zu einer Junggesellenmaschine machen: Die Geschlechterdifferenz in Mutterschaft und Vaterschaft ist ausgehebelt; Schöpfer und Geschöpf sollen aus einem Prinzip, dem männlich-geistigen, geschaffen sein. Solche Männerphantasien sind schwieriger in molekularbiologischen Konstruktionen auszumachen, die das Genom als komplexes, verletzliches Netzwerk vorstellen, und in denen Umwelt und Anlage zueinander in Beziehung gesetzt werden. Aber auch hier tauchen sie auf – wie wir im folgenden sehen werden.
Der französische Mathematiker und Molekularbiologe A. Danchin hat in den achtziger Jahren – anläßlich eines interdisziplinären Seminars zum Identitätsproblem unter der Leitung von Claude Lévi-Strauss – ein Modell vorgestellt, das Anlage und Umwelt berücksichtigt (Danchin 1980). Ein angeborenes Neuronenprogramm gibt die Wachstums- und Stoffwechselprozesse von Lebewesen vor, die Spezifizierung des Nervensystems und die Möglichkeit der Aktivierung bestimmter Fähigkeiten (Sehen, Hören, Sprechen, Bewegungskoordination) ist jedoch von äußeren Stimuli abhängig. Fallen Umweltreize aus, kann sich das Erbgut nicht realisieren; es kommt zu Degenerationserscheinungen, die irreversibel sind.
Das genetische Programm wird als Netzwerk gedacht, das auf dreierlei Weise für Veränderungen offen ist: Phylogenetisch sorgen zum einen Abweichungen bei der genetischen Reproduktion (auf Zufall beruhende „Fehler im Kopiervorgang“) für Variationen; zum anderen erwirken Umweltbedingungen selektiv durch Anpassungsdruck Mutationen; desweiteren entstehen im Evolutionsprozess – nach der Geburt mehrzelliger Organismen – durch Zellteilung sowie der Kontaktaufnahme und Verschmelzung getrennter Neuro-

nensysteme Lebewesen mit komplexeren Anlagen. In der Entwicklung von verschiedenen Individuen auf gleicher Evolutionsstufe kommen Variationen nicht, wie bei der Phylogenese, durch eine Modifikation des Programms zum Tragen, sondern Vielfalt entsteht dadurch, daß sich – aufgrund unterschiedlicher Umwelteinflüsse – die angeborenen Programme unterschiedlich realisieren. Das neuronale System komplexer Lebewesen hat so unendlich viele Verknüpfungsmöglichkeiten von Außenreizen, daß nicht jede Reaktion genetisch determiniert sein kann. Das Nervensystem des Menschen, Steuerungszentrale für Reifungsprozesse und Filter von Außenreizen, ist für A. Danchin ein so gigantisches Netzwerk, daß es nicht nur durch Rechenmaschinen nicht nachzubilden ist, es läßt sich auch in der Endlichkeit eines Lebens nicht völlig aktivieren.

Die neuronalen Strukturen, an die die Entwicklung bestimmter Fähigkeiten gebunden ist, legen nicht nur die Entwicklungsschritte fest, sondern auch die kritischen Zeiträume, innerhalb derer das Programm soweit realisiert sein muß, daß es sich weiterhin ausdifferenzieren kann. Unter dem Gesichtspunkt gleicher anlagebedingter neuronaler Komplexität bilden verschiedene Individuen eine Einheit. Aber für jedes Netz, d.h. für jedes Neuronenprogramm, gibt es bei jedem Individuum eine besondere Ausgestaltung, die umweltbedingt ist:

> „Das Programm ist der angeborene, erbliche Teil des Systems [...] während die individuelle Realisierung einen jeweils besonderen Kompromiß zwischen Angeborenem und Erworbenem darstellt. Dieses ist ein Ergebnis der Interaktion mit der Umwelt und daher nicht vererbbar.“ (a.a.O., S.165)

Mentale Störungen, etwa Depressionen, können ebenso Ausdruck eines genetischen Defekts wie Effekt von fehlgelaufenen Sozialisationsprozessen sein. A. Danchins Modell läßt Raum für die Formulierung allgemeiner Entwicklungsbedingungen und besonderer Realisierungen, für die Betrachtung von Einheit und Vielheit, von Ähnlichkeit und Differenzierung.

Trotz dieser Offenheit ist das Modell begrenzt: Es bleibt in einem naturwissenschaftlichen Horizont befangen. Zum einen arbeitet A. Danchin mit einem Umweltbegriff, der unberührt von gesellschaftlicher Praxis bleibt; zum zweiten haben seine Individuen weder einen lebensgeschichtlichen noch einen sozialhistorischen Kontext – er spricht von Katzen wie von Menschen und er spricht von Menschen ohne Berücksichtigung ihrer Klasse, Hautfarbe und ihres Geschlechtes. Das hat durchaus etwas Positives: A. Danchin hierarchisiert nicht – jede Art von Rassismus liegt ihm fern. Aber er denkt nicht an soziale Differenzen, die nicht in das eingreifen, was er Anlage nennt, sondern in die Chancen der sozialen Positionierung. Zum dritten versperrt seine kognitions- und informationstheoretische Vorstellung vom Kompetenzerwerb Einsichten in Prozesse sozialen Lernens. Umgang mit Gegenstandswelten, emotionalen Erfahrungen, Austragung von sozialen Interessenkonflikten, Auseinandersetzungen mit obsoleten Sozial- und Organisationsstrukturen – all das kommt bei ihm nicht vor. Interaktion mit der Umwelt geschieht für ihn durch eine Verknüpfung von Informationen, die umweltadäquate Reaktionen garantiert. Die aktive Seite erworbener Fähigkeiten, auf denen die Veränderung der Umwelt durch Arbeit, Spiel, Zuwendung, Erfindung beruht, bleibt unberücksichtigt. Das neuronale Organ der Umweltanpassung ist für A. Danchin nichts weiter als ein organisiertes System von Befehlsempfang und reaktiven Operationen. Selbst das Wort „Programm" ist A. Danchin zu sehr mit etwas assoziierbar, das außerhalb der Naturwissenschaften liegt: nämlich mit Lernen überhaupt (a.a.O., S.178).

Die Grenzen seines Modelles lassen sich an seinem Umweltbegriff besonders deutlich machen: Umwelt ist das abstrakte Außen, mit dem ein Neuronensystem interagiert. In der Phylogenese gehen zwar von den Lebewesen Einflüsse aus, die ihre Umwelt verändern: Als Wachsende entnehmen sie ihr Moleküle, als sich Vermehrende bevölkern sie ihre Umgebung, durch Trennung und Verbindung stiften mehrzellige Lebewesen in ihrem nächsten Umfeld neue Kontakt-Interaktionen, durch die Programmerweiterungen zustande kommen; in der Ontogenese jedoch sind es die Umwelteinflüsse, die das Individuum entscheidend prägen: In dem gigantischen Neuronennetz des Einzelmenschen

> „ist die Umwelt mit der Schere am Werk. Es entsteht im Verlauf der Kindheit eine Art Skulptur als Ergebnis von Lernprozessen (das im wesentlichen als passiver Erwerb stabiler assoziativer Eigenschaften festgehalten wird und die individuelle Identität ausmacht)." (a.a.O., S.169)

Die Umwelt modelliert das Gehirn nach ihrem Bilde. Das Nervensystem ist die Matrix, die Umwelt die Patrize. Daß Menschen ihre Gesellschaft aktiv gestalten, daß sie Geschichte machen und Umwelt zerstörerisch wie erneuernd verändern, bleibt außerhalb der Betrachtung. Und etwas anderes bleibt draußen: Nicht alle Bevölkerungsgruppen haben an den Gestaltungsprozessen, die in einer Gesellschaft Spuren hinterlassen und Strukturen schaffen, mit gleichen Chancen teil. Das läßt sich nicht – wie A. Danchin es sieht – auf unterschiedliche Anreize zur Aktivierung von Neuronensystemen zurückführen, obwohl Phänomene der mentalen Deprivation sicherlich soziale Ursachen haben. Gesellschaftliche Ungleichheit beruht nicht einfach auf Diskrepanzen zwischen individueller Anlage und den äußeren Möglichkeiten ihrer Realisation. Macht- und Ressourcenverteilungen beziehen sich auf soziale

Gruppen, die historisch konstituiert sind. A. Danchin denkt systemtheoretisch – und da ist die Welt in Ordnung:

„Auf dieser Ebene fragt man sich, ob das System von Gesellschaften nicht etwas ist, was ständig mit einer gewissen Streuung funktioniert, die stets die Integration jeder neu auftretenden Interaktion gestattet.“ (a.a.O., S.181)

Was der Evolution zugeschrieben wird, nämlich daß ihr Fortgang durch stochastische Zusammenhänge (zufällige Streuung und systemische Integration der Variationen) ohne Zielrichtung und ohne Interessenkonflikte garantiert ist, wird umstandslos auf gesellschaftliche Entwicklungen übertragen. Aber Menschen haben Ziele und Interessen, die sie in Praxen umsetzen, und diese strukturieren Gesellschaften innerhalb historischer Kontexte. Solche Kontexte sind z.B. Geschlechterverhältnisse oder Klassenauseinandersetzungen. Macht- und Herrschaftsstrukturen entstehen durch soziale Bewegungen, in denen sich priviligierte Schichten herausbilden und in denen Gruppen durch Prozesse der gesellschaftlichen Deklassierung an der vollen Entwicklung ihrer sozialisierten Fähigkeiten oder an deren Gebrauch gehindert werden. Dabei werden – wie wir am Beispiel geschlechtlicher Segregation sahen – Potentiale latent gehalten, aber sie verschwinden nicht irreversibel. Sie lassen sich zwar nicht vererben, aber doch als Anprüche an die nächste Generation weitergeben. Unterdrückungsverhältnisse verändern sich nicht einfach durch Zufallserscheinungen im Verlaufe der Zeit, sondern durch zielgerichteten, politisch organisierten Widerstand, mit dem gegen soziale Ungleichheit angegangen wird.
A. Danchin trennt innerhalb seiner molekularbiologischen Argumentation die Menschheit nicht nach Geschlechtern. Als Mathematiker bedient er sich zudem einer Sprache, die möglichst formal ist und nicht zu sachfremden Assoziationen verleitet. Aber sobald er sich in die Welt der Kultur begibt, wird sein Anlage- Umwelt-Modell zu einer Junggesellenmaschine. Auf der Ebene der Geburt mehrzelliger Organismen kommen noch Mutter- und Tochterzellen als getrennte Behältnisse von Programmen vor (a.a.O., S.156). Auf gesellschaflicher Ebene ist von weiblichen Wesen dann nicht mehr die Rede: Der Vater repräsentiert das kulturelle Programm. Einen Mythos interpretierend, stellt er resultativ fest:

„Dem Vater als Inhaber der Macht, [...] als der, der das ‘Sagen hat’, steht der Sohn gegenüber, der zwar durch Zwänge geformt ist, aber stets auch eine Ungewißheit bedeutet; denn man weiß nicht, wie er die einmal empfangenen Lehren anwenden und seinerseits die Gesellschaft reproduzieren wird. [...] Der Vater repräsentiert das gesellschaftliche Programm und das Kind ist eine besondere Realisation dieses Programms.“ (a.a.O., S.155)

A. Danchin läßt – ähnlich wie Aristoteles – keinen Zweifel daran, daß dieses Kind ein Sohn ist. Nicht nur hat das vorletzte Kapitel seines Aufsatzes, das vom individuellen Wachstum handelt, den Titel „Zurück zum Sohn: die Komplexität". Er resümiert dort auch: „Die Fähigkeiten der Söhne können qualitativ von denen der Väter verschieden sein." (a.a.O., S.170) Mütter und Töchter treten in der gesellschaftlichen Reproduktion nicht in Erscheinung.

Anmerkungen

1 Hier seien stellvertretend einige Namen genannt: R. Becker-Schmidt, U. Beer, S. Bovenschen, U. Gerhard, C. Honegger, G.A. Knapp, Ch. Kulke, H. Nagl-Docekal, M. Rumpf, E. Scheich, I. Schultz.

2 Vgl. hierzu auch: Loraux, Nicole (1990): *Die Trauer der Mütter. Weibliche Leidenschaft und Politik.* Frankfurt a.M., S.83. Sie zeigt, daß die Vererbungslehre von Aristoteles nach diesem Muster gestrickt ist: Das Mütterliche ist Matrix, bloße Materie, das Väterliche das Prägende, das generativ Kultur weitergibt.

3 Es soll hier nicht diskutiert werden, inwieweit Baudrillard in seinen Vorstellungen von „Weiblichkeit" selbst in den Mechanismen einer Junggesellenmaschine befangen bleibt.

4 Mit dieser Einsicht ist die klassische Subjekt-Objekt-Trennung in den Naturwissenschaften erkenntnistheoretisch überwunden. Ob in der experimentellen Praxis jedoch der Einfluß des methodischen Vorgehens, vor allem die technische Datenverarbeitung, auf die wissenschaftlichen Ergebnisse immer hinreichend bedacht wird, darf – gerade im Zeitalter der Computerisierung der Wissenschaft – wohl angezweifelt werden. Des weiteren bedeutet die Erkenntnis, daß Naturphänomene nur im Medium menschlicher Tätigkeit erscheinen, noch lange nicht, daß die Beobachter und Experimentierer ihre je spezifische, z.B. geschlechtsspezifische Subjektivität reflektieren.

Literatur

Baudrillard, Jean (1989): Videowelt und fraktales Subjekt. In: Ars Electronica (Hrsg.): Philosophie der neuen Technologie. Berlin

Beckett, Samuel (1967): Für Avigdor Arikka. In: Ders.: Auswahl in einem Band. Frankfurt a.M.

Benhabib, Seyla / Butler, Judith / Cornell, Drucilla / Fraser, Nancy (1993): Der Streit um Differenz. Feminismus und Postmoderne. Frankfurt a.M.

Bochner, Salomon (1973): Mathematics in Cultural History. In: Dictionary of the History of Ideas. Vol.III. New York

Danchin, Antoine (1980): Funktionsstabilität und Epigenese. Ein biologischer Ansatz zur Identitätsgenese des Individuums. In: Benoist, Jean-Marie (Hrsg.): Identität. Ein interdisziplinäres Seminar unter Leitung von Claude Lévi-Strauss. Stuttgart

Fox-Keller, Evelyn (1993): Erbanlage, Umwelt und das Genomprojekt. In: Kevles, Daniel / Hood, Leroy (Hrsg.): Der Supercode. Die genetische Karte des Menschen. München

Fuchs, Walter R. (1966): Exakte Geheimnisse. Knaurs Buch der modernen Mathematik. München/Zürich

Gerhard, Ute u.a. (1990): Differenz und Gleichheit. Menschenrechte haben (k)ein Geschlecht. Frankfurt a.M.

Gleich, Arnim von (1989): Der wissenschaftliche Umgang mit Natur. Über die Vielfalt harter und sanfter Naturwissenschaften. Frankfurt a.M./New York

Handler, Philip (1970): Biology and the Future of Man. Oxford

Heisenberg, Werner (1955): Das Naturbild der heutigen Physik. Hamburg

Knapp, Gudrun-Axeli (1995): Unterschiede machen: Zur Sozialpsychologie der Hierarchisierung im Geschlechterverhältnis. In: Becker-Schmidt, Regina / Knapp, Gudrun-Axeli (Hrsg.): Das Geschlechterverhältnis als Gegenstand der Sozialwissenschaften. Frankfurt a.M./New York

Kollek, Regine (1994): Der Gral der Genetik. In: Mittelweg 36. Zeitschrift des Hamburger Institutes für Sozialforschung. S.5-15

Loraux, Nicole (1992): Die Trauer der Mütter. Weibliche Leidenschaft und die Gesetze der Politik. Frankfurt a.M./New York

Scheich, Elvira (1993): Naturbeherrschung und Weiblichkeit. Pfaffenweiler

Scheller, J.J. Georg (1820): Lateinisch-deutsches und deutsch-lateinisches Wörterbuch. Leipzig

Watson, James D. (1993): Eine persönliche Sicht des Genomprojektes. In: Kevles, Daniel J. / Hood, Leroy (Hrsg.): Der Supercode. Die genetische Karte des Menschen. München

Wilder, Raymond L. (1973): Relativity of Standards of Mathematical Rigor. In: Dictionary of the History of Ideas. Vol.III. New York

Maria Osietzki

Energetische Selbstorganisation

Soziale Voraussetzungen, ökologische Begleiterscheinungen und technisch-naturwissenschaftliche Konsequenzen der Thermodynamik

Anfang 1988 trugen der Redakteur Christian Schütze und der theoretische Physiker Peter Kafka in der Süddeutschen Zeitung eine Kontroverse aus. Gegenstand ihrer Auseinandersetzung waren „Grundgesetze" – aber nicht solche der Verfassung, sondern der künftigen Entwicklung der Welt. Zur Diskussion stellten sie Fragen der künftigen Entwicklung von Wirtschaft, Wissenschaft und Ökologie. Schütze wies auf die fortschreitende Vernutzung nichtregenerativer Energien und natürlicher Ressourcen hin, wobei er den zweiten Hauptsatz der Thermodynamik als Argumentationshilfe heranzog. In diesem sah er das allgegenwärtige „Grundgesetz des Niedergangs" verbürgt.[1] Denn der Weltprozeß werde vom Gesetz der Vermehrung der Entropie beherrscht. Dieses Gesetz besage,

> „daß von aller aufgewendeten Arbeit, aller verbrauchten Energie, von aller umgewandelten Materie sich immer nur ein Teil im Ergebnis oder im Produkt wiederfindet, ein anderer Teil aber als Abfall, als zerstreute, nutzlose, nicht rückholbare Energie und Materie verloren geht." (Schütze 1988)

Als Prognostiker des Fortschritts argumentierte der Physiker Peter Kafka explizit gegen die Beweisführung von Schütze, indem er „Das Grundgesetz vom Aufstieg" beschrieb, das durch die neuen Hoffnungsträger „Vielfalt, Gemächlichkeit, Selbstorganisation" begründet werde.[2] Im Rückgriff auf die Terminologie der Thermodynamik explizierte Kafka, daß sich bei aller durch deren Gesetze beschriebener Zunahme von Unordnung „in kleineren Bereichen eine neue und viel höher strukturierte Ordnung" entwickle.[3] Nur in geschlossenen Systemen werde auf Kosten freier Energie Entropie erzeugt; das bedeute aber nicht, daß sich offene Systeme dem thermodynamischen Gleichgewicht und damit dem von Schütze prognostizierten Niedergang nä-

herten. Um dessen Prognose entgegenzutreten, hätten die Naturwissenschaftler als Arbeitshypothese des Aufstiegs die „Selbstorganisation" gewählt.[4]
Viel wurde in den letzten Jahrzehnten darüber gesprochen, daß der Primat der Energie Mitte dieses Jahrhunderts durch neue Leitbilder abgelöst worden sei. Selbstorganisation, Nichtgleichgewichtsthermodynamik, Synergetik und Chaostheorie erschienen als neue Paradigmen am Firmament einer „neuen Zeit", die sich durch eine Offenheit gegenüber der Komplexität und Vielfalt der Welt auszeichne. Nebeneffekt dieses Paradigmenwechsels, der als „wissenschaftliche Revolution" (Krohn/ Küppers 1986) apostrophiert wird, scheint eine neuartige Beherrschbarkeit zu sein, die ökologische Mahnungen zu sparsamem Wirtschaften mit Ressourcen obsolet macht.
Aus geschlechtergeschichtlicher Perspektive werfen jene Positionen, die hier exemplarisch durch Schütze und Kafka verdeutlicht wurden, die Frage nach den „Objektivationen von Männlichkeit" (Hausen 1993) sowohl in thermodynamischen Argumentationshilfen der Ökologiedebatte als auch in den aktuellen Konzepten der „Selbstorganisation" auf. Es könnte so scheinen, als habe sich durch den Primat der Selbstorganisation die ehemals vorherrschende Dominanz von Männlichkeit, die über den Leitsektor der Energietechniken vermittelt war, relativiert. Beteuerungen einer neuartigen Umgangsweise mit dem Universum schüren die Hoffnung, als sei der Blick auf Turbulenzen und Irregularitäten weniger an Männlichkeit gebunden. Auch scheint es so, als könnten sich die „weichen" Gesellschaftswissenschaften mit Gewinn jener naturwissenschaftlichen Konzepte bedienen, die sich um eine nichtreduktionistische Strukturierung der Vielfalt bemühen. Propagiert wird auch, es kündige sich mit der Suche nach den Gesetzen des Komplexen ein ökologisch motiviertes und von Naturbeherrschung absehendes Wissen an.
Ob und inwiefern die Informations-, Bio- und Ökotechnologien Rationalitäten aufweisen, die ebenso wie die Energietechniken ihren Ursprung in Männlichkeit haben, will ich hier historisch zu klären versuchen. Die Berücksichtigung großer Entwicklungslinien, die Traditionen von Denkmustern und ihren Wandel deutlich zu machen verspricht, Modifikationen der Allianz zwischen Naturwissenschaft, Technik und Männlichkeit aufzudecken. Ins Zentrum werde ich dabei die Geschichte der Thermodynamik stellen, die ich als jenen entscheidenden Wissensbestand ansehe, aus dem heraus zentrale Impulse für die Begründung der Informations-, Bio- und Ökotechniken sowie für jene theoretischen Ansätze hervorgingen, die heute gerne unter dem Stichwort Selbstorganisation zusammengefaßt werden. Inwiefern in diese Bereiche durch ihre „thermodynamische Tradition" Männlichkeit importiert wurde, soll Gegenstand der folgenden Darstellung sein.

Die thermodynamische Aneignung der Natur

In der symbolischen Ordnung des Bürgertums hatte sich um die Wende zum 19. Jahrhundert die Identität von Kraft und hegemonialer Männlichkeit durchgesetzt. Diese unterschied sich gemäß den normativen Traktaten der bürgerlichen Gesellschaft vom Weiblichen vor allem durch Körper- und Zeugungskräfte im Sinn von Stärke und Sexualität (Frevert 1988; 1995). Manche bürgerlichen Meisterdenker sahen in den durchaus sexuell konnotierten Trieben auch die Gewähr, den Mann tätig zu machen. „Die Leidenschaften sind unsere Triebkräfte“ hieß es in einer philanthropischen Abhandlung (Villaume 1976, S.94). Sexuelle Triebe, Zeugungskräfte, Körper- und Geisteskräfte sowie Arbeitsfähigkeit – in der symbolischen Ordnung des 19. Jahrhunderts als Gewähr für Vitalität, Aktivität, Produktivität begriffen – traten damit in einen engen Verweisungszusammenhang mit Männlichkeit, deren Identität sie begründeten und mit einer symbolischen Hegemonie ausstatteten.[5]

Die natur- und ingenieurwissenschaftliche Bearbeitung der „Kraftgesetze“ geriet zu Beginn des 19. Jahrhunderts unter den Einfluß des kraftbegabten und produktionsorientierten männlichen Geschlechtscharakters. Seit den 1820er Jahren führten Ingenieurwissenschaftler den Terminus Arbeit ein, um den Nutzeffekt von Kräften zu messen (Mauel 1980). Als besonders wirksames Agens galt damals die Wärme, deren Theorie durch die Entwicklung der Dampfmaschinen und den Wunsch, verschiedene ihrer Typen in ihrer Leistungsfähigkeit vergleichen zu können, forciert wurde.

Thermische Phänomene traten auch bei mechanischen Prozessen auf. Auch sie bedurften der Erklärung. Bei der Reibung etwa war ein Wärmeaufkommen beobachtet worden, und bei der Kollision unelastischer Teilchen stellten die Naturforscher Verluste an lebendiger Kraft fest. Erscheinungen wie das Wärmeaufkommen bei mechanischem Kraftaufwand durften jedoch ebensowenig aus Nichts entstehen wie ein Verschwinden von Kräften zulässig war, wenn es um die Rechenhaftigkeit von Agentien der Natur und ihre Leistung ging (Helmholtz 1854).

Eine Antwort auf all diese Fragen lieferten jene, die als Begründer des ersten Hauptsatzes der Thermodynamik in die Geschichte eingingen. Sie formulierten ein mechanisches Wärmeäquivalent: Wärme verwandelte sich demnach in mechanische Arbeit, während diese ihrerseits in Wärme zurückzuverwandeln war. Bei der Reibung käme es mithin nicht zu Verlusten an lebendiger Kraft, sondern zu deren Verbrauch, der durch den Gewinn von Wärme kompensiert würde. Dieser gedankliche Trick brachte die Lösung für jene

Probleme der Mechanik und der Theorie der Wärme, die die Gemüter der Naturforscher in den 1840er Jahren beschäftigten. Er bestand in der speziellen Interpretation der Verwandlungen von Kräften: Zwar verbrauchte sich die Wärme bei der Umwandlung in mechanische Bewegung oder Arbeit, aber als mechanisches Wärmeäquivalent, als Energie, blieb sie erhalten (Helmholtz 1847). Wie der diese Vorgänge beschreibende erste Hauptsatz der Thermodynamik postulierte, konnten lebendige Kräfte in bewegende umgewandelt werden oder umgekehrt bewegende Kräfte in lebendige. Kräfte waren im Sinne des neu eingeführten Konzepts der Energie unzerstörbar: Potentielle Energie der Wärme bestünde als kinetische Energie der mechanischen Arbeitsleistung fort, während sich bei der Reibung mechanische Arbeit, das heißt kinetische Energie, in potentielle Energie der Wärme verwandle und so als Energie erhalten bliebe. Dies behauptete die Axiomatik des Energieerhaltungssatzes.

Mit diesem gedanklichen Konstrukt legten die Naturwissenschaftler eine Theorie der Kräfte vor, wonach deren mechanische und thermodynamische Lesarten in einer konsistenten Theorie verbunden werden konnten. Gelöst schien nicht nur das Problem der Berechenbarkeit der in der Wärme steckenden Arbeitspotentiale, sondern auch das bei unelastischen Kollisionen auftretende Verlustproblem der Mechanik, ebenso wie das unerklärliche Wärmeaufkommen bei der Reibung.

Diese Lösungen glichen im Spiegel der um die Wende zum 19. Jahrhundert installierten Allianz zwischen Kraft und Männlichkeit geradezu einer Erlösung: Durch das Energieprinzip wurden die Naturforscher von Kraftverlusten erlöst. Diese Verluste bei mechanischen Vorgängen waren für jene unproblematisch, die noch bis zum Beginn des 19. Jahrhunderts auf die Kräfte Gottes, auf produktive, vitalistische oder bildende Kräfte der Natur vertraut und ihnen die Kompensation von Verlusten zugeschrieben hatten. Seitdem aber die Naturforscher den „produktiven Kräften" der Natur sowie den Bildungstrieben und den vitalistischen Kräften eine klare Absage erteilten, sahen sie sich mit einem drohenden Ungleichgewicht in der Natur konfrontiert (Wise/Smith 1989). Ihre Befürchtungen kulminierten in Fragen wie z.B., was mit der mechanischen Kraft bei der Reibung oder bei unelastischen Kollisionen von Massen passiere. Ging sie verloren, dann war mit einer Akkumulation von Kraftverlusten zu rechnen. Mit der Leugnung reproduktiver Kräfte der Natur stellte sich das Verlustproblem in einer Schärfe, die dem ehemals vorherrschenden organismischen Weltbild fremd war. Wenn es aber in reduktionistischer Diktion nur die Kräfte der Mechanik geben durfte, dann erlangten Kraftverluste eine neuartige Brisanz, da sie nicht mehr durch organismische

oder transzendente Kräfte ausbalanciert werden konnten. Daß dies eine tiefe Beunruhigung in die ansonsten so erfolgreiche Allianz zwischen Kraft und Männlichkeit brachte, läßt sich leicht erahnen.[6] Die Kraftverluste der Mechanik waren nicht nur von theoretischer und technischer Relevanz; nach der Abkehr vom organismischen Universum avancierten sie zu einem zentralen Problem kraftbegabter Männlichkeit. Seitdem diese mit Kraft als der Quelle von Zeugungs- wie von Arbeitskräften identifiziert wurde, lud sich das mechanische Verlustproblem mit all jenen affektiven Reaktionen auf, die jeder Gedanke an den Verlust von Zeugungs- und Arbeitsfähigkeit veranlaßte.[7]
So wie in den Traktaten der bürgerlichen Meisterdenker der Mann Herr seiner selbst werden wollte, um sich aus allen erdenklichen Abhängigkeiten zu befreien, so sollte auch seine Kräfteökonomie potentiell selbstreferentiell sein. Bedroht schien dieses Ziel durch die konstatierten mechanischen Kraftverluste. Dieses Problem durch das Energieprinzip gelöst zu haben, brachte jenen, die dies zustande gebracht hatten, das Lob ein, das wichtigste Gesetz der Physik formuliert zu haben. Mit einem geradezu genialen Trick hatten sie Kräfte in potentielle und kinetische Energie aufgeteilt und den ehemals so beängstigenden Verlust als Verbrauch, Verwandlung und gleichzeitig als Erhaltung uminterpretiert. Aus geschlechtergeschichtlicher Perpektive stellt sich der erste Hauptsatz der Thermodynamik, der mit dem Energieerhaltungssatz korrespondierte, als Mentefakt dar, das den Begriff Kraft in einer neuen Lesart, nämlich der der Energie vorlegte. Die Intention war dabei, die unerwünschten Verluste zu umgehen und Kräfte im Sinne von Energie, physikalisch definiert als Fähigkeit, Arbeit zu leisten, endgültig an eine sich durch eine selbstreferentielle Kräfteökonomie auszeichnende Männlichkeit zu binden.

Entropie und männliche Selbstreferentialität

Die mechanische und die thermodynamische Welt schienen durch die Begründung des Energieprinzips in bester Ordnung – wenn nicht die Dampfmaschine gewesen wäre. Deren Betrieb wies jene Vorgänge auf, die der erste Hauptsatz beschrieb. Fatalerweise kam es bei der Umwandlung von Wärme in mechanische Arbeit nicht nur zu einer äquivalenten Umwandlung, sondern auch zur Wärmeleitung. Nicht alle potentielle Energie der Wärme war in mechanische Bewegung umzusetzen. Der geringe Wirkungsgrad der frühen Dampfmaschinen hatte zur Ursache, daß der weitaus größte Teil der freien Energie durch die Wärmeleitung verloren ging. Diesen Vorgang beschrieb der zweite Hauptsatz der Thermodynamik, aus dem das Entropieprinzip hervorging (Clausius 1850).

In der Natur irreversible Verluste auszumachen war die über das Konstrukt der Energie vermittelte Folge einer physikalischen Theoriebildung, die als „Objektivation von Männlichkeit" regenerative Kräfte ebenso negierte, wie sie Kräfte im Konzept der Energie ausschließlich als Arbeitspotentiale interpretierte und durch den Entwurf einer potentiellen und kinetischen Energie deren prinzipiell mögliche Erhaltung postulierte. In diesem idealtypischen Konstrukt, gleichzeitig energetisch autonom und arbeitsfähig zu sein, reproduzierten sich typische Phantasmen von Männlichkeit, die, an der technischen und thermischen Wirklichkeit erprobt, zur Verlustdiagnose des zweiten Hauptsatzes führten.

Das Dramatische an diesem Befund war, daß der infolge ständiger Wärmeleitung zu erwartende Ausgleich aller Temperaturdifferenzen in ferner Zukunft zur Erstarrung aller Bewegung und aller Arbeitsfähigkeit führen werde. Als Konsequenz dieses androzentrischen Blicks auf die Natur gebar die kraftbegabte, um ihre Kräfteautonomie besorgte Männlichkeit den „Wärmetod" des Universums (Helmholtz 1854). Die Wärme, die in den 1840er Jahren als Ursache aller Bewegung und allen Lebens auf der Erde gefeiert wurde, wandelte sich unter der thermodynamischen Interpretation zur todbringenden Agentie aufgrund ihrer Eigenheit, „von selbst" Temperaturdifferenzen auszugleichen. In ihrem „Eigensinn", der in der Irreversibilität begründet lag, entzog sie sich jener Beherrschbarkeit, die die Reversibilität der Energiephysik auszeichnete. Damit bedrohte die Wärme, wie sie in dem zur Berechnung der Dampfmaschinenprozesse technisch äußerst funktionalen zweiten Hauptsatz der Thermodynamik axiomatisiert wurde, die im ersten Hauptsatz konzeptualisierte selbstreferentielle Kräfteökonomie idealtypischer Männlichkeit.

Aufschlußreich für die männliche Rationalität der beiden Hauptsätze der Thermodynamik ist aus geschlechtergeschichtlicher Perspektive, daß nicht der ständige Verbrauch von freier Energie aus nichtregenerativen Ressourcen zum Problem wurde. Generationen von Physikern und Ingenieuren war vielmehr der zweite Hauptsatz Stein des Anstoßes, denn er goß Wasser in den berauschenden Wein des ersten: Freie Energie war nicht gänzlich in kinetische zu verwandeln, da die Verwandlungsprozesse Übertragungsverluste aufwiesen. Potentielle Arbeitkraft wurde unvollständig in ein „Werk" umgesetzt. Hierin lag die Verletzung jener Männlichkeit, die im ersten Hauptsatz idealtypisch als selbstreferentielle konzeptualisiert worden war. Unerheblich war für sie, daß der konkrete Produktionsprozeß ständig von der Zufuhr von Ressourcen abhing. Daß der Wirklichkeit der Energienutzung das Denkmodell des ersten Hauptsatzes nicht entsprach, störte nicht, solange die aufgewendete potentielle Energie der kinetischen äquivalent und prinzipiell zurückzuverwandeln oder idealiter ohne Kraftverluste in ein „Werk“ zu überführen war.

Die thermodynamischen Hauptsätze folgten gänzlich der Realität der in der geschlechtsspezifischen Arbeitsteilung wurzelnden Kräfteökonomie: Die Frau wurde dabei zu einer als selbstverständlich vorausgesetzen Ressource. Sie leistete unsichtbar die leibliche und generative Reproduktion. Strukturell fand dies seinen Niederschlag in den Denkmustern der Thermodynamik: Wie Ressourcen verbraucht wurden, so verbrauchte sich auch die männliche Arbeitskraft und mußte erneuert werden; der Nachschub an diesen Ressourcen aber wurde als selbstverständlich vorausgesetzt. Vertrauend darauf, daß sich die eigene Arbeitskraft in der Familie und durch die Frau regeneriere und die Natur ausreichend fossile Brennstoffe bereitstelle, konzentrierte sich die gesamte Aufmerksamkeit der Natur- und Ingenieurwissenschaften darauf, die aus Ressourcen gewonnene freie Energie möglichst optimiert zu „verwandeln“. Das Maximum war bei diesem Vorgang erreicht, wenn die Verwandlung der Erhaltung gleichkam und selbstreferentiell war. Dies aber war nicht die Realität der Produktion. Sobald die freie Energie sich in einem „Werk“ oder „Produkt“ veräußerte, bedurfte der Produktionsprozeß des ständigen Nachschubs an freier Energie aus natürlichen Ressourcen, die gewissermaßen unhinterfragt vorausgesetzt wurden. Denn nicht die Reproduktion, sondern die Produktion war der zur männlichen Identität gehörige Bereich, der nach Vorgabe des Energieprinzips dann seine höchste Effizienz erreichte, wenn sein Energiehaushalt dem Ideal der Selbstreferentialität entsprach.

Ökologisch folgenreich waren die in männlicher Rationalität wurzelnden thermodynamischen Hauptsätze, da der Verbrauch von nichtregenerativen Ressourcen nicht das vorrangige Problem darstellte. Nicht die Sparsamkeit unwiderbringlich verbrauchter fossiler Rohstoffe war Motiv für die Bemühungen um die Steigerung des Wirkungsgrads von Maschinen. Der Erfolg war hierbei auch von ökonomischen Einsparungen begleitet, da dann ein bestimmter Nutzeffekt mit geringerem Einsatz von Ressourcen zu erreichen war. Doch aus geschlechtergeschichtlicher Perspektive betrachtet ging es nicht primär darum. Das Standesethos der Ingenieure war durch ihre Männlichkeit bedingt. Deren Rationalität war technisch. Es ging darum, den Wirkungsgrad von Maschinen zu steigern, um die dabei auftretenden Verluste an freier Energie zu minimieren. Stein des Anstoßes war weder Naturwissenschaftlern noch Ingenieuren der irreversible Abbau fossiler Brennstoffe, sondern deren technisch unvollkommene Ausbeutung. Nicht die Schonung der Natur mit technischen Mitteln war das Ziel, sondern die technische Realisierung einer idealtypischen Männlichkeit.

Die Verlustdiagnose, die im Rahmen der Mechanik zur Lösung gedrängt hatte und im ersten Hauptsatz der Thermodynamik theoretisch überwunden worden war, trat in veränderter Gestalt bei der Formulierung des Entropieprinzips – gewissermaßen durch die Hintertür – wieder ein. Trotz aller Bemühungen war der Wirkungsgrad von Maschinen im Laufe der Jahrzehnte nur graduell zu verbessern. Auch heute müssen bei Enegieübertragungen noch Verluste hingenommen werden.
Besondere Brisanz erhielt das Entropieprinzip, das die idealtypische Männlichkeit des 19. Jahrhunderts grundlegend in Frage stellte, als sich die bürgerlichen Männer gegen Ende des 19. Jahrhunderts durch den Klassenkampf und die Emanzipationsbestrebungen von Frauen in ihrer Hegemonie in Frage gestellt sahen. Als den expansiven Ökonomien die Endlichkeit der Kohle vor Augen geführt wurde, war die Befriedung des „vierten Standes" auf der Basis stetiger Prosperität nicht mehr gewährleistet. Die männliche Kräfteökonomie schien außerdem bedroht, wenn in Aussicht stand, daß „das zweite Geschlecht" möglicherweise künftig nicht mehr als selbstverständliche Ressource verfügbar wäre. Die bürgerliche Männlichkeit geriet unter dem Einfluß dieser Entwicklungen in eine tiefe Krise, die teilweise als Ressourcenproblem auftrat und deren theoretische „Bewältigung" sich als Einstieg in die Moderne lesen läßt. Das Entropieprinzip und seine Zukunftsprognose erhielten dadurch um die Jahrhundertwende besondere Aktualität.
Die Reaktionen auf das Entropieprinzip und die damit assoziierte Krise der Männlichkeit wiesen um die Jahrhundertwende zwei unterschiedliche Richtungen auf: Entweder wurden die Probleme der männlichen Kräfteökonomie in einer depressiven Fortschrittskritik kulturpessimistisch bearbeitet, oder der Blick heftete sich an Optionen der Erneuerung von Ressourcen. Die kulturpessimistischen Lesarten der westlichen Zivilisation bedienten sich des zweiten Hauptsatzes als einer naturwissenschaftlichen Argumentationshilfe, die bis heute Teile der ökologisch motivierten Warnungen vor der Vernutzung der Natur stützt (Goergescu-Roegen 1971; Rifkin 1980; Schütze 1989). Die fortschrittsbewußten Naturwissenschaftler griffen hingegen das Entropieprinzip auf, um an diesem die wissenschaftliche Erneuerung zu erproben.[8] Das Entropieprinzip leitete den Übergang von der klassischen zur modernen Physik ein.
Mit der Entdeckung des Radiums und der Radioaktivität war Ende des 19. Jahrhunderts die Hoffnung aufgekommen, unerschöpfliche freie Energien erschließen zu können. In zahllosen Publikationen wiesen Fortschrittsapologeten darauf hin, daß die Erschöpfung der Ressourcen nun der Vergangenheit angehöre. Ein direkter Weg führte von diesen Hoffnungen zur Erforschung

der Atomenergie und zur Entwicklung der Kerntechnik. Jahrzehnte vor dem Betrieb des ersten Atomreaktors trug die Kenntnis der Radioaktivität bereits zur Beruhigung bei, da man meinte, der Nachschub an Ressourcen sei in Zukunft sicherzustellen. Obwohl mit der in Aussicht gestellten Schaffung unerschöpflicher freier Energie das Problem der Endlichkeit der Ressourcen beseitigt schien, blieb das Entropieprinzip weiterhin gültig. Mochte auch die Atomphysik das Energieproblem praktisch lösen können, die Niedergangsprognose des zweiten Hauptsatzes blieb auch im Kontext der modernen Physik theoretisch bestehen.

Erst nach dem Zweiten Weltkrieg gewann das Entropieprinzip erneut Aktualität in Richtung einer naturwissenschaftlich- konzeptuellen Erneuerung, die seine Verlustdiagnose endgültig zu negieren versprach. Genau dies leisteten jene Forschungszweige, die das Entropieprinzip zum Ausgangspunkt der Informationstheorie, der Kybernetik, der Theorie des Lebendigen, in der Summe also zum Gegenstand all jener Theorien machten, die heute grob unter dem Stichwort „Selbstorganisation“ zusammenzufassen sind.

Von der Thermodynamik zur Selbstorganisation

„The idea of dissipation of energy depends on the extent of our knowledge. Available energy is energy which we can direct into any desired channel. Dissipated energy is energy which we cannot lay hold of and direct at pleasure, such as the energy of the confused agitation of molecules.“[9]

Mit diesen Worten begründete James Clerk Maxwell ein Programm molekularer Naturbeherrschung. Diese machte er von jenem Wissen abhängig, das nötig sei, um auf molekularer Ebene Manipulationen von Teilchen so vorzunehmen, daß eine Temperaturdifferenz entstünde. Wenn es gelänge, Operationen dieser Art durchzuführen, würde der zweite Hauptsatz seine Gültigkeit verlieren. Damit war klar, daß der totale Zugriff auf mikroskopische Erscheinungen anvisiert war. Der Physiker William Thomson verdeutlichte dieses Ziel in einem Bild: dem des berühmten Maxwellschen Dämons.

„He can at pleasure stop, or strike, or push, or pull away any atom of matter, and so moderate its natural course of motion. Endowed equally with arms and hands – two hands and ten fingers suffice – he can do as much for atoms as a pianoforte player can do for the keys of the piano – just a little more, he can push or pull each atom in any direction“ (Thomson 1889).

Ein mit diesen Fähigkeiten begabter Dämon brauchte keinen Leib, er brauchte nur zwei Hände, zehn Finger und die nötige Information, sie zu gebrauchen. Er war pure Intelligenz, zu deren Ausübung Maxwells Dämon keine Arbeitskraft aufwenden mußte. Er machte sich völlig unabhängig von der Zufuhr von Ressourcen. Männlichkeit hatte sich in diesem Phantasma von aller Leiblichkeit und damit auch von jeglicher Abhängigkeit von der Zufuhr von Ressourcen abgekoppelt. Der Maxwellsche Dämon, der dieses Phantasma idealtypisch repräsentierte, glich einem Perpetuum Mobile, das seine Operationen verlustfrei ausführte. Der Physiker Maryan von Smoluchowski betonte 1914:

„As far as we know today, there is no automatic, permanently effective perpetual motion machine, in spite of the molecular speculations, but such a device might, perhaps, function regularly if it were appropriately operated by intelligent beings." (Zit. nach: Szilard 1929)

Solche Phantasmen traten an die Stelle der in der konkreten Realität verletzten Selbstreferentialität von Männlichkeit, die ihre idealtypische Identität aus dem Nutzeffekt der Energie sowie ihrer Wandelbarkeit und Erhaltung bezogen, dabei aber auch die Themen Verlust und Endlichkeit hervorgebracht hatte. Um diesen unliebsamen Konsequenzen entgegenzuwirken, wechselte die männliche Identität zu jener Größe, die endlich die ersehnte Unverletzlichkeit bringen sollte: zur Information und zur Selbstorganisation. Von einem intelligenten Wesen genutzt, versprachen diese Konzepte nicht nur, das Thema Verlust und Endlichkeit endgültig ad acta legen zu können, sondern auch definitiv die ersehnte Selbstreferentialität von Männlichkeit zu erlangen.

Von der Idee des Maxwellschen Dämons und der Möglichkeit eines Perpetuum Mobile zweiter Art begeistert, verfaßte der ungarische Physiker Leo Szillard, einer der Väter der Atombombe, einen in vieler Hinsicht wegweisenden Artikel mit dem Titel *Über die Entropieverminderung in einem thermodynamischen System bei Eingriffen intelligenter Wesen*. Darin beschrieb er 1929 vor dem Hintergrund der Quantenmechanik die Möglichkeit, ein intelligentes Wesen zu ersinnen, das in einem thermodynamischen System intervenieren könne. Wenn solche Wesen Messungen vornehmen, beeinflussen sie das System. Eine Art Gedächtnisfabrik, manifestiert in einem System, in dem Messungen vorgenommen werden, könnte die Entropie reduzieren und für den Fall, daß die Messungen selbst keine Entropieerhöhung verursachten, den zweiten Hauptsatz seiner Gültigkeit berauben. Dann folgte Szilards Erläuterung, in der die von ihm imaginierte Maschine binäre Operationen auszuführen hatte, die er mit Information identifizierte. Noch lange vor der Erfindung von Computern entdeckte er, was nun „binary digit – or bit of information" heißt. Heute gilt das Papier von Szilard als Anfang der Informationstheorie. Seine Annahme, daß durch ein besonderes Hilfsmittel das Problem

zu lösen und die Thermodynamik komplexer biologischer Systeme zu analysieren sei, war gleichzeitig ein Vorläufer der Kybernetik.
Die hier sehr knapp angedeuteten Reaktionen auf die Verlustdiagnose des zweiten Hauptsatzes führten sowohl in Richtung Informationstechnologie wie in Richtung Biotechnologie. Während Claude Shannon 1948 sein zentrales Papier zur Informationstheorie vorlegte, veröffentlichte Norbert Wiener sein Werk *Cybernetics, or Control and Communication in the Animal and Machine*. In beiden Werken kehrten Ideen von Szilard wieder. Shannon hatte Information mit Entropie analog gesetzt. Damit erhielt Information die Doppeldeutigkeit, zu diffundieren, dabei aber durchaus im Sinne Szilards zur Verminderung der Entropie beizutragen. Diese Lesart vertrat auch Wiener, als er der Information negentropische Fähigkeiten zuschrieb, also Eigenschaften, entropische Prozesse rückgängig machen zu können. Im Rückgriff auf die Vorstellung eines Dämons betonte er, dieser könne nur durch erworbene Information tätig werden und diese repräsentiere negative Entropie (Brillouin 1949, S.101). Auf der Suche nach negentropischen Vorgängen charakterisierte Wiener Merkmale, die Lebewesen kennzeichnen. Er nannte katalytische Prozesse, die Funktion von Enzymen oder auch die Photosynthese (Wiener 1950).
Es würde hier zu weit führen, all jene wegweisenden Gedanken zu erwähnen, die den Weg von der Thermodynamik zu jenen Theorien und Technologien säumten, mit denen gegenwärtig die Komplexität des Lebendigen begriffen werden soll. Zum Schluß möchte ich lediglich noch ein Buch nennen, an dem die technisch- naturwissenchaftlichen Konsequenzen der thermodynamischen Hauptsätze besonders deutlich werden. 1942 hielt der Quantenmechaniker Erwin Schrödinger im Exil eine Vortragsreihe, die er unter dem Titel *Was ist Leben?* veröffentlichte. Darin beschäftigte ihn die Frage, wie sich Lebewesen dem zweiten Hauptsatz widersetzen, wie sie am Leben blieben, wo doch die Natur vom Entropiegesetz beherrscht sei. Hierzu befähige sie die spezifische Struktur der Chromosomen, so lautete Schrödingers Antwort. Mit einem Code versehen wären Chromosomen befähigt, per genetischem Gedächtnis ständig negative Entropie zu produzieren, d.h., ständig Ordnung aus der Umgebung aufzunehmen (Schrödinger 1949, S.134). Das Paradoxon dieses Widerspruchs, den Schrödinger zwischen Leben und Entropie formulierte, war, daß Leben sich durch seinen Widerstand gegen das Verderben charakterisiere. Schrödinger fragte explizit: „Wie entzieht sich der lebende Organismus dem Zerfall?“ Leben kennzeichne seiner Interpretation nach nicht die Fähigkeit zu Reproduktion, Wachstum oder Entwicklung. Leben wurde unter dem Einfluß thermodynamischen Denkens zur Fähigkeit, sich durch die

Absorption von Ordnung aus der Umgebung zu erhalten (Fox-Keller 1992).[10] Schrödinger lieferte mit seiner Theorie geradezu eine idealtypische Interpretation jener Komplexität, deren Erklärung auch die heutige Selbstorganisationsforschung anstrebt. Wenn von ihr die Phänomene des Lebendigen in einer Weise, die der nekrophilen Tradition der Thermodynamik verpflichtet ist, zum Gegenstand der Forschung gemacht werden, dann stellt sich die sorgenvolle Frage, wie dieses Lebendige unter dem Zugriff selbstreferentieller Männlichkeit künftig aussehen wird.

Anmerkungen

1 Schütze, Christian (1988): „Das Grundgesetz vom Niedergang". In: Süddeutsche Zeitung, 9./10. Januar 1988. Wochenendbeilage.

2 Kafka, Peter (1988): „Das Grundgesetz vom Aufstieg". In: Süddeutsche Zeitung, 8./9. Mai.

3 Kafka 1989, S.14.

4 Ebd., S.15.

5 Dieser komplexe Vorgang, den ich hier nur knapp und überpointiert dargestellt habe, wird näher ausgeführt in meiner Habilitationsschrift, die sich mit der Geschichte der Thermodynamik befaßt.

6 Zum Problem des Kraftverlusts für die kraftbegabte Männlichkeit vgl. Ben Barker-Benfield.

7 Zur Frage nach den affektiven Implikationen von Technik vgl. Regina Becker-Schmidt.

8 Die Ablösung der klassischen durch die moderne Physik erfolgte – vermittelt über die Arbeiten von Max Planck – über den zweiten Hauptsatz der Thermodynamik, der aufgrund seiner Irreversibilität zur Überwindung der klassischen Physik und zur Begründung der Quantenmechanik beitrug. Vgl. Heilbronn, 1. Kapitel.

9 Maxwell, James Clerk (1878): Artikel „Diffusion" in der Encyclopedia Britannica.

10 „Das, wovon ein Organismus sich ernährt, ist negative Entropie. Oder, um es etwas weniger paradox auszudrücken, das Wesentliche am Stoffwechsel ist, daß es dem Organismus gelingt, sich von der Entropie zu befreien, die er, solange er lebt, erzeugen muß." (Schrödinger 1949, S.126)

Literatur

Barker-Benfield, Ben (1972): The Spermatic Economy: A Nineteenth Century View of Sexuality. In: Feminist Studies 1,1, S.45-74

Becker-Schmidt, Regina (1989): Technik und Sozialisation. Sozialpsychologische und kulturanthropologische Notizen zur Technikentwicklung. In: Becker, Dietmar / Becker-Schmidt, Regina / Knapp, Gudrun Axeli / Wacker, Ali: Zeitbilder der Technik. Essays zur Geschichte von Arbeit und Technologie. Bonn, S.17-74

Brillouin, L. (1949): Life, Thermodynamics, and Cybernetics. In: Leff, Harvey S. / Rex, Andrew F. (Hrsg.): Maxwell's Demon. Entropy, Information, Computing. Bristol, S.89-103

Clausius, Rudolf (1850): Über die bewegende Kraft der Wärme und die Gesetze, welche sich daraus für die Wärmelehre selbst ableiten lassen. In: Poggendorffs Annalen, Bd. 79, S. 368-500

– (1864): Abhandlungen über die mechanische Wärmetheorie. Bd 1. Braunschweig

Frevert, Ute (1988): Bürgerliche Meisterdenker und das Geschlechterverhältnis. Konzepte, Erfahrungen, Visionen an der Wende vom 18. zum 19. Jahrhundert. In: Dies. (Hrsg.): Bürgerinnen und Bürger. Geschlechterverhältnisse im 19. Jahrhundert. Göttingen

– (1995): Mann und Weib, und Weib und Mann. Geschlechter-Differenzen in der Moderne. München

Fox-Keller, Evelyn (1992): Secrets of Life and Secrets of Death. Essays on Language, Gender, and Science. New York

Goergescu-Roegen, Nicholas (1971): The Entropy Law and the Economic Process. Cambridge Mass.

Hausen, Karin (1993): Ingenieure, technischer Fortschritt und Geschlechterbeziehungen. In: König, Wolfgang / Landsch, Marlene (Hrsg.): Kultur und Technik. Zu ihrer Theorie und Praxis in der modernen Lebenswelt. Frankfurt/Berlin, S.234-252

Helmholtz, Hermann von (1847): Die Erhaltung der Kraft. Leipzig 1889. Nachdruck

– (1854): Über die Wechselwirkung der Naturkräfte und die darauf bezüglichen neuesten Ermittlungen der Physik. Königsberg

Honegger, Claudia (1991): Die Ordnung der Geschlechter. Die Wissenschaften vom Menschen und das Weib. New York

Kafka, Peter (1989): Das Grundgesetz vom Aufstieg. Vielfalt, Gemächlichkeit, Selbstorganisation: Wege zum wirklichen Fortschritt. München/Wien

Krohn, Wolfgang / Küppers, Günter (Hrsg.) (1986): Selbstorganisation. Aspekte einer wissenschaftlichen Revolution. Braunschweig/Wiesbaden

Leff, Hervey S. / Rex, Andrew F. (Hrsg.) (1990): Maxwell's Demon. Entropy, Information, Computing. Bristol

Heilbronn, John L. (1988): Max Planck. Ein Leben für die Wissenschaft 1858- 1947. Stuttgart

Mauel, Kurt (1980): Arbeit und Leistung. Ihre Bestimmung und Messung in der Technik seit dem 18. Jahrhundert. In: Troitzsch, Ulrich / Wohlauf, Gabriele (Hrsg.): Technikgeschichte. Historische Beiträge und neuere Ansätze. Frankfurt a.M., S.269-301

Porter, Charles T. (1912): Lebenserinnerungen eines Ingenieurs. Berlin

Rifkin, Jeremy (1980): Entropy. Into the Greenhouse World. New York

Schrödinger, Erwin (1949): Was ist Leben. Die lebende Zelle mit den Augen des Physikers betrachtet. München 4. Aufl. 1992

Schütze, Christian (1989): Das Grundgesetz vom Niedergang. Arbeit ruiniert unsere Welt. München

Szilard, Leo (1929): On the Decrease of Entropy in a Thermodynamic System by the Intervention of Intelligent Beings. In: Zeitschrift für Physik, 53, S. 840-56.

William Thomson (1889): Theo Sorting Demon of Maxwell. Repr. in Popular Lectures and Addresses, Vol. 1, London, S. 137-41

Villaume, Peter (1796): Ob und Inwiefern bei der Erziehung die Vollkommenheit des Einzelnen Menschen seiner Brauchbarkeit aufzuopfern sei? In: Blankertz, Herwig (1965): Bildung und Brauchbarkeit. Texte von Joachim Heinrich Campe und Peter Villaume zur Theorie utilitärer Erziehung. Braunschweig

Wiener, Norbert (1948): Cybernetics, or Control and Communication in the Animal and the Machine. New York

– (1950): Entropy and Information. In: Proc. Symp. Appl. Math. Amer. Math. Soc. 2, 89. Auszug in Leff / Rex, S. 297

Wise, Norton / Smith, Crosbie (1989): Work and Waste: Political Economy and Natural Philosophy in Nineteenth Century Britain. In: History of Science I, S.263-301, II, 391-449

Heike Stach

Schöpfermythos Künstliche Intelligenz

Zur Strukturierung eines Technikfeldes durch die sprachliche Form

Begriffe, so Gadamer, sind

> „immer schon aus Erfahrung gewachsen, sie artikulieren unser Weltverständnis und zeichnen damit den Gang der Erfahrung vor. So ist mit jedem Begriff, in dem wir denken, immer schon eine Vorentscheidung gefallen, deren Legitimation nicht mehr geprüft wird." (Gadamer 1964, S. 110)

Welches Weltverständnis – auch im Hinblick auf das Geschlechterverhältnis – wurde artikuliert, als sich Ende der 50er Jahre die „Artificial Intelligence" als eigenständige Forschungsrichtung zunächst in den USA etablierte? Welche Vorentscheidungen waren mit dem Titel „Künstliche Intelligenz" (KI), der mehr eine Zielsetzung und ein rudimentäres Forschungsprogramm als die Beschreibung des Bestehenden meinte, in bezug auf die zu entwickelnden Techniken und auch in bezug auf die Rolle von Frauen in diesem Forschungsgebiet gefallen? Um das Nicht-Ausgesprochene, das in jedem Begriff mitgedacht wird, für den Intelligenzbegriff expliziter zu machen und damit den Antworten auf obige Fragen zumindest näher zu kommen, möchte ich einige wichtige Abschnitte in der Geschichte des Intelligenzbegriffes betrachten. Deutlich wird dabei, daß die KI in einer Tradition steht, die:

- Intelligenz keineswegs als genuin menschliche Eigenschaft sieht. Schon im Altertum gehörte die „intelligentia" in eine ausgedachte, rein geistige und dem Männlichen zugeschlagene Welt, deren letztliche Begründung im Glauben an einen die Welt schaffenden Gottvater lag.
- Intelligenz mit Leben, und zwar mit „wahrem", vom Weiblichen unbefleckten Leben assoziiert, woran die z. T. mit der KI verbundenen Hoffnungen, durch Intelligenz auch Leben zu schaffen, anknüpfen konnten.
- „intelligentia" bzw. Intelligenz stilisiert als Ziel, das die Menschen – Männer mit größerer Aussicht auf Erfolg – anstreben, um in der gesell-

schaftlichen oder der universalen Hierarchie des göttlichen Seins aufzusteigen. Es mag diesem Zielcharakter des Begriffes geschuldet sein, daß sich die KI so wirksam und schnell als Forschungsziel etablieren konnte.

Altertum

Fundamental für das Denken der modernen KI wie auch schon für das altertümliche Verständnis von „intelligentia" war die Trennung und Überordnung des Konzeptes „Geist" über das des „Körpers", eine Differenzierung, die erst im frühen Altertum Bedeutung erlangte. „Frei", „autonom", „verändernd" zu denken und zu handeln bedeutete nun, sich nicht zwingen zu lassen durch die Natur oder seinen Gefühls- und Körperanteil, sondern „frei" kraft des objektiv urteilenden Verstandes zu entscheiden. Die Vernunft ward geboren.

„Rational zu denken und zu handeln bedeutet also, den Verstand von der Sinnlichkeit abzutrennen, sich durch Gefühle nicht beirren zu lassen, allgemeingültige, d.h. von jedermann nachvollziehbare Gedankengänge zu formulieren." (Nölleke 1985, S.106)

Entsprechend dieser Spaltung des Menschen in ein Verstandeswesen und ein von diesem zu kontrollierendes Körperwesen unterteilte das klassische Denken die gesamte Welt in zwei Seinsweisen, eine geistige und eine materielle. Während in ersterer die „Menschen und Dinge durch sich und als sie selbst" waren, existierten sie in der zweiten nur „unter Verzerrung, Beschränkung und Verneinung ihrer Natur" (Marcuse 1989, S.140). So unterschied z. B. Plato in seinem Dialog *Timaios* zwischen dem „Seienden" und dem „Werdenden". Während das Werdende für die körperlich-materielle Welt stand, wie diese beständigem Werden und Vergehen unterlag und deshalb nur der durch die trügerischen Sinne vermittelten Meinung zugänglich war, stand das Seiende für eine geistige Welt, die immerdar sich selbst gleich blieb und in der deshalb Regeln und damit sicheres Wissen und Wahrheit existieren konnten (Cicero, Tim.28A).
Vermutlich war es Cicero (106-43 v. Chr.), der aus dem Verbum „intellegere" das Substantiv „intelligentia" bildete (Schulte 1964, S.19). In seiner Übersetzung von Platos *Timaios* aus dem Griechischen ins Lateinische siedelte er „intelligentia" im Seienden an. Da letzteres immerdar sich selbst gleich blieb, war es nach ihm von „intelligentia" und „ratio" er- und umfaßt (Cicero, Tim.28A). Der Mensch hatte entsprechend die „intelligentia" nicht, vielmehr existierte sie außerhalb seiner selbst und er konnte an ihr nur teilhaben. Auf Grund ihrer Ähnlichkeit mit der göttlichen Seele hatte ein Teil der menschlichen Seele lediglich Zugang zur „intelligentia", vorausgesetzt dieser Teil war

vom Körper weit entfernt, wie dies im Schlafe, in der Begeisterung oder der Raserei der Fall war (Cicero, de div.70,110). Der Mensch war also der „intelligentia“ in Zuständen am nächsten, in denen heute von geistiger Leistung kaum die Rede wäre, die aber mit der Vorstellung assoziiert waren, daß sie dem Menschen erlauben, seine körperliche „Hülle“ zu verlassen. Verständlich, denn die Wahrheit und alles, was der Mensch wirklich zu wissen vermochte, sein Erkenntnisvermögen, alle möglichen Erkenntnisresultate lagen in einer äußeren, geistigen und ewigen Welt fest und ein Erkenntnisakt bestand lediglich im Finden dieser. „Intelligentia“ konnte entsprechend bei Cicero Erkenntnisvermögen, -akt und -resultat gleichermaßen bedeuten (Schulte 1964, S.19f.).

Die damalige Einheit dieser heute getrennt gedachten Begriffe verweist auch auf die damalige Vorstellung von der Existenzweise des Seienden. Das Geistige, von der „intelligentia“ er- und umfaßt, schuf sich (als Erkenntnisresultat) durch Erkenntnisvermögen und Erkenntnisakt aus sich selbst. Entsprechend galt eine gleichförmige Bewegung um die eigene Achse als die „mentem atque intelligentiam“ (Vernunft und „intelligentia“) ihrem Wesen nach am nächsten stehende (Cicero, Tim.34A). Denn die Weltseele als Sitz der „intelligentia“ hatte „ihren Umschwung in sich selbst und machte so den Anfang zu einem unvergänglichen und vernunftgemäßen Leben für alle Ewigkeit.“ (Cicero, Tim.36E) Die Entstehung des Geistigen aus sich selbst aber – und hier ist wohl der Anfang des Schöpfermythos „Künstliche Intelligenz“ zu sehen – meinte auch die Entstehung der Welt durch einen Akt der männlichen Selbstschöpfung. Im *Timaios* ist es ein männlicher Gott, der selbst Inbegriff der Vernunft und mit Ciceros Übersetzung auch der „intelligentia“ ist, der zunächst die geistige Welt nach seinem eigenen – und schließlich die materielle Welt nach dem Vorbild der geistigen Welt schafft (Cicero, Tim.30B,30D). Die Rolle des Geistigen, der eingrenzenden Form, wird im *Timaios* auch mit dem Vater, die Rolle der unbestimmten Materie mit der der Mutter verglichen (Cicero, Tim.50D). Die „intelligentia“ ist also von Anfang an eng gebunden an die Idee der Schaffung des Geistigen – und damit assoziiert des Männlichen – durch sich selbst, ein Vorgang, der schließlich, so der Mythos, dadurch zur Entstehung der Welt führte, daß „das wilde Durcheinander der formlosen Materie“, des mit Weiblichkeit assoziierten Stoffes, zu einem wohlgestalteten Ganzen geformt wird.

Die Überordnung einer geistigen, wahren Welt über eine körperliche entsprach zum einen der Hierarchie einer Sklavenhaltergesellschaft, in der es sich wenige qua Befehlsgewalt (geistiger „Arbeit“) leisten konnten, körperlich Arbeitende auszubeuten (Marcuse 1989, S.145). Zum anderen legitimierte diese Philosophie die Überordnung des Mannes über die Frau. So galt der männliche Same als quasi geistig; Schwangerschaft wurde vorgestellt als bloß stoffliche Ausgestaltung der Bauanweisung, die der Mann der Frau im Zeugungsakt in Form seines Samens übergab (Lloyd 1985, S.4). In Wortschöpfungen wie z. B. dem „logos spermatikos“ der philo-sophischen Schule der Stoa, der angeblich von feuriger Beschaffenheit sich in alle Schöpfung ergoß und als göttliches Element Führungsanspruch über die Menschheit erhob (Westhoff 1985, S.34), oder dem „genius“ des römischen Mannes, der seiner Frau in Gestalt einer Schlange ein Kind zeugen konnte, während er selbst auf dem Schlachtfeld im Kampfe stand (Zilsel 1972, S.10), fand die Beschlagnahmung des Geistigen durch die männliche Zeugungskraft seinen heute humoristisch wirkenden Ausdruck.

Scholastik

Standen im Altertum geistige und materielle Welt eher verbindungslos übereinander, so wurde in der Scholastik die stofflich-körperliche Welt konsequent als Abbild der geistigen, „intelligiblen“ Welt gedacht. So setzte nach Marius Victorinus (275/300-362 n. Chr.), der mit seinem Gebrauch von „intelligentia“ die Terminologie der Scholastik entscheidend beeinflußte (Benz 1932, S.19f.), die „intelligentia“, die im göttlich-überverstehbaren Ureinen, in dem alles, was die Welt ausmacht, schon vorhanden aber noch eins war, in dem die „intelligentia“ folglich noch eins mit all ihrem Erkennbaren war, die Schöpfung dadurch in Gang, daß sie sich selbst als „intelligentia“ erkannte. Oder, so Victorinus: „intelligentia intelleges intelligentiam“ (Victorinus zit. nach: Benz 1932, S.231). Durch diese Selbsterkenntnis trat sie aus dem transzendenten Urgrund heraus. Während Victorinus das Ureine mit dem Gottvater identifizierte, setzte er den Prozeß der Selbsterkenntnis der „intelligentia“ mit der nicht von Weib oder Stofflichkeit befleckten Zeugung von Gottes Sohn gleich (Victorinus, adv.ar.IV28). Nach außen getreten konnte die „intelligentia“ ihr Erkennbares denken und dadurch begrifflich formieren. Sie schuf so die Worte und Begriffe, die sich als lebende, aktive (da geistige) Substanzen in die passive, ungeformte und deshalb nicht existente Materie verteilten, die Existenz erst durch diese Formung erhielt.
Der Mythos der Schöpfung der Welt aus dem Geistig- Männlichen ist hier sehr direkt an die „intelligentia“ gebunden, was sich bis zu Thomas von Aquin (1225-1274) fortsetzen sollte. Als göttliche Erkenntnisweise hatte die „intelligentia“ der Scholastik immer auch schöpferische Kraft. Als vor der

stofflichen Welt seiend lebte und existierte sie in höherem Maße, als dies vom Menschen gesagt werden konnte. So war sie z.B. bei Augustinus eine Person im eigentlichen Sinne – ein Attribut, das dem Menschen nur mit Vorbehalt zugebilligt wurde (Benz 1932, S.381) – und bei Aquin eine den Engeln vergleichbare Wesenheit, die aus reiner Form bestand (Aquin, de ente S.45). Was heute als zwei unterschiedliche Aspekte des Intelligenzbegriffes erscheint, nämlich Intelligenz einmal als allgemeine Erkenntnisfähigkeit und zum anderen als lebendes, denkendes Wesen, fiel so in der Scholastik zusammen. Denn Geistiges, Denken, Erkennen, „intelligentia" wurden als aktive, schaffende Kräfte gedacht. Sie standen deshalb näher an dem eigentlichen Subjekt des Mittelalters, an Gott, als der im Materiellen verhaftete Mensch, dessen Seele geistige Formen nur passiv aufnehmen konnte.

Der Mensch als ein stoffliches oder gemischtes Wesen hatte im Mittelalter Zugang zum Geistigen, zu Wahrheit und „intelligentia" nur in recht engen Grenzen, denn in ihrem fleischlichen Sein konnten die menschlichen Seelen Geistiges bloß durch die Sinnesorgane in seiner Brechung in der Materie erfahren. So kam z.B. bei Aquin der Seele des Menschen lediglich ein „sensus circa intelligentiam", ein Sinn hinsichtlich der Intelligenz zu, der über die materielle Darstellung eines Dinges zu den geistigen Ideen vordringen konnte, die dessen Natur ausmachten. Je stärker dieser Sinn ausgeprägt war, d.h. je weniger sich jemand von fleischlichen Sünden (Gaumenlust, Unkeuschheit) ablenken ließ (Aquin, Sum.Theol. Bd.15 Qu.15 Art.3), desto näher kam er diesen geistigen Formen, den „intelligentiae", die sich in der ungeformten Materie entfalteten und so dem betrachteten Ding zu Sein und Charakter verhalfen. Für den Menschen fungierte „intelligentia" als Ziel des Glaubens. Da z.B. bei Aquin Erkennen als eine Verähnlichung des Erkennenden mit der erkannten Sache vorgestellt wurde, strebten sie nach „intelligentia", um aus ihrem fleischlichen Sein zur Erlösung zu gelangen, d. h. um wieder geistig zu werden (Aquin zit. nach: Gadamer 1965, S.301).

Die Assoziation Frau-Stoff setzte sich in der scholastischen Philosophie fort: Materielles Sein, „die Welt, die Fleisch und Weib ist" (Benz 1932, S.248), wurde mit Weiblichkeit, wahrer Geist und damit wahres Leben, wahres Sein und wahre „intelligentia" hingegen mit Männlichkeit identifiziert. Die Welt lebte und existierte durch die Selbsterkenntnis des göttlichen Geistes, der göttlichen „intelligentia", und damit allein durch den mit Geist assoziierten Mann und nicht etwa auch durch die Frau, was ihre stoffliche Gebärfähigkeit ja nahelegt. Die „intelligentia" zu schauen, sich mit ihr zu verähnlichen und so zur Erlösung zu gelangen, war für die stärker im Materiellen verhaftete Frau entsprechend schwieriger als für den Mann. Wie die an sich nicht existente, da nicht durch Geistiges geformte Materie am untersten, der reine Geist jedoch am obersten Ende der Seinshierarchie stand (Benz 1932, S.40), galt z.B. für Victorinus: „Alles, was vollendet ist heißt Mann, alles, was unvollendet ist, heißt Weib.“ (Victorinus zit. nach: Benz 1932, S.246)

Kant

„Aufklärung ist der Ausgang des Menschen aus seiner selbst verschuldeten Unmündigkeit. Unmündigkeit ist das Unvermögen, sich seines Verstandes ohne Leitung eines anderen zu bedienen [...] Habe Mut dich deines Verstandes zu bedienen! ist also der Wahlspruch der Aufklärung.“ (Kant 1781 zit. nach: Wulf 1980, S.41)

Dieser Aufruf Kants an seine Zeitgenossen, den eigenen Verstand zu gebrauchen, konkretisiert sich an Hand seiner Konzeption des Intelligenzbegriffs. Auch bei Kant gab es eine „höchste Intelligenz“. Daß die Einheit von Erfahrung „nicht auf den Erscheinungen selbst (der Sinnlichkeit allein), sondern auf der Verknüpfung ihres Mannigfaltigen durch den Verstand [...] beruht“, führte ihn zu der Idee der „Einheit der höchsten und aller empirischen Realität und der durchgängigen Bestimmbarkeit (Möglichkeit) aller Dinge in einem höchsten Verstande, mithin in einer Intelligenz.“ (Kant 1904, S.392) Diese gehört nach Kant nicht zur Sinnwelt und erkennt die Dinge, wie sie an sich sind und nicht bloß, wie sie erscheinen (Mellin 1800, S.489). Auch der Mensch ist bei Kant eine Intelligenz, allerdings nur insofern, als er die Mannigfaltigkeit der sinnlichen Eindrücke verbindet durch den Verstand (Kant 1904, S.124). Er ist nur soweit eine Intelligenz, als er aktiv und frei von sinnlichen Lüsten und Eindrükken, die passiv bloß wahrgenommen werden können, seine Vernunft zum Handeln gebrauchen kann. Entsprechend sind bei Kant Intelligenz und Wille eng verknüpft. Eine Intelligenz ist nach Kant ein Wesen, das einen Willen hat (Mellin 1800, S.491). Es ist ihr nämlich eigen, daß sie Handlungsregeln

„als allgemein und nothwendig für jedes vernünftige Wesen denken kann, und nur nach solchen Regeln, welche diese Form haben, oder um dieser Form willen, d. h. nach Gesetzen, weil es Gesetze sind, handeln will.“ (Kant 1904, S.491)

Der Wille einer Intelligenz manifestiert sich also darin, daß sie unabhängig von Sinnlichkeit nach den geistigen Regeln der Vernunft handelt. Diesem Willen aber sind im gleichen Moment enge Grenzen gesetzt, denn ihr Handeln unterwirft eine Intelligenz freiwillig den allgemeinen Gesetzten der Vernunft. Die Befreiung des Menschen aus seiner Unmündigkeit stellt sich so auch dar als Unterwerfung seines körperlich-Sinnlichen unter einen geistigen Anteil: Das körperliche Sein wird aus der Perspektive des Willens und der Intelligenz gestaltbar. Die Geist-Materie Dichotomie betrifft nun das Selbstempfinden jedes Einzelnen.

> „Erst hier, gegen Ende des 18. Jahrhunderts, entsteht der moderne Körper als ein Effekt und ein Objekt medizinischer Untersuchung. Er entsteht neu als ein Objekt, das traktiert, verändert und unterworfen werden kann." (Duden 1991, S.15)

Der moderne Mensch ist nicht sein Körper, er hat einen Körper. Er verwirklicht sich als Intelligenz. Als solche bürgt er für die Vernunft seines Tuns. Das vernünftige Handeln wurde im Zuge der Aufklärung nach Maßgabe der Bürger, Beamten, Politiker und Offiziere allgemein verbindlich. Frauen aber waren aus seinem Geltungsbereich ausgeschlossen und als Gattin und Mutter dem affektiv-emotionalen Handeln verpflichtet (Woesler 1985, S.32).

Frühe psychologische Konzeptionen

War im Mittelalter noch ein Jeder wahnsinnig im Vergleich zur überverstehbaren göttlichen Vernunft, so begann der Mensch mit der Aufklärung, einen Teil seines Erkenntnisvermögens, der allein Täuschung und Verderben unterliegen sollte, als krankhaft zu brandmarken. Der „gesunde" Teil war nicht länger der Täuschung unterworfen, sondern fortan fähig, seine Wahrheit zu besitzen (Foucault 1969, S.15ff.). Wie der Wahnsinn nun als im Irren begründete Krankheit betrachtet wurde, wurde später auch das Maß der Intelligenz als im Individuum liegende angeborene Eigenschaft konstituiert.
Eine Psychologie, die sich stark an den schnell voranschreitenden Naturwissenschaften, insbesondere der Physik orientierte, behandelte das menschliche Subjekt als objektivierbaren Untersuchungsgegenstand, das mit seiner Umwelt nur in einer Reiz- Reaktionsbeziehung stand. Der Physiker Fechner (1801-1887) führte das Experiment, in dessen Verlauf Wahrnehmung, Empfindung und Gefühl über das Physische quantitativ erfaßt werden sollten, sowie mathematisch formulierte Gesetze des Seelenlebens ein (Schmid 1977, S.71). Die aufkommende Industrialisierung sollte den noch fehlenden Maßstab für psychische und geistige Fähigkeiten liefern. Denn daß das Maschinensystem in fast allen Bereichen des Produktionsprozesses weitgehend gleiche Anforderungen an die Arbeitenden stellte, die sich vor allem auf möglichst schnelle Wiederholung einfacher Tätigkeiten beschränkten, ermöglichte, geistiges Leistungsvermögen über diese als in der Zeit meßbar zu konzipieren. Es etablierte sich eine für fast alle Arbeitenden gleichermaßen gültige Qualifikationsstruktur, die einen einheitlichen Maßstab für geistige Lei-

stungsmessung vorgab (Schmid 1977, S.78). Die Voraussetzungen für eine Skala, an der entlang der Wert eines Menschen gemäß seinem „geistigen Vermögen" festgestellt werden konnte, waren damit gegeben. Was noch fehlte war ein Begriff, unter dem die bis dahin getrennt gedachten verschiedenen geistigen Leistungsarten subsummiert werde konnten.

Es war der Engländer Herbert Spencer, der um 1882 die Intelligenz als psychische Funktion als einer der ersten zum Problem machte. Für ihn stellte sich die Intelligenz dar

> „als eine Anpassung innerer an äußere Beziehungen, welche sich allmählich im Raum und in der Zeit ausbreitet, welche immer specieller und complicierter wird und deren Elemente sich immer genauer zusammenordnen und sich immer vollständiger integrieren." (Spencer 1982, S.407)

Seine Vorstellung des Verstandes lag kybernetischen Regel- und Schaltkreismodellen bereits sehr nah: Letzte Einheiten des Bewußtseins waren bei ihm „Nervenerschütterungen", der sogenannte „Nervenstrom" war „immetierend", d.h. bestehend aus Wellen (Spencer 1982, S.159), und das Gehirn ein „organisiertes Register" (Spencer 1982, S.492). Zumal er den Verstand als aus einfachen Einheiten zusammengesetzt betrachtete, spiegelte Intelligenz bei ihm das geistige Anpassungsvermögen wider, das die Industriearbeit von den Einzelnen verlangte. Mit der Betonung des Anpassungsmomentes nahm Spencer fast alle späteren Definitionen von Intelligenz vorweg. Als Teil der menschlichen „Seele" war es die ehemals aktive, formende Intelligenz, die sich nun an äußere, materielle Gegebenheiten anzupassen hatte.

Der mit der Intelligenz verbundene Schöpfermythos findet zu dieser Zeit einen deutlichen Ausdruck im Werk von Francis Galton, der mit Spencer heute als derjenige gilt, der die Intelligenz als psychische Funktion einführte. Galton veröffentlichte 1869 sein Hauptwerk *Hereditary Genius*, das sich mit der Vererbung von Intelligenz beschäftigt und den Anfang seines Programms zur „Verbesserung der menschlichen Rasse" darstellt. Einleitend schreibt er:

> „Natürliche Anlagen, von denen dieses Buch handelt, sind der Art, wie sie ein moderner Europäer in weit größerem Durchschnitt besitzt als Menschen niedrigerer Rasse. Wir finden nichts in der Domestikation der Tiere oder in der Evolution, was uns bezweifeln läßt, daß eine Rasse gesunder Menschen gebildet werden kann, die den modernen Europäern geistig und moralisch ebenso überlegen wäre, als die modernen Europäer den niedrigsten Negerrassen überlegen sind." (Galton zit. nach: Schmid 1977, S.121)

1883 prägte Galton den Begriff Eugenik (Gould 1983, S.75). Er propagierte Maßnahmen zur Erb- und Rassenhygiene; so sollten seinen Wünschen zufolge Individuen, die sich durch persönlichen Erfolg und Abstammung aus einer „gesunden“ und „gedeihlichen“ Familie auszeichneten, gefördert werden und zu Frühheiraten zwecks Produktion hoher Kinderzahlen angehalten werden. Galtons Anliegen, eine moralisch überlegene, intelligentere Rasse qua Züchtung zu schaffen, ein Modell übrigens, in dem Frauen zu mehr oder weniger geeigneten Zuchtmüttern verkamen, macht deutlich, daß die Intelligenz auch in der Psychologie den Charakter einer eigenständigen Wesenheit behielt. Einen intelligenteren Menschen, eine quasi höhere Intelligenz zu schaffen, stand über dem Wohlergehen Einzelner.

Intelligenzmessung

Die Verdinglichung eines vielfältigen Fächers geistiger Fähigkeiten durch den einen Begriff „Intelligenz“ schuf die Möglichkeit, die an sich komplexen Variationen geistiger Fähigkeiten entlang einer ansteigenden Skala zu ordnen. Allen Individuen konnte in nur einer Reihe ihr „richtiger“ Status zugewiesen werden (Gould 1983, S.19). Galton wie Spencer hingen dem Glauben an, die Gehirngröße korreliere mit dem Maß der Intelligenz. Wie es in der Schädelmessung üblich war, glaubten sie an die Vererbbarkeit der Intelligenz und begründeten damit die Überlegenheit der weißen über alle anderen Rassen und die Überlegenheit des Mannes über die Frau. Als die Größe des Gehirnvolumens als Argument nicht mehr haltbar war, wechselten die Intelligenzforscher zu einem abstrakteren Maß: dem der Intelligenz selbst.
Nach dem kurzen Flirt mit der Schädelmessung entwickelten von 1904 bis 1908 Binet und Simon den ersten sogenannten Intelligenztest (Gould 1983, S.18). Zumal Intelligenztestaufgaben meist unter Zeitdruck und durch bloßes Ankreuzen der „richtigen“, letztlich den gesellschaftlichen Denkgewohnheiten angepaßten Antwort erledigt werden, spiegeln sie jene Anpassungsleistungen wider, die die Industriearbeit von den Einzelnen verlangt. Mit fortschreitender Arbeitsdiversifikation und damit differenzierteren Anforderungen der Produktion wurden schließlich mehr und mehr Intelligenzarten „entdeckt“. Diese waren z.B. kreative, mathematische, sprachliche, räumliche, wissenschaftliche und technische Intelligenz etc. (Kail/Pellegrino 1988, S.33). Sie sollten eine feinere Zuordnung Einzelner zu den „geeigneten“ beruflichen oder gesellschaftlichen Stellungen gewährleisten. Dabei wurden und werden bestimmte Intelligenzarten, wie z.B. sprachliche Intelligenz eher dem weiblichen, mathematische oder technische Intelligenz eher dem männlichen Geschlecht zugesprochen. Gesellschaftliche Konflikte wurden so durch die Intelligenzmessung in das Individuum verlegt. Das Individuum, als

von Geburt an für bestimmte gesellschaftliche Positionen objektiv ungeeignet, hatte sich damit abzufinden.
War im Mittelalter mit dem Streben nach Intelligenz das Streben nach rein geistiger Existenz und damit dem unerreichbaren Gott verbunden, der aufgrund seiner Überexistenz dem Einzelnen eine sichere Stellung in der Welt gewährleisten konnte, war es nun das Streben nach einer möglichst hohen, prinzipiell erreichbaren Stellung in der Hierarchie der Menschen, das sich mit dem Wunsch nach Intelligenz verband. Die Verantwortung für die eigene Stellung lag in den Einzelnen selbst, die die Intelligenz nun besaßen, allerdings nicht in ihrer Macht, denn Intelligenz galt als angeboren. Die Intelligenz legitimierte so den gesellschaftlichen Status Quo. Für Frauen verweist der Intelligenzbegriff bis heute eher auf einen Makel denn auf eine Fähigkeit. Noch immer sind sie dem Vorurteil ausgesetzt, weniger intelligent zu sein als Männer. Die Hierarchisierung von Geist über Körper und die damit verbundene Assoziation „Mann über Frau" ist bis heute ein bestimmender Faktor für das Verständnis von Intelligenz.

Künstliche Intelligenz

Wie bereits die Psychologie vor ihr betrachteten Vertreter der Künstlichen Intelligenz (KI) Intelligenz als einen Reiz-Reaktionsmechanismus, der mit Hilfe eines Verhaltenstests (Intelligenztest für Menschen, Turing-Test für Maschinen) festgestellt werden kann. Die Zergliederung des menschlichen Denkens in grundlegende, einfache Fähigkeiten setzte sich mit der KI fort; über die Wahrnehmungsakte und Geisteszustände des Turingschen Rechners (Mensch oder Maschine) bis hin zu den Symbolen und deren Manipulationsoperatoren des Physical Symbol System von Newell und Simon (ebenfalls Mensch oder Maschine). Die Unterscheidung zwischen menschlichem und maschinellem Denken schien nicht mehr aufrecht zu erhalten zu sein. So schrieb z.B. Minsky, einer der exponiertesten US-amerikanischen KI- Vertreter, daß es zweckmäßig sei, „das Verhalten von Maschinen mit einer aus der Psychologie entlehnten Ausdrucksweise zu beschreiben" (Minsky 1970, S.194), stellte aber umgekehrt 1979 fest, daß in der Vergangenheit die „begrifflichen Möglichkeiten, um mit geistigen Prozessen beim Menschen und deren Entwicklung umgehen zu können" zu „unklar" waren und forderte, dem durch Verwendung von EDV-Begriffen wie „Symboltabelle, Hash-Codierung, Aufrufsequenz" entgegenzuwirken (Minsky zit. nach: Turkle 1984, S.426). 1987 stellte er zwar fest, daß Computerintelligenz und menschliche Intelligenz noch immer nicht vergleichbar waren, fährt jedoch fort:

„Laßt uns [...] versuchen zu verstehen, was die mächtigen – noch unbekannten – Mechanismen des Gehirns tun können. Dann werden wir mehr Selbstachtung bekommen – dadurch, daß wir erkennen, was für wundervolle Maschinen wir sind." (Minsky zit. nach: Konrad 1990, S.1)

Die unter dem Titel Intelligenz zu einem Ding zusammengefaßten geistigen Leistungen des Menschen lösten sich mit der KI endgültig wieder vom Menschen ab. Mit dem Turing-Test als Kriterium für Intelligenz ist Intelligenz für sie nicht subjekt- oder körpergebunden und kann allen Mechanismen, die so funktionieren, daß ihr Verhalten zu einer als intelligent geltenden Kategorie gehört, zugesprochen werden. So ist es heute möglich, daß die Werbung nicht nur von intelligenten Computern, Programmen etc., sondern auch von intelligenten Autos, Hautcremes usw. spricht. Denn sie sind z.B. sparsam, was zweifellos eine intelligente Verhaltenskategorie ist, und besitzen damit Intelligenz.
Auf der einen Seite war mit der Psychologie die Intelligenz zu einem Mechanismus verkommmen. Auf der anderen Seite haftete ihr aber doch noch der Mythos von rein geistigem Leben und Göttlichkeit an. Die Nachahmung der einfachsten, als „Intelligenz" bezeichneten Mechanismen konnte so die Hoffnung wecken, rein geistiges (und damit rein männliches?) Leben schaffen zu können, das als höchste Intelligenz wieder die althergebrachte Vormachtstellung vor dem Menschen haben sollte. Schon um 1940 hatte Alan Turing die Idee, ein quasi geistiges „Kind-Programm" zu einem Erwachsenenverstand zu erziehen:

„Warum sollte man nicht versuchen, statt ein Programm zur Nachahmung des Verstandes eines Erwachsenen eines zur Nachahmung des Verstandes eines Kindes herzustellen? Unterzöge man dieses dann einem geeigneten Erziehungsprozeß, erhielte man den Verstand eines Erwachsenen. Vermutlich ist das kindliche Gehirn mit einem Notizbuch vergleichbar, das man beim Schreibwarenhändler kauft. Wenig Mechanismus und viele leere Blätter." (Turing 1950, S.177)

Ein solches Programm hätte einen entscheidenden Vorteil gegenüber dem Menschen: Es wäre ohne Körper und damit unsterblich. Als rein „geistiges" schien es ein der Intelligenz angemessenerer Träger zu sein, als der im Körperlichen verhaftete Mensch. Dieses Programm könne, so Turing, all sein erworbenes Wissen auf immer behalten, während der Mensch darauf angewiesen wäre, seine Intelligenz in dem Maße fortzuentwickeln, wie es ihm die Evolution, der träge Vererbungsmechanismus erlaube. Die maschinelle Intelligenz würde deshalb der menschlichen sehr schnell überlegen sein (Turing

1959, S.15). Die Turingsche Vision mischt ein mechanistisches Bild von Intelligenz mit dem Mythos von rein geistigem, göttlichen Leben:

„Die Vision des Alan Turing war die eines 'göttlichen' Geistes der reinen Intelligenz, die, da unsterblich, wachsen und wachsen würde, um die Herrschaft über den Menschen zu übernehmen." (Schumacher 1988, S.276)

Der Schöpfermythos war von Beginn an ein zentrales Motiv und wohl die Ursache der Faszinationskraft der KI, die sich ab etwa 1956 als eigenständige Forschungsdisziplin zunächst in den USA formierte. Für die Vertreter der KI ist der Mensch prinzipiell eine Maschine. So gilt z.B. für John McCarthy, dem allgemein die Begriffsschöpfung „Artificial Intelligence" zugeschrieben wird: „The physical world exists and already contains some intelligent machines called people." (McCarthy/Hayes 1969, S.466) Das Vorhaben, eine solche Maschine nachzubauen, die zudem, z. B. von Newell und Simon als „ganz einfach" angesehen wurde, war jedoch nur der kleinere Teil des Faszinosums – zentral war, eine dem Menschen überlegene, maschinelle Intelligenz zu schaffen. Das belegen zahlreiche Prophezeiungen führender KI-Akteure, die das Kommen einer solchen maschinellen Intelligenz in nicht allzuferner Zeit ankündigten. Die quasi geistige Maschine erschien als reines Gehirn gedacht, von körperlichen Bedürfnissen und Trieben befreit und somit als idealer Träger der Intelligenz. Wie für viele KI-ler ist auch für Minsky der wichtigste Aspekt des Lebens das Denken. Denken aber ist darauf ausgerichtet, Strukturen und die ihnen zugrunde liegenden Regelsysteme zu verstehen und nicht „das verfluchte Durcheinander der organischen Materie" (Minsky nach Turkle 1984, S.316), und, so Turkle: „Für die AI-Kultur, die sich am MIT um Minsky herum gebildet hat, besteht das reinste Vergnügen darin, Welten aus reinem Denken zu entwickeln." (Turkle 1984, S.312) „Denken konstruiert Denken" ist nach Turkle die zentrale Aussage, der fast religiöse Bedeutung beigemessen wird (Turkle 1984, S.314). Die Konstrukteure der intelligenten Maschinen räumen ihrer Arbeit so den Platz ein, den Victorinus der Zeugung von Gottes Sohn im „intelligentia intelleges intelligentiam" zuteilte.

Vielleicht war die genialste Leistung der KI, sich gerade diesen Namen zu geben: Künstliche Intelligenz. Sie knüpfte damit an den Mythos der Schöpfung des wahren, rein geistig-männlichen Lebens aus dem Geistig-Männlichen an, was ihr ihre enorme Faszinationskraft verlieh. Andererseits erlaubte ihr der Titel ein wissenschaftlich-rationales Auftreten, denn von der Psychologie war Intelligenz bereits als quasi maschinell konzipiert. Das Vorhaben, Intelligenz in eine Maschine zu bauen, schien von daher plausibel. Durch das Aufgreifen des Intelligenzbegriffs waren so ihre Ziele und die Diskussion um die KI vorstrukturiert. Die Doppeldeutigkeit des Begriffs erlaubte, rationalwissenschaftliches Argumentieren und Schöpfermythos zu verbinden. Vorprogrammiert waren auch die Wellen der Empörung, denn Intelligenz war nicht irgendeine Eigenschaft, sondern das, was als das Menschlichste am Menschen galt.

Die KI steht in einer Tradition, die Geist und eine damit assoziierte Männlichkeit auf Kosten des Stofflich-Weiblichen aufwertet. Dazu, daß körperliches Leben (und damit Leben an sich) heute mehr und mehr unmöglich gemacht wird, leistet auch die KI ihren Beitrag. Ihre Akteure suggerieren, intelligente und damit verbunden lebende Maschinen bauen zu können, eine Vorstellung, die heute Jedem und Jeder geläufig ist. Diese Maschinen aber sind männliche Konstrukte, Produkte des Genius einzelner Männer. Was verändert sich, wenn heute in der Rubrik „Denken" und „Leben" diese Maschinen immer auch mitgedacht werden? Wie ändert sich unser Selbstbild? Wie ändert sich das Selbstbild gerade auch von Frauen, die doch bisher das materielle Leben hervorbrachten? Ihre wohl größten Leistungen erbrachte die KI nicht etwa auf technischer, sondern auf dieser symbolischen Ebene. Und hier denke ich hat sie – als kleiner Bruder der modernen Gentechnologie – der Vorstellung des Lebens als kodiert und allein von Männern herstellbar, dem Größenwahn der männlichen Zeugungskraft mit all seiner Verachtung für das Materielle, erheblichen Vorschub geleistet.

Literatur

Aquin, Thomas von (1946): Über das Sein und das Wesen, de ente et essentia. Wien

– (1982): Summa Theologica. Wien/Köln

Benz, H. (1932): Marius Viktorinus und die Entwicklung der abendländischen Willensmetaphysik. Stuttgart

Cicero, M.T. (1965): de divinatione. In: Plasberg, O. / Usus, S. (Hrsg.): M. Tulli Ciceronis Scriptae quae manserunt omnia, Fasc. 46. Stuttgart

– (1965): Timaios. In: Plasberg, O. / Usus, S. (Hrsg.): M. Tulli Ciceronis Scriptae quae manserunt omnia, Fasc. 46. Stuttgart

Duden, B. (1991): Geschichte unter der Haut. Ein Eisenacher Arzt und seine Patientinnen um 1730. Stuttgart

Foucault, M. (1969): Wahnsinn und Gesellschaft. Eine Geschichte des Wahnsinns im Zeitalter der Vernunft. Frankfurt a. M.

Gadamer, H.J. (1987): Kausalität in der Geschichte? In: Gadamer, H.J.: Gesammelte Werke, Bd. 4, Neuere Philosophie. Tübingen

– (1965): Philosophisches Lesebuch 1. Frankfurt a. M.

Gould, S.J. (1983): Der falsch vermessene Mensch. Basel/Stuttgart

Kail, R. / Pellegrino, J.W. (1988): Menschliche Intelligenz. Heidelberg

Kant, I. (1904): Kritik der reinen Vernunft. In: Königlich Preußische Akademie der Wissenschaften (Hrsg.): Kants gesammelte Schriften, Bd. 3. Berlin

Konrad, E. (1990): Phänomenologie und Künstliche Intelligenz. In: Herzog, M. / Graumann, C.F. (Hrsg.): Sinn und Erfahrung - Phänomenologische Methoden in den Humanwissenschaften. Heidelberg/Asanger

Lloyd, G. (1985): Das Patriarchat der Vernunft. Bielefeld

Marcuse, H. (1989): Der eindimensionale Mensch. Frankfurt a. M.

McCarthy, J. / Hayes, P.G. (1969): Some Philosophical Problems from the Standpoint of Artificial Intelligence. In: Meltzer, B. / Michie, D.: Machine Intelligence 4. Edinburgh University Press

Mellin, G.S.A. (1800): Enzyklopädisches Wörterbuch der kritischen Philosophie, Bd. 3. Jena/Leipzig

Minsky, M.L. (1970): Künstliche Intelligenz. In: Information, Computer und Künstliche Intellgenz. Frankfurt a.M.

Nölleke, B. (1985): In alle Richtungen zugleich. Denkstrukturen von Frauen. München

Schmid, R. (1977): Intelligenz- und Leistungsmessung. Geschichte und Funktion psychologischer Tests. Frankfurt a.M./New York

Schulte, R. (1964): Intelligence. In: Knoblauch, J. u.a. (Hrsg.): Europäische Schlüsselwörter II. München

Schumacher, M. (1988): I am Turing - Das Kind und die Maschine. In: Kraft, A. / Ortmann, G. (Hrsg.): Computer und Psyche. Frankfurt a. M: 1988

Spencer, H. (1982): Die Principien der Psychologie, Bd. 1. Stuttgart

Turing, A. (1950): Rechenmaschinen und Intelligenz. In: Dotzler, B. u.a. (Hrsg.): Alan Turing. Intelligence Service. Berlin

– (1959): Intelligente Maschinen, eine häretische Theorie. In: Dotzler, B. u.a. (Hrsg.): Alan Turing. Intelligence Service. Berlin

Turkle, S. (1984): Die Wunschmaschine. Vom Entstehen der Computerkultur. Reinbek bei Hamburg

Victorinus, M. (1967): Christlicher Platonismus. Die theologischen Schriften des Marius Victorinus. Zürich/Stuttgart

Westhoff, H. (1985): Was heißt Intelligenz? In: Strombach, W. (Hrsg.): Der Intelligenzbegriff in den verschiedenen Wissenschaften. Schriftenreihe der Österreichischen Computergesellschaft, Bd. 28. München/Wien/Oldenburg

Woesler, C. de Panafieu (1985): Zum Übergang von der instrumentellen zur digitalen Vernunft. In: Kulke, C. (Hrsg.): Rationalität und sinnliche Vernunft. Berlin

Wulf, C. (Hrsg.) (1980): Wörterbuch der Erziehung. München

Zilsel, E. (1972): Die Entstehung des Geniebegriffes. Hildesheim/New York

x) Daher auch die heu aufgelöste Menschenrechtsdebatte? Bzgl. Menschenrechte / Technikentwicklung?

Barbara Schelkle

Die Konstruktion des Menschen als Nicht-Maschine

Die Informatik ist eine Wissenschaft von Menschen und Maschinen. Und so stellt sich immer wieder die Frage nach der Unterscheidung des Menschen von der Maschine, wobei Begriffe wie „Geist“, „Intelligenz“ und „Gefühl“ bemüht werden, Ähnlichkeiten oder Unterschiede deutlich zu machen.

Die Diskussion darüber, was Informatik sei, welche Fragestellungen notwendig dazugehören, welche Richtung die Informationstechnologie nehmen wird oder sollte, prägt auch das Verständnis, was denn „der Mensch“ oder „die Maschine“ ist oder eben nicht.

An der Grenzziehung zwischen Mensch und Maschine arbeiten häufig gerade auch KritikerInnen, die den verantwortungsvollen Umgang mit Technik fordern und die gesellschaftlichen Folgen im Blick haben, unabsichtlich mit. Da es (auch mit der „rasanten“ Entwicklung der Computer-Technik) kaum möglich ist, diese Unterschiede an „meßbaren Fähigkeiten“ festzumachen (nur wenige Menschen gewinnen gegen einen Schachcomputer), werden zunehmend schwer faßbare Begriffe wie „Lebendigkeit“, „Verantwortung“ oder „Geist“ herangezogen, die den Menschen *immer* von der Maschine unterscheiden sollen. Diese Begriffe sind stets auch geschlechtsspezifisch bestimmt. Es wird deutlich, daß diese Unterscheidung immer zwanghafter und auch angstbesetzter wird (es *muß* uns doch was unterscheiden von diesen unheimlichen Kisten, die ja schon kaum ein *Mensch* mehr versteht). Gleichzeitig werden die Argumente fragwürdig.

Da sich scheinbar die Maschinen deutlich schneller weiterentwickeln als der Mensch, müssen Territorien abgesteckt, das „genuin Menschliche“ am Menschen gerettet werden. Häufig wird übersehen, daß erst die Maschinisierung und Formalisierung die Argumente und Begriffe liefert, die diese Abgrenzung ermöglichen. Indem *der Mensch* nun von *der Maschine* unterschieden werden kann, setzt eine bestimmte Art der Beschreibung also eine bestimmte Bedeutung des „Menschlichen“ (und damit u.U. auch des „Männlichen“ und x)

„Weiblichen") erst ein. (Dazu nur ein Beispiel: Noch vor hundert Jahren war die Eigenschaft „rechnen zu können" eine, die den *Menschen* auszeichnete und von allem anderen eindeutig unterschied. Dies wird heute niemand mehr als Unterscheidungsmerkmal nennen.)
Mit der Entwicklung der sogenannten *Künstlichen Intelligenz* (KI) ging eine philosophische KI-Diskussion einher, in der klassische philosophische Fragen, wie das Leib-Seele-Problem, in verändertem Kontext diskutiert wurden und sich ganz neue Wissenschaftsdisziplinen wie die Kognitionswissenschaft entwickelten. Die kognitive Seite des Leib-Seele-Problems läßt sich in der Frage ausdrücken „Können Maschinen denken?" und wird so eher zu einem Gehirn-Geist-Problem. Daran knüpft die „starke KI-These" an: Computer werden als Elektronengehirne bezeichnet und entsprechend geistige Prozesse mit Programmen identifiziert. Da von der *Identitätstheorie* die kausale Beziehung zwischen Gehirnzuständen und Bewußtseinserfahrungen behauptet wird, könne, so die Anhänger der starken KI-These, die Untersuchung „intelligenter" Rechner zu Einsichten über die Funktionsweise des Gehirns führen.
Der US-amerikanische Philosoph Hilary Putnam umgeht mit seiner Theorie des *Funktionalismus* die Probleme der Identifizierung und vergleicht stattdessen die *Funktion* des Geistes bezüglich des Gehirns mit der Funktion der Software im Bezug zur Hardware. Ihm gelingt es, Identitätsbedingungen für psychologische Zustände zu formulieren, die weder zu eng an den materiellen Aufbau (Identitätstheorie), noch zu eng an das Verhalten (Behaviorismus) eines psychologischen Systems binden. Die funktionalistische Theorie wird mitunter auch als „schwache KI-These" bezeichnet. Jedoch führt ein Anhänger der starken KI-These, der Computerwissenschaftler John McCarthy, den Funktionalismus weiter zu einem sogenannten *metaphysischen Funktionalismus*. Er schreibt Maschinen geistige Eigenschaften zu.
John Rogers Searle, als Gegner des Funktionalismus und insbesondere als Kritiker McCarthys, hält daran fest, daß geistige Zustände nur intentionalen, biologischen Organismen zukommen. Searle ist Professor für Philosophie an der University of California in Berkeley. Bekannt wurde er durch seine sprachphilosophischen Arbeiten. Als Schüler J.L. Austins entwickelte er dessen Sprechakttheorie weiter. Ich möchte einen (schon 15 Jahre alten) Aufsatz von Searle zur KI-Diskussion als Beispiel nehmen, um zu zeigen, wie dort ein Mensch-Maschine-Dualismus aufgebaut wird. Er ist dem Reclam- Heft „Künstliche Intelligenz" (Zimmerli/Wolf 1994) entnommen, das „eine Auswahl ‚klassischer' Texte aus der ersten Phase der Diskussion über philosophische Probleme der Künstlichen Intelligenz" (Zimmerli/Wolf 1994, S.5) präsentiert. Mir geht es hier nicht darum, diese Diskussion ausführlich dar-

zustellen, ich will den Text als Beispiel dafür nehmen, wie über Menschen und Maschinen gesprochen wird, wie sich bestimmte Prämissen und Intentionen Searles in seiner Sprache, in der Wahl seiner Begriffe und damit in ihrer Bedeutungszuschreibung niederschlagen.
Searle ist *gegen* bestimmte Auffassungen der KI. Er argumentiert dabei vehement bis polemisch, denn er scheint einen Rettungsversuch unternehmen zu wollen. Es ist ihm wichtig, eine deutliche Grenze zwischen dem was *Menschen* möglich ist und den Eigenschaften von Maschinen und Programmen zu ziehen. Searle *verteidigt* sich und den menschlichen Geist. Dabei führt er Werte ein, die dann bei der Abgrenzung von Bereichen und Begriffen von ihm eingesetzt werden. Um diese Grenzziehungen, um die Produktion von Begriffen und um die metaphorischen Konnotationen derselben soll es hier gehen.

Eine kurze Zusammenfassung von J.R. Searles „Geist, Gehirn, Programm"

Searles Argumentation beginnt mit der Auseinandersetzung mit Simulationsprogrammen, die menschliches Verhalten simulieren sollen (das bekannteste dieser Art ist wohl ELIZA von Joseph Weizenbaum). Seiner Meinung nach kann keinem solchen Programm „Verstehen" zugeschrieben werden. Er begründet dies mit seinem berühmten Beispiel des „chinesischen Zimmers". Searle bezieht sich dabei auf ein Programm von Roger Schank, einem KI-Forscher an der Yale Universität. Ziel dieses Programmes ist die Simulation der menschlichen Fähigkeit, Geschichten zu verstehen. Wenn das Programm als Eingabe eine kurze alltägliche Geschichte erhält und anschließend Fragen zu dieser Geschichte eingegeben werden, so liefert es die „richtigen" Antworten (d.h. solche, die auch ein Mensch voraussichtlich geben würde), selbst wenn der Inhalt der Antwort nicht expliziter Inhalt der Geschichte war.
Anhand des Gedankenexperimentes „chinesisches Zimmer" will Searle die Auffassung, ein solches Programm verstehe diese Geschichten, widerlegen: Er stellt sich vor, statt eines Computers säße er, Searle selbst, in einem abgeschlossenen Raum und erhielte eine Geschichte, in einer Sprache, die er nicht versteht, als „Eingabe". In seinem Beispiel ist die Sprache Chinesisch. Zusätzlich zu der chinesischen Geschichte bekäme er in chinesisch formulierte mögliche Fragen zu dieser Geschichte. Als Drittes schließlich erhielte er Anweisungen in englischer Sprache, mit Hilfe derer er aus den chinesischen Schriftzeichen der Geschichte und der Fragen (ohne daß er wüßte, daß es sich

um eine Geschichte und um Fragen handelt) eine Art „Ausgabe“ produzieren könnte, nämlich Schriftzeichen auf Papier. Diese Schriftzeichen könnten von außen, von chinesisch sprechenden Personen, als sinnvolle Antworten zu den chinesischen Fragen interpretiert werden. Wie die Beurteilung dieser Antworten durch die beobachtenden Chinesen ausfiele, würde keine Rolle spielen, denn Searle würde (auch bei einer guten Beurteilung) kein Chinesisch verstehen. So wie er kein Chinesisch verstünde, sondern Symbolmanipulation betreibe, sowenig könne von Schanks Maschinen, die einem Programm folgen, gesagt werden, sie verstünden Englisch.
Mehrere KI-Forscher aus Yale, Berkeley und vom MIT versuchten in der Folge, Searles Schlußfolgerungen aus dem „chinesischen Zimmer“ zu widerlegen, doch Searle wies nacheinander alle diese Versuche zurück, um zum Schluß noch einmal „einige der in unserer Beweisführung enthaltenen allgemeinen philosophischen Punkte festzuhalten.“ (Searle 1994, S.256)

Die Bedeutung von Zuschreibungen

„Können einer Maschine geistige Eigenschaften zugeschrieben werden?“ Dies ist der Titel von McCarthys Aufsatz von 1979, Searles Aufsatz ist auch als Antwort darauf zu lesen. McCarthy beginnt dort mit dem Satz:

> „Einer Maschine oder einem Computerprogramm bestimmte ‘Anschauungen’ [...] ‘Absichten’ [...] oder ‘Wünsche’ zuzuschreiben ist zulässig, wenn eine solche Zuschreibung die gleiche Information über die Maschine ausdrückt wie über eine Person. Diese Zuschreibung ist nützlich, wenn sie uns hilft, die Struktur der Maschine, ihr vergangenes oder zukünftiges Verhalten zu verstehen oder wie sie zu reparieren oder zu verbessern ist.“ (McCarthy 1994, S.184)

Etwas anderem als Menschen Eigenschaften zuzuschreiben, die als „geistige“ Eigenschaften gelten, ist aber nicht nur unter KI-Forschern verbreitet. Diese Art der Zuschreibung verwenden alle Menschen im Umgang mit Maschinen jeglicher Art. Searle nennt selbst (S.239) Beispiele, wie Maschinen umgangssprachlich „menschliche“ Eigenschaften zugeschrieben werden („Die Rechenmaschine *kann* addieren“, „Der Thermostat *nimmt* Temperaturen *wahr*“), aber er behauptet, „solche Zuschreibungen beweisen nichts.“

> „Der Grund, warum wir solche Zuschreibungen vornehmen, ist durchaus interessant, er hat mit dem Umstand zu tun, daß wir auf Kunsterzeugnisse unsere eigene Intentionalität übertragen; unsere Werkzeuge sind der verlängerte Arm unserer Zielsetzungen, und deshalb finden wir es natürlich, ihnen metaphorisch Intentionalität zuzuschreiben; aber philosophisch, möchte ich meinen, ist dergleichen ohne Belang.“ (Searle 1994, S.239)

Wenn die Zuschreibungen nichts beweisen, ja sogar belanglos sind, dann geht Searle offenbar davon aus, daß Rechenmaschinen und Thermostate bestimmte Eigenschaften haben (und insbesondere andere *nicht* haben), die unabhängig von solchen Zuschreibungen bestehen. Damit geht er von einer Realität aus, die jenseits der Beschreibungen existiert und für ihn auch schon von vornherein feststeht: „Autos, Rechenmaschinen und sonstige Kunsterzeugnisse verstehen nichts: Das ist nicht ihr Gebiet." (Searle 1994, S.239) *Weil* das ist nicht ihr Gebiet ist und noch nie war, weil das „Gebiet" von Rechenmaschinen für Searle immer schon feststand, deshalb läßt sich auch über die Eigenschaften nicht diskutieren. Welchen Charakter diese vordiskursive Realität seiner Meinung nach hat, wird auch deutlich, wenn er sagt „wir *finden* es natürlich ..." (Intentionalität zuzuschreiben), aber es *ist* wohl seiner Meinung nach nicht „natürlich". Natürlichkeit, Naturhaftigkeit ist für Searle Merkmal des vordiskursiv bestimmten Seins.
Mit „philosophisch" scheint er eine Erkenntnisweise zu meinen, die ihm Zugang zu dieser „wirklichen", beschreibungsunabhängigen Realität der Dinge (und der Menschen) bietet. Indem er diese „philosophische", seiner Meinung nach höherwertige Ebene einführt, meint er die vage, umgangssprachliche Zuschreibungspraxis hinter sich zu lassen. Was durch Zuschreibungen behauptet wird (z.B. daß Thermostate Temperatur „wahrnehmen" oder Computer „verstehen") meint er mit der Behauptung einer vorgängig festgelegten Realität zu widerlegen, in der auf der einen Seite „wir" mit „unserer eigenen Intentionalität" stehen und auf der anderen Seite *Kunst*-Erzeugnisse, die eben weil sie *nicht wir* sind, sondern nur Artefakt, diese „menschlichen" Eigenschaften niemals haben können.

Formales Programm – Nichtformale Intention

Funktionalistische Positionen versuchen Verhalten, oder allgemein geistige Prozesse, unabhängig von deren materieller Realisierung, sei es im Gehirn oder im Computer, zu erklären. Searle führt Argumente an, weshalb „die Gleichung 'Geist verhält sich zu Gehirn wie Programm zu Hardware'" nicht aufgehe:

„Zweitens ist das Programm rein formal, und die intentionalen Zustände sind nicht in dieser Weise formal. Sie sind durch ihren Inhalt, nicht durch ihre Form bestimmt." (Searle 1994, S.258)

Offenbar ist ihm hier eine Abgrenzung zwischen Formalem und Nicht-Formalem wichtig. Das Programm ist „rein" formal. Also zwar sauber, aber eben *nur*, abwertend konnotiert, Form. Die „intentionalen Zustände“ (die es ihm aufzuwerten gilt), sind nicht „in dieser Weise“ formal. Sie sind durch ihren Inhalt, nicht ihre Form bestimmt. Also von der Form losgelöster Inhalt? Freischwebender Geist, im wahrsten Sinne des Wortes metaphysisch?

„Tatsächlich weist die Überzeugung als solche gar kein formales Schema in diesem syntaktischen Sinn auf, da ja ein und dieselbe Überzeugung in unterschiedlichen linguistischen Systemen auf unzählig verschiedene Weise ausgedrückt werden kann.“ (Searle 1994, S.258/259)

Searle impliziert hier, es ließen sich Überzeugungen unabhängig von der sprachlichen Form identifizieren. Diese eindeutige Trennung von Inhalt und Form ist zumindest anfechtbar. (Welchen Zugang sollte man zu solch formlosem Inhalt haben?) Meiner Meinung nach zieht Searle diese Grenze hier so deutlich, um über die Unterscheidung *Form-Inhalt* diejenige von *Programm-Intention* und schließlich die grundsätzliche Dualität von *Mensch-Maschine* behaupten zu können, d.h. er benutzt die Abgrenzung der Überzeugungen gegenüber „dem Formalen“, um die Überzeugungen und darüber „den Menschen“ als ganz und gar unformal darzustellen, als das „ganz Andere“, nicht Formalisierbare, nicht Faßbare also.
Da ja Programme nach Searle „rein“ formal sind, kann er auf diesem Wege die gleichfalls von den Funktionalisten intendierte Unabhängigkeit der geistigen Zustände von ihrer Realisierung (Gehirn oder Computer) zurückweisen.

Der Mensch in Familie

In „Können einer Maschine geistige Eigenschaften zugesprochen werden“ (McCarthy 1994) nennt McCarthy mehrfach den Thermostaten als Beispiel für eine einfache Maschine, die Überzeugungen haben kann. Dies wird von Searle aufgegriffen und polemisch zurückgewiesen:

„Wir sind aufgefordert, es als eine Entdeckung der starken KI zu akzeptieren, daß das Stück Metall da an der Wand, das wir für die Regulierung der Zimmertemperatur brauchen, in genau demselben Sinn Überzeugungen hat, wie *wir, unsere Ehepartner und unsere Kinder* Überzeugungen haben ...“[1] (Searle 1994, S.245)

Searles Prämissen und insbesondere das von ihm vorausgesetzte und produzierte Menschenbild werden an dieser Formulierung besonders deutlich. Ein Thermostat wird als ein „Stück Metall da an der Wand“ abqualifiziert, materiell, kaum über seine Funktion beschrieben. Indem Searle den Thermostaten mit purer Materie gleichsetzt, versteht es sich für ihn von selbst, daß er keine

Überzeugungen haben kann. Diese sind nach Searle allein Menschen vorbehalten. Quasi zur Veranschaulichung spricht er hier nicht von *dem* Menschen in der dritten Person, sondern er bemüht ein „wir“: „Wir, unsere Ehepartner und unsere Kinder“. Damit entwirft er ein ganzes heterosexuelles Familienbild, schließt den Leser mit darin ein und postuliert: „Wir“ sind Menschen (Männer), und haben Frauen und Kinder. Hier ist es auf einmal nicht mehr die Materie (an anderer Stelle rekurriert er ja ausführlich auf das Gehirn), sondern der soziale Verbund Familie, der herangezogen wird um zu illustrieren, daß dies der Ort ist, an dem Überzeugungen Platz haben. Das Kriterium für Mensch-Sein ist nach Searle das Leben in Familien und *deshalb* ist Metall nicht menschlich und kann daher auch keine Überzeugungen haben.

Vom Geist

Das wirklich Schlimmste scheint für Searle die Vorstellung zu sein, die klare saubere Trennung zwischen „Geist“ und „Nicht-Geist“ könnte womöglich nicht objektiv (und allgemeingültig) gelingen. Searle versucht, die Ansprüche der sogenannten „starken KI“ zu widerlegen. Diese beschreibt er wie folgt:

„Nach der starken KI aber, ist der Computer nicht nur ein Instrument bei der Untersuchung des Geistes, vielmehr *ist* der recht programmierte Computer *selbst* ein Geist, in dem Sinn, daß man Computern, die mit den richtigen Programmen ausgestattet sind, buchstäblich *Verstehen* und andere kognitive Zustände zusprechen kann.“ (Searle 1994, S.232)

Er setzt sich aber mit dieser These nicht wirklich auseinander, sondern postuliert an anderer Stelle, welche Aufgabe die KI seiner Meinung nach wirklich hat:

„Wenn die starke KI ein Zweig der Psychologie sein soll[2], dann muß sie imstande sein, genuin-geistige Systeme [sic!] von denen zu unterscheiden, die dies nicht sind.“ (Searle 1994, S.244)

Searle behauptet also die eindeutige, klare Trennlinie zwischen Geistigem und Nicht-Geistigem und verlagert gleichzeitig das Geistige in den vordiskursiven Raum („genuin-geistig“), d.h. was der Geist ist und wer ihn hat, steht seiner Meinung nach nicht zur Diskussion, sondern bereits fest:

„Der Unterschied zwischen ‘geistig’ und ‘nicht-geistig’ kann nicht bloß [sic!] im Kopf des Betrachters existieren, sondern muß den Systemen selbst inhärent sein, sonst stünde es dem Betrachter frei, Menschen als nicht-geistig und, beispielsweise, Wirbelstürme als geistig anzusehen, wenn ihm das Spaß machte.“ (Searle 1994, S.244)

Wo sonst, wenn nicht im Kopf des Betrachters entsteht der Unterschied? Doch diese Vorstellung ist für Searle unerträglich. Der Unterschied soll bereits vor jeder Betrachtung und unabhängig vom Betrachter feststehen. Er fürchtet in naiver Weise das völlige Beschreibungschaos, die Willkür der Begriffswahl, wenn er den „Geist“ nicht unantastbar, immer schon eindeutig bestimmt und zugeordnet (ausschließlich dem Menschen nämlich) setzt. Mit dem erschrockenen Heraufbeschwören geistiger Wirbelstürme (eigentlich ein schönes Bild) tut Searle so, als folge aus der Skepsis gegenüber der Ontologisierung von Zuschreibungen („dem System inhärent“) eine *Beliebigkeit* der Bezeichnungen. Wenn ich der Meinung bin, daß sich Begriffe wie „Geist“ im Gebrauch wandeln und diskursabhängig sind, also abhängig vom Kontext, ja überhaupt ihre Bedeutung nur durch den Gebrauch entsteht, dann behaupte ich damit nicht deren beliebige Verwendbarkeit. Im Gegenteil. „Geist“ ist eben nie einem „System inhärent“, sondern als Begriff immer nur faßbar mit seinen Konnotationen, in seinem historischen und aktuellen Gebrauch. Searle hingegen gehört mit seiner Sichtweise eher zu den philosophischen Realisten, die von Donna Haraway wie folgt beschrieben werden:

„Die philosophischen Realisten haben eine sehr zahme Vorstellung von der Welt als etwas Präkonstituiertem: Etwas ist da, vor jeder Interaktion, und wartet nur darauf, beschrieben zu werden. Realismus geht gewöhnlich von einer Logik der Entdeckung aus und benutzt eine Sprache der Entdeckung. Du lüftest den Schleier und wenn Du darunter siehst, war die ‚Natur‘ immer schon da.“ (Haraway 1995, S.109)

Simulationen

Der Turing-Test liefert einen zwar oft umstrittenen aber einfachen Maßstab für die Zuschreibung von Intelligenz: Wenn sich das Verhalten einer Maschine nicht von dem eines Menschen unterscheiden läßt, dann ist nach Turing die Maschine als intelligent zu bezeichnen. Hier wird also die gelungene Simulation als hinreichend für die Zuschreibung von Intelligenz genommen. Eine Sichtweise, der sich Searle verständlicherweise nicht anschließen kann, geht er doch von Inhalten und Bedeutungen aus, die jenseits des Beobachtbaren liegen. Und so läßt er auch den Turing-Test nicht gelten und disqualifiziert ausführlich jeden Überzeugungsanspruch einer Simulation. Er erkennt: „Zum Simulieren braucht man nur die richtigen Ein- und Ausgaben und ein Programm dazwischen, das die Transformation simuliert.“ (Searle 1994, S.259) Ihm ist es wichtig, auf der Unterscheidung zwischen Simulation und Simuliertem von vornherein zu bestehen: „Die Simulation mit dem Duplikat zu verwechseln ist immer derselbe Fehler.“ (Searle 1994, S.259)

Aber wie unterscheidet er die Simulation vom Duplikat? Doch nur mit der Behauptung, der Simulation fehle etwas, was das Duplikat hat. Die Unterscheidung ist wiederum ontologisch. Merkwürdig finde ich hier auch, daß er vom *Duplikat* spricht, nicht vom *Original*. Mit Duplikat scheint er eine identische Kopie zu meinen. Ist die dann noch vom Original unterscheidbar?
Vom amerikanischen Philosophen Richard Rorty gibt es eine Erwiderung zu Searles Originalartikel in *The Behavioral and Brain Sciences*. In Anlehnung an den Behaviourismus hält er sich anders als Searle lieber an die Empirie als an „Echtheits"-Kategorien: „If you can fool all the people all of the time, behaviorists and operationalists say, it doesn't count as fooling any more." (Rorty 1980, S.445) Und weiter: „Sufficiently *widely* accepted simulation *is* the real thing." (Rorty 1980, S.445) Diese vollständig entgegengesetzte Auffassung von Simulation vertritt Rorty hier wohl absichtlich, um Searle zu widersprechen. Er unterstellt ihm religiösen Eifer und vergleicht ihn mit einem fundamentalistischen Katholiken, der an der Transsubstantiation festhält:

„The orthodox think that the demythologizers are just changing the subject, since we know in advance that the distinction between the natural and the supernatural is a distiction between two sorts of entities having different special causal powers." (Rorty 1980, S.445)

Damit macht er deutlich, daß sich gar nicht gegen Searle argumentieren läßt, weil dessen Kategorien, seine Vorstellung davon, was *ist* und was *nicht sein* kann, vordiskursiv bestimmte Prämissen seiner gesamten Argumentation sind. Es fällt auf, mit welcher Leichtigkeit Searle (S.236) sich selbst als gelungene Simulation des Computers betrachtet und dann auch Formulierungen wählt wie „... denn im Falle des Chinesischen bin ich ja der Computer." (Searle 1994, S.236) Daß eine Simulation nie das Original *sein* kann, gilt für Searle offenbar nur abhängig vom Kontext. Jeder Mensch kann einen Computer simulieren (und „ist" in Searles Terminologie dann auch einer). Nur die umgekehrte Richtung wird von ihm abgelehnt. Der Unterschied zwischen Simulation und Simuliertem verschwindet bei seinem Experiment des chinesischen Zimmers. Denn dabei *ist* er die (ganz und gar gelungene) Simulation des Computers und macht darauf aufbauend Aussagen über das, was das Simulat, der Computer, kann.
Im übrigen ließe sich darüber streiten, ob Searles Gedankenexperiment des chinesischen Zimmers eine Simulation ist. Wenn Searle das Experiment tatsächlich durchgeführt hätte, statt es sich (mit vorher schon feststehendem Ergebnis) nur vorzustellen, wäre er vielleicht doch zu einem anderen, neuen Verständnis des Chinesischen gekommen.

Biologie, Ontologie, die Grenzen in Searles Argumentation

Auf den letzten Seiten von Searles Artikel, in denen er zusammenfassend einige philosophische Reflexionen hervorhebt, werden seine Prämissen am deutlichsten. Er setzt den Dualismus Mensch-Maschine mehr voraus, als daß er ihn begründet, insbesondere indem er bestimmte Eigenschaften, wie intentionale Überzeugungen zu haben, als untrennbar von der für ihn feststehenden biologischen Einheit Gehirn setzt: [Ich verstehe Englisch], „weil ich eine bestimmte Art Organismus mit einer bestimmten biologischen (d.h. chemischen und physikalischen) Struktur bin ..." (Searle 1994, S.255) Dieser kausale Zusammenhang zwischen dem Gehirn und dem Verstehen ist eine zentrale Prämisse für Searle, mit der er sich gegenüber den „starken KI-lern" und Funktionalisten abgrenzt. Ihnen wirft er einen Geist-Gehirn-Dualismus vor, weil sie Funktionalitäten wie „Verstehen" unabhängig von der materiellen Realisierung in Gehirn oder Hardware betrachten.

> „Was immer Intentionalität sonst noch sein mag, sie ist ein biologisches Phänomen, und sie weist wahrscheinlich die gleiche Abhängigkeit von der spezifischen Biochemie ihrer Entstehungsbedingungen auf wie die Milchbildung, die Fotosynthese oder irgendein anderes Phänomen." (Searle 1994, S.263)

Aber er benutzt den Begriff biologisches „Phänomen", als wäre dies eine unveränderliche Grundlage von allgemeingültiger Bedeutung. Damit verkennt er den Modell-Charakter „biologischer" Aussagen (z.B. über das Gehirn), der gerade auch von feministischer Naturwissenschaftskritik detailliert herausgearbeitet wurde. Biologie ist für Searle identisch mit Chemie und Physik, die ihm undiskutierbare Wahrheiten liefern.
Searles, letztlich vorausgesetzter, Mensch-Maschine-Dualismus wird also im wesentlichen durch eine ontologische Kausalbeziehung zwischen biologischem Gehirn und menschlichem Geist begründet. Und obwohl Searle nicht explizit von Männern und Frauen schreibt, wird doch zumindest in seinem „Familien-Zitat" deutlich, daß sein „menschlicher Geist" ein traditionell männlicher ist.
Die ursächliche Verbindung von „biologischem" Gehirn und menschlichem Geist, d.h. auch zu überhaupt von Searle anerkannter Intelligibilität, weist Parallelen auf zur oft behaupteten kausalen Beziehung zwischen „biologischem" Geschlecht und sozialer Geschlechtsidentität. Searles ontologische Unterscheidung zwischen Menschen und Maschinen hat deshalb auch ähnliche Implikationen wie andere grundlegende (im Sinne von fundierenden) Dualismen. Sein Argumentationsspielraum ist dadurch begrenzt und tatsäch-

lich ist seine Begriffswelt genauso eng wie die der klassischen KI- Anhänger. Es gibt nur Menschen hier und Maschinen dort, was das Gehirn ist, steht immer schon fest, die Begriffe bleiben statisch, grenzverschiebende Diskurse und Utopien wie Donna Haraways *Cyborgs* haben da keinen Platz.
Solange KI-Kritik oder überhaupt kritische Betrachtung von Informationstechnologien in diesem engen Begriffsraum verbleiben, also auch die ontologischen Prämissen und Grenzziehungen nicht hinterfragt und dekonstruiert werden (was einer Bestätigung gleichkommt), wird sich an traditionellen Bildern von Mensch und Technik nichts ändern und auch der Begriff „Frauen und Technik" wird so schräg bleiben wie er ist: die klassischen Grenzen affirmierend. Donna Haraways Ansatz scheint mir ein vielversprechender Ausweg zu sein:

„Ich versuche, ein besseres Verständnis für die Überlappung und Durchlässigkeit der Grenzen zwischen unterschiedlichen Handlungsfähigkeiten (*agencies*) – menschlich/ nicht-menschlich, maschinell/nicht-maschinell etc. – zu entwickeln." (Haraway 1995, S.107)

Bettina Heintz zu Menschen und Maschinen

Die Soziologin Bettina Heintz stellt im 8. Kapitel ihres Buches „Die Herrschaft der Regel" einige kritische Erwiderungen zur KI dar. Dabei faßt sie auch kurz die Position Searles zusammen (Heintz 1993, S.279-282). Sie nimmt an dieser Stelle keine beurteilende Analyse vor, sondern eine Beschreibung von Searles Argumentation. Folgende Frage ist für sie in dieser Diskussion wichtig:

„Im Gegensatz zur Fragestellung der Philosophie geht es mir nicht um die Suche nach einem absoluten Standard, anhand dessen man ein für allemal die Grundmerkmale der Mensch/ Maschine-Differenz fixieren könnte, sondern um die (Doppel-)Frage, unter welchen *sozialen* Voraussetzungen einem Programm Intelligenz *zugeschrieben* wird." (Heintz 1993, S.289)

Es geht ihr also nicht um die Beantwortung der Frage, was Maschinen sind und können. Für sie ist klar, daß es sich bei allen Aussagen (über KI, Maschinen, Intelligenz *und* Menschen) um Zuschreibungen innerhalb eines diskursiven Prozesses handelt: „Damit verlagert sich der Erklärungsfokus weg von den Maschinen hin zum sozialen Umfeld, in dem sie eingebettet sind." (Heintz 1993, S.292) Daher fordert sie: „Statt eine 'Soziologie des Computers' von den angeblich 'soziomorphen' Eigenschaften des Computers her zu entwickeln, müßte man meiner Ansicht nach gerade umgekehrt bei der

Maschinenhaftigkeit des menschlichen Verhaltens ansetzen und bei dessen *sozialen Voraussetzungen*." (Heintz 1993, S.298)
Ihr geht es nicht um ontologische Kategorien, sondern um die sozialen Gegebenheiten, innerhalb derer es zu bestimmten Zuschreibungen kommt. Was mit dieser „Maschinenhaftigkeit" gesagt wird und wie solche Vergleiche (die Computer sind menschlich oder soziomorph; die Menschen verhalten sich maschinenhaft) möglich wurden, finde ich interessant, weil sich so die Etablierung oder Verwischung der Grenzen dieser Begriffe untersuchen läßt.
Indem ich Searles Argumente kritisiere, möchte ich nicht einen diametral entgegengesetzten Standpunkt einnehmen und etwa mit vergleichbarer Vehemenz *für* die geistigen Überzeugungen von Computern eintreten. (Allerdings bereitete mir dieser Gedanke keine besonderen Sorgen.)
Auch Richard Rorty findet sich trotz seiner harten (und ironischen) Kritik nicht auf der Seite der KI-Befürworter wieder: „My criticism of Searle should not, however, be taken as indicating sympathy with AI." (Rorty 1980, S.446)
Es ist nicht nötig und auch nicht möglich, *für* oder *gegen* „die KI" zu sein. Zu oft unterscheiden sich die zugrundeliegenden Kategorien der „BefürworterInnen" und „GegnerInnen" gar nicht wesentlich. Diese Kategorien offenzulegen, auch dort, wo sie nicht explizit gemacht werden, ist mir wichtiger, als eindeutig Position zu beziehen. Was ich deutlich zu machen versuchte ist, wie Searle von einem Bild „des Menschen" (mit Hilfe einer fast metaphysischen Geist-Kategorie) ausgeht und dieses festschreibt. Der „natürlicherweise" aufgrund ontologischer biologischer Gegebenheiten mit Vernunft begabte Familienvater wird hier als *der* Mensch präsentiert. Dabei vermischen sich konservativ-traditionelle Wertvorstellungen (wie das Bild der Familie) mit Argumenten, die erst durch die Informationstechnologie möglich wurden (das formale Programm vs. die ganz und gar unformalen Überzeugungen).
Dem alten Versuch und insbesondere dem Reden darüber, Maschinen zu bauen, die möglichst menschlich sind, folgt nun die Anstrengung, den Menschen als etwas zu beschreiben (ein Menschenbild zu produzieren), das möglichst nicht-maschinell ist. Beide Versuche arbeiten an der Grenze mit und wandeln die Vorstellung (und die Realität!) dessen, was Menschen und Maschinen „sind".

Anmerkungen

1 Hervorhebungen B.S.
2 In den ersten Jahren der KI-Forschung, bevor sich die Kognitionswissenschaft als eigenständige Disziplin etabliert hatte, haben einige KI-Forscher dies tatsächlich postuliert.

Literatur

Haraway, Donna (1995): Die Neuerfindung der Natur. Frankfurt a.M.

Heintz, Bettina (1993): Die Herrschaft der Regel. Eine Grundlagengeschichte des Computers. Frankfurt a.M.

McCarthy, John (1994): Können einer Maschine geistige Eigenschaften zugeschrieben werden? In: Zimmerli, Walther Ch. / Wolf, Stefan (Hrsg.) (1994): Künstliche Intelligenz. Philosophische Probleme. Stuttgart, S.184-231 (engl. 1979)

Searle, John R. (1994): Geist, Gehirn, Programm. In: Zimmerli, Walther Ch. / Wolf, Stefan (Hrsg.) (1994): Künstliche Intelligenz. Philosophische Probleme. Stuttgart, S.232-265 (engl. 1980)

– (1980): Minds, brains and programs. In: The Behavioral and Brain Sciences 3, S.417-457

Rorty, Richard (1980) : Searle and the special powers of the brain. In: The Behavioral and Brain Sciences 3, S.445-446

Zimmerli, Walther Ch. / Wolf, Stefan (Hrsg.) (1994): Künstliche Intelligenz. Philosophische Probleme. Stuttgart

II. Situiertes Wissen, Lebenswelt und Deutungsmuster

Elvira Scheich

Technologische Objektivität und technische Vergesellschaftung

Identitätslogik im naturwissenschaftlichen Diskurs. Zur Veränderung erkenntnistheoretischer Perspektiven durch die Konstruktion und Politisierung der Natur[1]

Einleitung

Im Begriff der Objektivität werden die Ansprüche und Standards wissenschaftlicher Weltbeschreibung zusammengefaßt. Während die Bedeutung von Objektivität in den Naturwissenschaften klar umrissen und verbindlich zu sein scheint, ist in den Gesellschaftswissenschaften die Standortgebundenheit und Perspektivität von Wahrnehmung und Darstellung sozialer Realität schon lange ein Thema der Reflexion. Die wissenschaftliche Definition von Gesellschaft und die gesellschaftliche Struktur selbst stehen in einem komplexen Zusammenhang, der die Möglichkeiten des Denkens und Wissens aufspannt, in dem die Widersprüche und die Interdependenz der jeweiligen Sichtweisen in einem historischen Kontext situiert sind.

In welcher Weise auch die Vorstellungen der Naturwissenschaften von Erkenntnisinteressen, politischen Problemlagen und gesellschaftlichen Spannungen beeinflußt wurden, ist erst in der neueren sozialkonstruktivistischen Wissenschaftsforschung genauer untersucht worden. Historisch verschiedene Formen von Objektivität, so ließ sich zeigen, korrespondieren mit einem je spezifischen Verständnis von Natur, Wahrheit und Wirklichkeit, das seine volle Bedeutung erst im Hinblick auf die involvierten gesellschaftlichen Strukturen, Beziehungen und Institutionen entfaltet. Diese Studien zur Geschichte der Objektivität sind Teil einer breiteren Diskussion über die Partikularität und Universalität naturwissenschaftlicher Erkenntnis sowie die Autonomie von Wissenschaftsentwicklung. Um in den folgenden Abschnitten meine Überlegungen zum Verhältnis von Wissenschaft und Gesellschaft, wie es für eine wissenschaftsabhängige und durchtechnisierte Gesellschaft charakteristisch ist, entwickeln zu können, sind einige Ergebnisse aus dieser Richtung der Wissenschaftsgeschichte kurz zu benennen[2]. Denn erst im Bezug zu historischen Vorstellungen von objektiver Erkenntnis und ihrer Bedeutung für die Konfigurationen von Wissenschaft und Politik lassen sich die Entwicklungslinien aktueller Veränderungen akzentuieren.

In ihrem Buch *Leviathan and the Air-Pump. Hobbes, Boyle and the Experimental Life* (1989), einer Studie zur Kontroverse zwischen Robert Boyle und Thomas Hobbes, stellen Steven Shapin und Simon Schaffer die Spannungen und Konflikte innerhalb der mechanistischen Naturphilosophie dar, die nach dem Bürgerkrieg in England, in der zweiten Hälfte des 17. Jahrhunderts, auftraten. Es ging damals um etwas, was heute selbstverständlich erscheint, nämlich die Trennung von naturwissenschaftlicher Forschung und politischer Debatte. Es wird deutlich, daß diese Trennung erst das Ergebnis eines historischen Prozesses ist, in dem sich die modernen Ansichten formieren. Der Fall, den Shapin und Schaffer untersuchen, ist deswegen besonders interessant, weil einerseits Boyles Vorstellungen die Entwicklung der Experimentalwissenschaften nachhaltig beeinflußten und weil andererseits Hobbes' Ansichten grundlegend für die politische Theorie des bürgerlichen Staats geworden sind.

Die Trennung der beiden Bereiche, die Boyle bzw. Hobbes zu ihren Gründungsvätern zählen, war für die Kontrahenten selbst keineswegs ausgemacht. Boyle argumentierte dafür, Wissenschaft und Politik auseinanderzuhalten. Er sah die vorrangige Aufgabe von Wissenschaft in der Beobachtung von Tatsachen und der Vorführung von Experimenten. Diese Vorführungen fanden im Labor statt, ein für Boyle öffentlicher Raum, in dem das Publikum eine freie Debatte über die Ursachen der Beobachtungen und mögliche theoretische Erklärungen führen konnte. Seine Vorstellungen von Erkenntnis konzentrierten sich auf „Sehen und Glauben“ (Shapin/Schaffer 1989, S.22), wobei die Rolle des experimentellen Wissenschaftlers darauf beschränkt sein sollte, Zeuge des Naturvorgangs zu sein. Mit dem juristischen Vorbild war die Erkenntnis von Wahrheit an die Moral des Beobachters gebunden, an seine Wahrhaftigkeit als „Spiegel der Natur“. Hobbes dagegen mißtraute der Evidenz sinnlicher Wahrnehmung; die Wirklichkeit des Naturgeschehens lag für ihn vielmehr in der Kausalität mathematisch-abstrakter Systeme. Der Beobachtung von Tatsachen war das mechanistische Modell vorgeordnet und Erkenntnis bestand wesentlich aus der theoretischen Erklärung ihrer Ursachen: Aufgrund der prinzipiellen Berechenbarkeit der Welt sei Wahrheit mit Vernunft und Logik im Kalkül zu erfassen. Hobbes' monistischer Entwurf erkannte keine Grenze zwischen Natur und Gesellschaft an, demzufolge sah er auch keine zwischen Wissenschaft und Politik. Für die Formation von Wissenschaft in der bürgerlichen Gesellschaft und für die Bedingungen praktisch erfolgreicher Wissensproduktion erwiesen sich Boyles Vorstellungen als die brauchbareren. Dennoch blieben auch zentrale Momente von Hobbes' Ansichten in den Naturwissenschaften erhalten, vor allem die mathematische Ausrichtung der Theorie. Denn die Berechnung von Naturvorgängen, modelliert nach dem Vorbild technischer Funktionszusammenhänge, entsprach der Herstellung von Tatsachen im Experiment.

Im Kontext einer Begriffsumbildung, die erst um 1900 abgeschlossen war und in deren Folge Objektivität an die Stelle von Wahrheit im Denkgebäude der Naturwissenschaften trat (Daston 1994), enstand das Ideal „mechanischer Objektivität" (Daston/ Galison 1992). Die Problematisierung der Wahrnehmung, die mit einer Präzisierung von experimentellen Methoden und der technischen Perfektionierung des Sehens einherging, brachte eine Form von Objektivität hervor, als deren Mittel und Metapher die Maschine bzw. der mechanische Apparat fungierte. Die Aufzeichungs- und Meßapparaturen seien die zuverlässigsten Beobachter und vor allem wirklich neutral, weil frei von Vorannahmen. Paradigma des experimentellen Beobachtens war die neue Technologie der Fotografie, die als „Selbstporträt der Natur" verstanden wurde. Bemerkenswert ist hier zweierlei: Einerseits wurde dem Wissenschaftler durch die Ausrichtung des Ideals am Mechanischen eine strenge Moral der Selbstbeherrschung auferlegt, in der die Anforderungen an Wahrhaftigkeit bis an ihre Grenze getrieben waren. Andererseits wurde eine Blickverschiebung bewirkt, so daß Individualität und Variation in der Natur in den Vordergrund traten. Auf diese Weise war eine wichtige Voraussetzung geschaffen, um die Komplexität des Organischen als eine historisch gewordene zu begreifen. Die Geschichte der Natur wurde als gemeinsamer Abstammungszusammenhang, in dem auch der Mensch einen Platz hatte, konzeptualisiert, und es war wieder möglich geworden, Natur und Gesellschaft zusammenzudenken. Im Verhältnis von Wissenschaft und Politik jedoch war eine entscheidende Veränderung eingetreten: Der Wissenschaftler äußerte seine Ansichten von Berufs wegen.

In den Studien zur Geschichte der Objektivität und des wissenschaftlichen Verständnisses von einer wahrheitgemäßen Darstellung der Natur wurde herausgearbeitet, in welcher Weise Objektivität und Subjektivität aufeinander bezogen sind. Sie stellten vor allem den Zusammenhang von Erkenntnis und

Interesse in den Fokus ihrer kritischen Betrachtung; wichtige Beiträge hierzu kamen von der feministischen Wissenschaftsforschung (Keller 1986; Haraway 1996a). Um die Transformationen, die mit der Wissenschaftsentwicklung im 20. Jahrhundert einhergehen, erfassen zu können, ist es jedoch notwendig, den Zusammenhang zwischen naturwissenschaftlicher Objektivität und der Objektivierung sozialer Beziehungen, zwischen der Vergesellschaftungsform und Formen der Erkenntnis, in denen jede Perspektivität verschwunden ist[3], stärker in den Blick zu nehmen.

Ausgangspunkt ist, die Herausbildung wissenschaftlicher Begriffe von der Natur im Kontext des gesellschaftlichen Naturverhältnisses und als einen Teil dieses komplexen und widersprüchlichen Gefüges zu sehen. Damit gewinnt die Kategorie der Gesellschaft einen zentralen Stellenwert, insbesondere da „Individuum und Gesellschaft, obwohl kein radikal Verschiedenes, geschichtlich auseinandergetreten sind" (Adorno 1993, S.24). Prozesse der Verdinglichung und Entfremdung sind wesentlich für eine Analyse der Veränderungen, die durch Wissenschaft und Technik in der gesellschaftlichen Praxis des Naturumgangs und der Natur ausgelöst werden, wie auch umgekehrt diese Formen gesellschaftlicher Vermittlung relevant sind für die Frage, wie das Wissen über Natur in einer „'objektive(n)' Handlungs-Welt" (Beck 1996, S.311) entsteht und wie deren strukturelle Verfaßtheit sich auf die Wahrnehmungen und Beschreibungen von Natur auswirkt. Diese Beschreibungen erscheinen als universelle Wahrheit über eine vom Politischen getrennte Wirklichkeit. Obwohl einer solchen Analyse keine interessenpolitische Argumentation zugrunde liegt, ist sie nicht mit politischer „Neutralität" gleichzusetzen. Beispielhaft deutlich wird dies im Fall der Untersuchungen zum Verhältnis von Geschlecht und Wissenschaft: Im Übergang von der Ideologiekritik zur Diskursanalyse sind nach wie vor Metaphern und Subjektpositionen die bestimmenden Bezugspunkte einer Kritik von Abstraktionen und Universalisierungen. Die Aspekte der Objektivierung und Naturalisierung des Geschlechterverhältnisses, die nicht individuell zu überschreiten sind, lassen sich aber auf diese Weise nur unzureichend verstehen.

Wenn es im folgenden darum geht, die Transformationen zu skizzieren, die in der Vorstellung von Objektivität und ihrer Bedeutung für das Verhältnis von Wissenschaft und Politik stattgefunden haben, sind beide Dimensionen des Gesellschaftlichen in die Naturwissenschaften einzubeziehen. Denn Erkenntnisinteressen und die Objektivierung sozialer Beziehungen sind durch die Konstruktion und Politisierung von Natur auf das Engste miteinander verflochten, eine Konstellation, die ich als technische Vergesellschaftung[4] bezeichne. Zunächst sollen hier die Kontinuitäten und Brüche in den erkenntnistheoretischen Kategorien von Wahrheit, Natur und Wirklichkeit dargestellt werden, deren Dynamik zur Herausbildung einer technologischen Objektivität führte.

Neue Tatsachen

Bereits mit der Mechanisierung von Objektivität wurde eine Dynamik in Gang gesetzt, die für die Wissenschaftsentwicklung des 20. Jahrhunderts wesentlich werden sollte: die Identifizierung von Bild und Objekt, die Gleichsetzung von Darstellung und Wirklichkeit. Das Wissen über Natur sollte frei von jeder Interpretation sein, aber verständlich waren die fotografischen Abbildungen der Naturobjekte nur, wenn sie mit Hilfe einer Theorie gelesen wurden. Verstärkt galt dies für Röntgenbilder, erst recht für die Aufnahmen einer Nebelkammer oder die Aufzeichnungen eines Massenspektrometers. Schritt für Schritt nivellierten die experimentellen Techniken den Unterschied zwischen dem Objekt und seinem Abbild; aber diese Bilder-Objekte begannen problematisch zu werden. Sie entzogen sich einer Festlegung jenseits des Beobachtungsprozesses und verwiesen hartnäckig auf ihre Konstruiertheit. Es drängte sich die Einsicht auf, daß es sich bei den Gegenständen der Naturwissenschaften nicht einfach um Natur, „wie sie ist", sondern um Repräsentationen von Natur handelte. Die fortdauernde Perfektionierung mechanischer Objektivität endete somit in einem Paradox: Die Suche nach absoluter Genauigkeit und Präzision hatte eine neue Ungewißheit über die Objekte und Tatsachen hervorgebracht.
Mit der Vorstellung einer unmittelbaren und selbstevidenten Abbildung von Natur, war auch ein Verständnis von Wahrheit hinfällig geworden, das sich über Korrespondenz mit der Wirklichkeit definierte. Eine Neuordnung des Verhältnisses von Experiment und Theorie in den Naturwissenschaften begann, die sich, ausgehend von verschiedenen Disziplinen, in mehreren Stufen vollzog. Durch interne Verschiebungen im gesamten Gefüge von Sehen und Verstehen, Konstruktion und Repräsentation, Erklärung und Abstraktion bildeten sich die modernen Ansichten über Wahrheit und Wirklichkeit heraus. Von einer bloßen Deutung und nachträglichen Interpretation der Versuchsergebnisse verwandelte sich die Rolle der Theorie in eine ganz wesentliche Instanz bei der Gestaltung von Experimenten. Ein beschleunigter Prozeß der gleichzeitigen Umformung von Naturerkenntnis und von Natur war die Folge.
Am meisten Aufmerksamkeit zogen die neuen Entdeckungen und neuen Sichtweisen der Physik auf sich. Hier hatte sich im Laufe der ersten drei Jahr-

zehnte dieses Jahrhunderts die theoretische bzw. mathematische Physik als eigenständige Subdisziplin etabliert (Ekkert 1993). Das breite Spektrum ihrer Untersuchungsfelder, in denen die chemischen, magnetischen, optischen, mechanischen und thermischen Eigenschaften der Materie analysiert wurden, sowie eine Vielfalt von technischen Anwendungen sicherte ihr bald Beachtung und Förderung. Die klassischen Grundbegriffe von Raum, Zeit, Geschwindigkeit, Kraft etc. wurden einer Revision unterzogen und über die Grenzen der konkreten Anschauung hinaus in die Abstraktionen einer mathematischen Formelsprache überführt. Von besonderer Bedeutung für die Entwicklung der neuen Disziplin waren die Experimente zur Radioaktivität, zur Röntgenstrahlung und ihrer Wechselwirkung mit der Atomstruktur. Äußerst verwirrende und widersprüchliche Befunde gaben keine Antwort auf die Fragen nach Art und Ursache der Strahlung, nach dem Aufbau der Atome und den Kräften, die sie zusammenhielten. Im Mikrobereich waren neue theoretische Modelle unverzichtbar.

Das Problem experimenteller Beobachtung bestand hier nicht allein in der geringen Größe und der Unsichtbarkeit der Untersuchungsobjekte. Vor allem war es unmöglich, deren Bewegungsverhalten im Rahmen der klassischen Vorstellung als Bewegung entlang einer „Bahn“ zu beschreiben. Die Röntgen- und Atomphysik beschäftigt sich mit den Effekten von Wechselwirkungen, in denen sich die Objekte durch spezifische Ähnlichkeiten auszeichneten: Materie und Strahlung sind im Mikrobereich nicht strikt zu trennen, denn das Verhalten aller Mikroobjekte wies sowohl Wellen- als auch Teilcheneigenschaften auf. Die grundlegenden Bedingungen der mikrophysikalischen Systeme, Energiequantelung und Interferenzerscheinungen ließen keine vollständige Berechenbarkeit des Bewegungsablaufs, sondern nur Wahrscheinlichkeitsaussagen zu.

„Das Naturgeschehen erschien in letzter Konsequenz akausal und von einer grundsätzlichen Unbestimmtheit geprägt, die dem Betrachter immer nur Teilaspekte der Wahrheit offenbarte.“ (Ekkert 1993, S.124)

Die Antwort der Quantenmechanik auf diese Situation war eine konsequent statistische Theorie der Mikroobjekte. Ausgehend vom mathematischen Formalismus zur Beschreibung von Wellenbewegungen wurde ein Instrumentarium entwickelt, welches dem Verhalten der Mikro-Objekte entsprach. Ein Objekt wurde durch eine sich auf Raum und Zeit erstreckende Wellenfunktion dargestellt, deren Ableitungen die Verteilungen der Wahrscheinlichkeiten angeben, das Objekt in einem bestimmten Bewegungszustand anzutreffen: „Ein Ereignis ist durch seine Wahrscheinlichkeitsamplitude eindeutig charakterisiert.“[5] Mit diesen Bewegungsgesetzen ließ sich die nicht auflösbare Unbestimmtheit[6] in der Messung von Zustandsgrößen berechnen und wurde in der Heisenbergschen Unschärferelation durch die Dimension des Wirkungsquantums bestimmt. Die Wechselwirkungen zwischen „Apparat“ und „Objekt“, die sich auf der Mikroebene abspielen, werden hier explizit zum Bestandteil der Theorie. Die physikalischen Gesetze der Quantenmechanik lassen sich vom Vorgang des Messens nicht ablösen; sie sind nicht mehr und nicht weniger als Aussagen über die experimentelle Erzeugung von Effekten. Weil das, was von der Wirklichkeit sichtbar wurde, in der Anordnung des Experiments entschieden wurde, war es unumgänglich geworden, die Bedingungen des Meßvorganges in die theoretischen Überlegungen mitaufzunehmen. Diese Veränderung betraf nicht nur den Status von Theorie, sondern die Art der Theorie selbst, ihre Begriffe und Erkenntnisformen. Das Durchführen von Experimenten und das Entwerfen mathematischer Modelle waren nicht mehr trennbar, und eben dies erzeugten einen Riß zwischen Verstehen und Berechnen: In der unsichtbaren Welt der Mikrophysik gab es Vorgänge, die sich mit der rein zeichenbezogenen, symbolischen Sprache der Mathematik beweisen ließen, obwohl sie der Anschauung zutiefst widersprachen. Der Kontrast zu Boyles Verfahren in der Herstellung von Tatsachen und der erkenntnistheoretischen Haltung von „Sehen und Glauben“ hätte kaum größer sein können.

Über die Interpretation der statistischen Darstellung der Mikroobjekte herrschte allerdings Uneinigkeit unter den beteiligten Physikern. Einem Verständnis der materiellen Welt, in der Wahrscheinlichkeit irreduzibel und absolut sei, sowie der Schlußfolgerung, daß die experimentell auftretende Ungewißheit deren Existenz grundlegend bestimme, wollten sich keineswegs alle anschließen. Mit der Quantenmechanik fanden sich die Physiker deshalb in naturphilosophische Auseinandersetzungen hineingezogen, deren Fragen bis heute nicht geklärt wurden, auch wenn es darum inzwischen still geworden ist. Mit dem Erfolg der neuen Theorie als „Basiswissenschaft für praktische Anwendungen“ (Eckert 1993, S.124) blieben die Einwände zunehmend aus. Die Quantenmechanik erwies sich als ein außerordentlich vielseitiges methodisches Instrumentarium auf den verschiedensten Gebieten und ließ völlig neue Forschungsfelder wie Festkörperphysik, Molekularbiologie und Astrophysik entstehen. In einer pragmatischen Hinwendung zum Alltagsgeschäft der Wissensproduktion setzte sich das Bilder-Verbot durch, das das Selbstverständnis der Physik prägt. Nur ein Unbehagen an der Ableitung aus dem quantenmechanischen Formalismus als Erklärung für die mikrophysikalische Wirklichkeit in der Rolle eines rein mathematischen Beweises in der Physik blieb bestehen.

Das Bildliche wurde aus dem Denken verbannt und gilt bestenfalls als vorübergehende Hilfskonstruktion: Das Elektron „ist“ eine Wellenfunktion. In der bildlosen Darstellung experimentell hergestellter Bilder-Objekte verschwindet zum zweiten Mal die Differenz zwischen Abbildung und Wirklichkeit. Allerdings mit dem gravierenden Unterschied, daß jene Differenz hier zur Seite der Theorie hin verschoben wurde. Die naturwissenschaftlichen Objekte waren als materielle Repräsentationen der Natur kenntlich geworden und wurden in der notwendigen Umarbeitung von Experiment und Theorie, von Beobachten und Erklären, noch deutlich als solche thematisiert. Im Entwurf einer Theorie zur Beschreibung der mikrophysikalischen Eigenschaften der Materie wurde die Repräsentationsbeziehung, die zwischen den Bilder-Objekten und den symbolischen Abstraktionen besteht, bearbeitet, aber durch die Art der Bearbeitung ausgelöscht.

Die sukzessive Verdrängung des Visuellen in der Physik hängt nicht zufällig mit der Entwicklung einer modernen Richtung in der Mathematik zusammen. Hier hatte es eine ganz ähnliche Problematisierung des abbildenden Zusammenhangs zwischen einem symbolischen Zeichen und einem „wirklichen“ Gegenstand gegeben. Aber anders als in der Physik, konnte eine Position eingenommen werden, in der die Repräsentationsfunktion der Zeichen vollständig vernachlässigt und der Umgang mit ihnen unabhängig von ihrer Bedeutung betrachtet wurde. Eine solche formalistische Herangehensweise war in der Debatte um die Grundlagen der Mathematik, ihre Erkenntnisweisen und Erkenntnisansprüche bereits zu Beginn dieses Jahrhunderts artikuliert worden. Die Ausarbeitung der Quantenmechanik gründete wesentlich auf Voraussetzungen, die hier geschaffen worden waren.

Das Selbstverständnis der modernen Mathematiker profanisierte ihre Tätigkeit zu einer regelhaften Bearbeitung von Zeichen auf dem Papier, entledigt jeglicher vorgegebener logischer Bedingungen einer empirischen Wirklichkeit.[7] Mit dem radikalen Abwerfen der Referenz reduzierte sich die Wahrheit einer mathematischen Aussage, einer Kombination von Zeichen, auf Widerspruchsfreiheit. Das Ziel, die Tilgung von allem Unbestimmten und Ambivalenten im Denkgebäude der Mathematik, sollte erreicht werden, indem Wahrheit und Existenz ausschließlich immanent, im Rahmen der selbstgeschaffenen Ordnung definiert wurden.

„In der formalistischen Auffassung der Mathematik sind die Zeichen und Zeichenketten bloß noch 'Objekte', die nichts bedeuten, auf nichts mehr hinweisen außerhalb des Systems, dessen Bausteine sie sind. Sie sind Partikel eines syntaktischen Systems, die künstlich hergestellt und mechanisch bearbeitet werden gemäß der Regeln des Kalküls. Interpretation ist, wenn überhaupt, ein nachfolgender Akt.“ (Heintz 1993, S.57)

Die Formalisierung nimmt ihren Ausgangspunkt in der Konstruktion der Gegenstände des Denkens; ihre Absicht ist deren korrekte Manipulation. Mathematische Theorie als formales Operieren mit selbsterzeugten symbolischen Gegenständen ist an Beherrschung und nicht an Erklärung orientiert. In den 30er Jahren zeigte sich allerdings, daß dem Ziel des Formalisierungsprogramms, wie es von David Hilbert Anfang der 20er Jahre radikal formuliert worden war, nämlich in einem vollständig axiomatischen Aufbau der Mathematik alle ihre Begriffe zu erfassen, Grenzen gesetzt waren.[8] Dennoch setzten sich die spezifisch modernen Auffassungen in der Folge durch. Die Grundlagenprobleme spielten in der Praxis der Mathematiker letztlich nur eine periphere Rolle und ein pragmatischer Umgang damit genügte. Das herausragendste Ergebnis der Formalisierung liegt selbst auf einem ganz anderen Gebiet. Denn es war der moderne Umgang mit mentalen Objekten, in dem die konzeptuellen Ideen für den Bau von Rechenmaschinen entstanden. Es ging zunächst um das mathematisches Problem, einen Algorithmus zu finden, mit dem über die formale Beweisbarkeit einer beliebigen Formel entschieden werden kann. Wie Alan Turing 1936 nachwies, ist dies unmöglich; es kann zwar die Entscheidbarkeit nicht aber die Unentscheidbarkeit einer mathematischen Frage in einem allgemeinen Verfahren festgestellt werden. Das Besondere seiner Argumentation bestand darin, daß er den konkreten Prozeß des Rechnens zugrundelegte, um eine Präzisierung des Algorithmusbegriffs zu erreichen. Mit dem Modell eines strikt regelbefolgenden Vorgehens entwickelte er eine neue Form der Darstellung eines Algorithmus', nämlich die Turingmaschine.[9] Sie war eine Maschine auf dem Papier, deren Operationsweise ein universelles Verfahren repräsentierte. „Zwischen formaler Symbolmanipulation und der Operation einer Turingmaschine besteht kein prinzipieller Unterschied. Formalisierung und Mechanisierung sind bedeutungsäquivalente Begriffe." (Heintz 1993, S.94)
Zugleich hatte Turing mit dieser Annahme eine neue, nämlich algorithmische Konzeption der Maschine geschaffen. Ihr wesentliches Merkmal war das Programm, d.h. die Folge von Befehlen, auf welche Weise diese materiell umgesetzt werden, ob menschlich oder mechanisch, war nebensächlich.
Der Rückzug der Mathematik aus der Objektwelt tat ihrer Anwendung in den Naturwissenschaften keinen Abbruch, im Gegenteil. Nur oberflächlich scheint es so, als ob durch die radikale Entkoppelung von Manipulation und Interpretation die eigenständige Welt der symbolischen Abstraktionen und die materielle Welt konstruierter Objekte auseinanderfallen, vielmehr werden sie besser denn je zusammengebracht. Die theoretische Sprache einer experimentellen Herstellung von Tatsachen, insbesondere der Aspekt der Bere-

chenbarkeit erfaßt ganz allgemein das Technische an den Dingen und verweist auf die Praxis der wissenschaftlichen Naturbeherrschung, wie schon Hobbes wußte. Der moderne Verzicht auf die Idee der Repräsentation führte in diesem Zusammenhang eine weitreichende Umkehrung herbei. Denn die Struktur der mathematischen Denkformen, in denen sich das „Denken als formaler Prozeß beschreiben läßt, als eine regelgeleitete und schrittweise Umbildung von bedeutungsfreien Symbolen" (Heintz 1993, S.96), richtet den Wahrheitsbegriff am Innen, am technisch Beherrschbaren des Denkens selbst aus. Die selbstreferentielle Modellierung seines Funktionsprinzips abstrahierte von der konkreten physischen Beschaffenheit und ließ die funktionale Gleichwertigkeit möglicher Realisierungen erkennen. Der konzeptuellen Mechanisierung des Denkens folgte die praktische Realisierung in einem technischen Gerät zur Informations- und Symbolverarbeitung, das die experimentellen und theoretischen Möglichkeiten der naturwissenschaftlichen Forschung nahezu unendlich erweiterte.[10] Nirgendwo wird das deutlicher als im *Manhattan Project*, das mit dem damals zur Verfügung stehenden Instrumentarium der Kernphysik allein nicht denkbar gewesen wäre; es stellt eines der wichtigsten Kapitel in der Entwicklung von Computern dar. In der Biologie jedoch treten insbesondere die erkenntnistheoretischen Dimensionen einer Anwendung von Computern hervor, eine grundlegende Veränderung ihrer Sichtweisen und Gegenstände, die noch im Gange ist.

Für eine Weile aber hatte es so ausgesehen, als ob das Verständnis der organischen Natur unbeeinflußt bliebe von der problematisch gewordenen Beziehung zwischen Theorie und Experiment sowie den Fragen nach Wahrheit, Natur und Wirklichkeit. Und tatsächlich vollzogen sich die Umwälzungen in der Biologie mit Verzögerungen, deren Ursache im schnell wachsenden Einfluß der neuen Spezialdisziplin Genetik lag. Die genetische Forschung konzentrierte sich zunächst auf die Untersuchung der Chromosomen und favorisierte mit dem Modell des Gens als zentraler Kontroll- und Steuerungseinheit der Zelle ein deterministisches Verständnis des Organismus.[11] Ihr Erfolgskurs gipfelte 1953 in der strukturanalytischen Bestimmung der DNS, also der Bestätigung einer bislang rein theoretischen Annahme. Endlich schien auch die Biologie eine „richtige" Wissenschaft geworden zu sein, deren Experimente und Gesetze den klassischen Standards genügten.

Allerdings vereinfacht diese Darstellung die Geschichte der Biologie aus der Perspektive der Genetik. Sie unterschlägt Positionen, die dem reduktionistischen Programm zuwiderliefen und die Komplexität des Organischen ganzheitlich zu erfassen suchten. Sie brachten auf diese Weise eine ganz generelle Schwierigkeit der Biologie zum Ausdruck, nämlich daß ihr Wissen nur zum Teil aus dem Labor stammte. Die Beobachtung von Lebensprozessen war nur bedingt experimentell kontrollierbar, und es war ein außerordentlich schwieriges Unterfangen, Vorgänge in Organismen im Labor zugänglich zu machen. Das Verhältnis von Theorie und Experiment in der Biologie war also, bedingt durch eine hohe Komplexität, von vornherein prekär. Komplexitätsreduktion im Experiment ist unerläßlich; daher muß, um die Umgebung von Vorgängen in der lebendigen Zelle technisch zu reproduzieren, ein Modell davon vorhanden sein.[12] Solche wissenschaftlichen Objekte lassen sich aber nicht an der Natur überprüfen, ihre Existenz beweist sich durch die Korrelation und gegenseitige Abarbeitung verschiedener Modelle und deren experimenteller Realisierung. Die Experimental-Natur im Reagenzglas ist eine konstruierte Wirklichkeit, deren Bedingungen nicht umstandslos verallgemeinert werden können. Mehr als in anderen Wissenschaften tritt deshalb in der Biologie der Vorgang der Repräsentation hervor. Der Modellcharakter der Objekte und ihrer Gesetzmäßigkeiten verursacht außerdem gewisse Schwierigkeiten in der biologischen Theoriebildung. Eine Universalisierung der Erkenntnisse in Form reiner symbolischer Abstraktionen, einer völlig bildlosen Abbildung, bleibt ohne Aussage, denn sie geht am spezifischen Gegenstand vorbei, zu dem ein technischer Zugang existiert, während die Zusammenhänge des Organischen in ihrer Gesamtheit unkontrollierbar bleiben. Hier bündelt sich ein Problem, das in der Gentechnologie übersprungen wird, wenn sie von der modellhaften, technischen Konstruktion zellulärer Prozesse, wie sie typisch für die klassische Biochemie ist, übergeht zu Repräsentationstechniken, in denen der Organismus zum Labor und das Milieu der Zelle zur Produktionsstätte neuer Forschungsobjekte wird.[13]

Obwohl „Code", „Befehl", „Programm", „Information" leitende Metaphern darstellten, war die Molekulargenetik in den 50er Jahren weit von der Computerentwicklung und ihren Möglichkeiten entfernt. Hier war man inzwischen zur Berechnung multifaktorieller Vorgänge fortgeschritten und beschäftigte sich mit der Konzeptualisierung komplexer Systeme.[14] Das Interesse in der Kybernetik und in den Systemwissenschaften galt Eigenschaften wie Funktions- und Zielgerichtetheit, der Koordination der Systemelemente untereinander und zwischen Systemen sowie der Interaktions- und Lernfähigkeit, die mit einem einfachen Aktion- Reaktion-Schema nicht zu erfassen sind. Solche Systeme haben nur ausnahmsweise eine geradlinige Entwicklung, vielmehr besteht ihr Verlauf aus Bifurkationen, Kontingenzen und Ausdifferenzierungen. Erst in den letzten zwei Jahrzehnten haben sich die biologischen und kybernetischen Wissenschaften einander angenähert. Die

Anwendung systemwissenschaftlicher Begriffe auf biologische Vorgänge erlaubte die mathematische Modellierung von Ökosystemen, von biochemischen Rückkopplungen und dem genetischen Informationsaustausch in der Zelle. Es sind repräsentative Nachbildungen von Objekt-Systemen, die wesentlich bestimmt sind über ihren Austausch und ihre Wechselwirkung mit anderen Systemen, die sich verändern und entwickeln. Die Empirie der mathematischen Biologie besteht aus hochkomplexen Bilder- Objekten, hergestellt und dargestellt am Computer.
Mit den Computer-Simulationen ist die Komplexität organischer Natur als einer unhintergehbaren Besonderheit aufgehoben und als Bedingung biologischen Wissens technisch handhabbar geworden. Insofern entsprechen sie dem Programm der Gentechnologie, in dem die wissenschaftlich konstruierte organische Natur aus ihrer Beschränkung auf die spezielle experimentelle Situation gelöst wird. Die theoretischen und experimentellen Möglichkeiten durch den Einsatz von Computern in einer kybernetisch gewordenen Biologie leisten in jedem Fall eines, sie schaffen immaterielle[15] und universale Begriffe von der Komplexität des Lebendigen.
Heute kann sich kein Wissenschaftler mehr als unbeteiligter „Spiegel der Natur“ verstehen, noch eine fotomechanische Aufzeichnungsapparatur zu seinem Ideal erklären. Nicht nur die Mathematiker betätigen sich als Erfinder von Systemen, als Konstrukteure von Welten. Die Einsicht aber, die von den Bilder- Objekten ausgeht und die sie immer wieder neu fordern, nämlich daß es keine universale Wahrheit über die Natur gibt, die außerhalb von uns gegeben ist, wird beständig zurückgenommen. Die technische Konstruktion von Naturtatsachen sowie die Identifikation von Wahrheit mit ihrer Berechenbarkeit waren von Anfang an bestimmende Elemente der naturwissenschaftlichen Wissensproduktion. Spezifisch für das moderne Verhältnis von Theorie und Experiment ist jene doppelte Bewegung, in der zunächst das Bildhafte eliminiert und Repräsentation restlos in den Bereich eines abstrakt Symbolischen verschoben und innerhalb von dessen selbstreferentieller Struktur dann Komplexität zum beherrschbaren Gegenstand wird. Die zurücknehmende Bewegung beginnt beim Begriff und wird Praxis, sie überführt die Tatsache der Konstruiertheit in bildlose Repräsentation, die Eigenständigkeit des Symbolischen in Selbstreferentialität und Komplexität in Simulation. Mit den Computer-Simulationen kehren nun Bilder in die Vorstellungswelt der Naturwissenschaften zurück und treten an die Stelle von Abbildungen, die dem Ideal mechanischer Objektivität entsprachen.[16] Die im Computer erzeugten Bilder sind von einer neuen Art, sie repräsentieren nicht das Unsichtbare der Natur, sondern des abstrakten Denkens.

Die Differenz zwischen einer mit technischen Mitteln erweiterten Wahrnehmung der Natur und der in einer technischen Naturanschauung begründeten Kausalität ihrer Gesetze, die noch ein zentraler Punkt in der Kontroverse zwischen Boyle und Hobbes gewesen war, ist gegenstandslos geworden. Herstellung und Darstellung sind ununterscheidbar, doch im theoretischen Umgang mit den neuen Tatsachen der Bilder-Objekte entstand eine Verdopplung der Relation zwischen Abbildung und Natur.
Im Verhältnis der symbolischen Abstraktionen zu den konstruierten Objekten hatten sich die Bedingungen und Gesetzmäßigkeiten eines Repräsentationsprozesses mehr denn je nachdrücklich geltend gemacht und prägten die neuen Bedingungen von Wahrheit und Wirklichkeit in der Wissenschaft. Das Ineinandergreifen von einer Verselbständigung der Abstraktionen und einer Konstruktion der Wissenschaftsobjekte konstituierte eine neue Idee und einen neuen Maßstab von Objektivität; Mittel und Symbol dieser Form von Erkenntnis ist der Computer. Diese technologische Objektivität verdankt ihre Entstehung der Bildung von Differenzen, die durch Vorgänge des Repräsentierens gegeben sind. Die neuen Tatsachen der Bilder-Objekte führten zu einer unvorstellbaren Erweiterung begrifflicher Strukturen, deren unabhängig gewordene Logik neuartige Sichtweisen und Gegenstände hervorbrachte.
Die Probleme technologischer Objektivität ergeben sich aus der Denkbewegung, die die Beziehung der Repräsentation wieder auslöscht. Entscheidend dafür ist die Ausklammerung der Bilder, die etwas bedeuten, aus den theoretischen Begriffen von Natur. Die eliminierten Bilder sind Träger von kreativen wie destruktiven Intentionen, Interessen und Imperativen, die im Forschungsprozeß verwirklicht werden.[17] Es sind erkenntnisbegründende Anschauungen, die sich mit der Ablösung der Begriffe von Bedeutungen in der Praxis des wissenschaftlichen Naturumgangs verselbstständigen.[18] Unreflektierte und unkontrollierte Bedeutungen können sich in den Naturwissenschaften durchsetzen, weil die Beziehung zur Wirklichkeit außerhalb der Labors und Hörsäle, außerhalb der technischen Bedingungen und abstrakten Beschreibungen, die sich immer wieder bemerkbar machte, immer wieder neu Bedeutungslosigkeit erlangt. Dies ist nicht notwendigerweise das Resultat abstrakter Denkformen, deren eigenständige Bewegungen sichtbar geworden sind, sondern vielmehr nur dann, wenn das Unabhängige und Eigenständige der Natur nicht mehr im Begriff von Wahrheit und Wirklichkeit repräsentiert ist. Das aber kann heute, in der Wissenschaft der Bilder-Objekte, nur heißen, das praktische Verhältnis zur Natur zum Thema zu machen. Das Problem der technologischen Objektivität ist daher nicht die Orientierung des Denkens am

Technischen, sondern daß mit dem Verzicht auf Referenz die Spur des Historischen an der Technik verwischt wird.
Daß die neuen Tatsachen auch die Subjekte betreffen, zeigt sich in den Versprechungen und Phantasien der Humangenetik und der Reproduktionstechnologien wie der Künstlichen Intelligenz. Die Ideen zur Selbsterfindung des Subjekts, zu praktisch werdender Selbstreferenz gründet auf der funktionalen Gleichsetzung von Organismus und Mechanismus, Mensch und Maschine, Lebendigem und Künstlichem. Die Grenzen, die festlegten, wer als Subjekt zu gelten hat und wer nicht, werden damit zweifelhaft und die Kategorien der Natur lassen sich immer weniger herbeibemühen, um sie neu festzulegen. Das sind keine Fragen mehr, die sich auf Wissenschaft beschränken ließen.
Boyles Trennung von Wissenschaft und Politik besteht nach wie vor, aber sie funktioniert inzwischen ganz anders. Nach wie vor hat Wissenschaft mit Tatsachen zu tun, aber sie hat ihre Objekte so verändert, daß ihre eigenen erkenntnistheoretischen Ausgangsbedingungen davon betroffen sind. Sie schließen das Historische und das Politische ein. Die Kritik von Hobbes geht gleichfalls an der Sache vorbei; abstrakte Welten gibt es heute beliebig viele, so daß keine davon Universalität beanspruchen kann. Noch ist jede Debatte innerhalb der Naturwissenschaften, in der diese Seiten der Bilder-Objekte thematisiert wurden, in einer pragmatischen Wende zum Stillstand gekommen. Die wissenschaftliche Transformation der Subjekte wie der Objekte weist über die autonomen Strukturen der Produktion von Naturerkenntnis hinaus. Diese Bewegung des Überschreitens schließlich ist das Resultat einer Differenz von Praxis und Begriff, die die Wissenschaft aus ihrer eigenen Selbstbezüglichkeit heraus erzeugt. Sie ist das Wesentliche, das aus den Paradoxien der Bilder-Objekte folgt.

Die Gesellschaft der Cyborgs

Die materiellen Folgen der neuen Tatsachen für das gesellschaftliche Leben sind nicht zu übersehen. High-Tech ist ein wesentlicher Bestandteil von Verkehrsregelung und Verwaltungsorganisation, von Nachrichtenübermittlung oder Kulturleben, von Ernährung wie Energieversorgung. Computer-Simulationen sind im Betrieb von Atomkraftwerken, im Flugverkehr und anderen großtechnischen Systemen unverzichtbar geworden; Pharma- und Lebensmittelkonzerne haben die gentechnische Forschung in ihre Produktion integriert. Aber was ist die Computer-Simulation einer Atombomben-Explosion? Oder worum handelt es sich bei der Freisetzung gentechnisch veränderter

Pflanzen? Theorie oder Experiment? Dies ist keine rein wissenschafts- und erkenntnistheoretische Frage mehr. Mit der Gestaltung unseres gesellschaftlichen Lebens durch Wissenschaft und Technik[19] sind die Fragen nach Wahrheit, Natur und Wirklichkeit zu Alltagsproblemen geworden: Womit haben wir es beim Ozon-Loch, Sommersmog, Dürrekatastrophen, arzneimittelresistenten Krankheitserregern, renaturalisierten Landschaften, Atommüll oder radioaktiv bestrahlten Lebensmitteln zu tun? Mit Natur? Mit Kultur? Solche Mischwesen oder Cyborgs bestimmen die Lebensbedingungen und die Auseinandersetzungen im Ökologiezeitalter.

Eine Reaktion auf diese Lage besteht in der Diagnose der „Entwirklichung", der Rede vom Verschwinden oder sogar von der Zerstörung der materiellen Welt. Doch der Gleichsetzung des Künstlichen und Konstruierten mit dem Immateriellen[20] haftet selbst noch die Wissenschaftsideologie an, in der Bild und Wirklichkeit, die Gegenstände und ihre Beschreibung verwechselt werden. Diese Verwechslung hat ihre Ursache[21] in der materiellen Vermischung von Kultur und Natur, wie sie für eine durchtechnisierte und wissenschaftsabhängige Gesellschaft charakteristisch ist. Das Problem, das die Geschichte der Naturwissenschaften durchzieht, die Verwobenheit von Fakten, Beobachtungen, Theorien, Experimenten und Wertvorstellungen sowie der Versuch, dieses Netz aufzutrennen, tritt an die Oberfläche in den materiellen, technischen Konstruktionen und im Eigenleben der verabschiedeten Bilder von der Natur. Angesichts dieser Entwicklung hat sich die Position eines „bescheidenen Zeugen", der auf einem Auge blind war, längst überholt und ebenso die Selbstverleugnung eines „Hände weg". Mit der Verwissenschaftlichung, die keinen Bereich des Lebens unberührt läßt, hat sich eine politische Moral endgültig überlebt, die seit der Debatte zwischen Hobbes und Boyle objektive Erkenntnis begründete.

Das gesellschaftliche Naturverhältnis ist nicht von einem Gegensatz zwischen Wissenschaft und Gesellschaft bestimmt; die Erfahrung von Wirklichkeit wie die Erkenntnis von Wahrheit konstituieren sich vielmehr in ihrer Wechselwirkung und lassen die verschiedenen Formen von Objektivität entstehen. Das neuere wissenschaftliche Bewußtsein von der Konstruiertheit der Tatsachen und unserer Lebenswelt reflektiert diesen Zustand und weicht ihm dennoch an entscheidender Stelle aus, denn die Reduktion auf Immaterialisierung bestätigt nur die Selbstreferentialität. Sie ist den aktuellen Auseinandersetzungen und Konfliktstrukturen unangemessen, in denen Natur zum Gegenstand von Politik wird.

Das erfordert die Veränderung erkenntnistheoretischer Perspektiven sowohl in der Wissenschaft als auch in der Kritik.

„Situiertes Wissen“ hat Donna Haraway dem selbstreferentiellen Entwurf der Welt entgegengestellt. Sie geht aus von einer Kritik universaler Wahrheiten als „Blick von oben“ und „von nirgendwo“, der seine eigene Beschränktheit und Herkunft verbirgt. Weil jeder Standort notwendig partikular ist, gewinnt Objektivität eine neue Bedeutung, denn sie schließt die Reflexion über Interessengebundenheit von Erkenntnis, den Kontext und die Geschichte eigener wie fremder Sichtweisen ein. Durch das Bewußtsein des Beteiligtseins wird Wissen verantwortlich und dialogfähig. Die wissenssoziologischen Überlegungen Karl Mannheims (1980) zu einer perspektivischen Erkenntnis, einem „konjunktiven und kommunikativen Denken“ werden hier im Hinblick auf die aktuellen Entwicklungen in den Naturwissenschaften fortgeführt. Haraways Analysen der *technoscience* stellen die Materialität von Metaphern und die Konstruiertheit der Objekte in den Mittelpunkt.
Das Auftreten der Cyborgs verursacht eine „Implosion“ der klassischen Dichotomien, die alle mit dem Gegensatz von Natur und Kultur verknüpft sind, was sie als Feministin nur begrüßen kann. Denn es bedeutet eine Aufhebung der Naturalisierung der Frau in einer ganz unerwarteten Richtung: Die Existenz zwischen Natur und Kultur wird zum Normalzustand der Subjekte und Objekte. Frauen präsentieren ihre eigenen Entwürfe der Welt als gesellschaftliche Subjekte statt das „Andere“ zu repräsentieren. Als Wissenschaftlerinnen sind sie nicht mehr bedeutungslos, wenn unterschiedliche Erfahrungen zu unterschiedlichen Wahrheiten, zu anderen und neuen Geschichten auch in den Naturwissenschaften führen: „In more ways than one, one story is not as good as another.“ (Haraway 1989, S.348) Welche die bessere ist, ist eine Frage der politischen Entscheidung. Die Bedeutungen des Wissens werden zurück in die Reflexion geholt, aber auf welcher Grundlage, wenn das nicht nur moralisch gemeint sein soll?[22] Oder anders formuliert, wir stehen vor der Fragc, welcher Zusammenhang zwischen den verschiedenen Perspektiven existiert. Sie erfordert eine Überschreitung von Partikularität, in der das Thema Universalität doch noch einmal aufzugreifen ist.
Die Materialität der Bilder und die Künstlichkeit der Bilder- Objekte sind Resultate einer modernen Wissenschaft, deren theoretische Vorstellungen durch Formalisierung und Abstraktion gekennzeichnet sind. Ihre Begriffe haben sich von den Bedeutungen abgelöst, mit der Konsequenz, daß ihre Vermittlung mit der gesellschaftlichen Praxis nicht nur über verselbständigte Bedeutungsinhalte stattfindet und daher nicht allein über Bilder, Metaphern und Geschichten greifbar ist. Die theoretischen Strukturen verweisen auf die Formen und Vermittlungsebenen abstrakter Repräsentation, die dem gemeinsamen Denkhorizont einer Gesellschaft Gestalt geben. Dieser andere

Bezug der Naturwissenschaften zum Gesellschaftlichen, jenseits der Interessen einzelner Individuen oder Gruppierungen, kommt in den modernen Verhältnissen verstärkt zum Tragen. Bei den Ansprüchen auf Universalität geht es nicht nur um die Wahrheit des Denkens, sondern immer auch zugleich um die Formen von Vergesellschaftung als deren Bedingung. Die kritische Frage lautet dann, wie die neuen Tatsachen die objektivierten zwischenmenschlichen Beziehungen gestalten, bzw. in welcher Weise die Konstruiertheit von Objekten und Subjekten die Asymmetrie gesellschaftlicher Verhältnisse umbildet, aber nicht auflöst. Auch wenn einer solchen Analyse keine interessenpolitische Argumentation zugrunde liegt, ist sie nicht mit politischer „Neutralität" gleichzusetzen.

Eine wichtige Spur in diese Richtung ist mit dem mathematischen Beweis gegeben, in dem Turing ausgehend von der Bedeutungsäquivalenz zwischen Formalisierung und Mechanisierung, eine der bislang grundlegenden Unterscheidungen überschritt und die Schaffung von Objektivität durch radikale Subjektivierung sowohl bestätigte als auch radikal erweiterte. Die erklärte Abwendung der Mathematik von einer Beschreibung der materiellen Wirklichkeit hatte es ermöglicht, sich selbst als eine Maschine zu betrachten und nach diesem Muster die Welt zu entwerfen. Realisiert und umgesetzt wurden die vereinheitlichten Funktionsprinzipien von Mensch und Maschine, von Organismus und Mechanismus dann in der Rechenmaschine. Die Technisierung des Denkens und die Konstruktion der Natur verbinden sich in der Figur eines Zirkels, gegründet auf ein verdinglichtes Modell menschlichen Handelns nach Regeln.[23] Bettina Heintz interpretiert die Wahl dieses Modells eines „Fließbandes im Kopf" im strukturellen Kontext der industriellen Modernisierung und gesellschaftlicher Rationalisierung. Kenntnis und Anwendung von Regeln bildet nicht zufällig eine Kernvorstellung in der Überzeugung von einem linearen gesellschaftlichen Fortschritt. Zum einen orientiert sich regelgeleitetes Verhalten an Technik, genauer am Funktionieren der Maschine; es bezieht seine Relevanz aus dem Zentrum gesellschaftlicher Macht in der Industriegesellschaft. Zum anderen werden sowohl die funktionale Differenzierung der gesellschaftlichen Institutionen als auch die Ausdifferenzierung von Rationalität in verschiedenen Lebensbereichen[24] von den Regelsystemen der zweckrationalen Organisation, dem verallgemeinerten Prinzip versachlichter Beziehungen, bestimmt.

Im Verlauf der Modernisierung ist deren reflexive Dynamik jedoch immer deutlicher geworden. Die meisten Probleme werden durch rein zweckrationale Lösungsstrategien eher verschärft als gelöst; das vielfache Auftreten von

„Nebenfolgen" greift die Grundlagen moderner Gesellschaften an und bewirkt einen Strukturbruch, der sich im sozialen Machtgefüge ebenso wie in persönlichen Lebensverhältnissen und Biographien bemerkbar macht. Paradigmatisch, und besonders eklatant, sind die Rückkoppelungswirkungen, die durch den Fortschritt der technischen Naturbeherrschung ausgelöst werden. Die Dimensionen der Umweltprobleme konfrontieren die gesellschaftlichen Institutionen mit ihrer Unfähigkeit zur Interaktion und Koordination, statt dessen sind Zersplitterung und die Individualisierung sozialer Ungleichheit ein weiteres Charakteristikum der „Risikogesellschaft". Deren Widersprüche und Ungleichzeitigkeiten bringen mit der Globalisierung der Bedrohung zugleich neue Muster von Ausgrenzung hervor.[25]
Die Theorien reflexiver Modernisierung beschreiben die gegenläufigen Momente des Modernisierungsprozesses und seine generelle Uneindeutigkeit.

> „Es geht, mit einem Wort, um regelverändernde, nicht regelanwendende Rationalisierungspolitik. Diese Rationalisierung der Rationalisierung (auch sozialwissenschaftlich) als einen Möglichkeitsraum, Interessenraum, Konfliktraum, Entscheidungsraum, Öffentlichkeitsraum bewußt zu machen und zu halten – auch im Sinne einer ökologischen Re-Rationalisierung – steht allerdings noch aus." (Beck 1996, S.85)

Betont wird, daß nicht eine zwangsläufige Tendenz zur Selbstzerstörung das Resultat der widersprüchlichen Entwicklung ist, sondern ein Zustand, der wesentlich von Risiken, Fragwürdigkeit und Ungewißheit geprägt wird. Er birgt die Möglichkeit wie auch die Notwendigkeit zu Entscheidungen, um die neue Situation zu begreifen und um angemessen handeln zu können.
Die Wissenschaftsabhängigkeit der Gesellschaft allgemein und die Ökologieprobleme aufgrund von Technikentwicklungen im besonderen haben es mit sich gebracht, daß die Fabrik nicht mehr der Mittelpunkt ist, der die Rationalitätsstrukturen beherrscht und von dem aus spezifische Formen von Rationalisierung, vermittelt über Marktmechanismen, die gesellschaftliche Entwicklung antreiben. Sachlogik und Sachzwänge in der materiellen Vernetzung von höchst unterschiedlichen Lebensbereichen gehen über den Rahmen industrieller Produktion hinaus. Dennoch bleiben auch in der Analyse von reflexiven Modernisierungsprozessen Technik und Naturwissenschaft letztlich nur deren äußere Bedingungen. Die vergesellschaftende Funktion von Technik tritt lediglich am Rande in Erscheinung, dort wo deutlich wird, daß sich die neuen Bedrohungen und Risiken der Warenform entziehen. Die Formen der Objektivierung von sozialen Beziehungen in der Komplexität großer technischer Systeme und die spezifischen technischen Strukturen über die ihre Zusammenhänge organisiert sind, von den Versorgungs- und Entsor-

gungssystemen bis zur medialen Vernetzung mittels Informationstechnologie, werden nicht selbst, sondern nur in ihren Folgen zum Thema der sozial- und politikwissenschaftlichen Theorie gemacht.

In den sozialen Umbrüchen, die von der Unmöglichkeit zur Externalisierung der Ökologie ausgelöst werden, haben wir es mit bereits grundsätzlich veränderten technischen und wissenschaftlichen Gegenständen zu tun. Die modernen Besonderheiten des gesellschaftlichen Naturverhältnisses gehen auf eine gleichzeitige Transformation der Dinge wie der Beziehungen zurück. Der Übergang von Naturalisierung zu Konstruktion in der *technoscience* und die „Entgrenzung und Globalisierung der Strukturen von politischer Öffentlichkeit und Privatheit“ (Schultz 1996, S.198) gehören zusammen. Die Politisierung der Natur ist der zentrale Effekt aus dieser spezifischen Verschränkung von Techno- Wissenschaft und Globalgesellschaft, der in einer *technischen Vergesellschaftung*[26] entsteht.

Für den Fortgang der Analyse ergibt sich daraus, daß ein Begriff von Technik[27], der den neuen Tatsachen technischer Vergesellschaftung entsprechen soll, sowohl historisch als auch wissenschaftsbezogen sein muß. Eine erste Annäherung ergibt sich durch die funktionale Unterscheidung von Wissenschaft und Technik. „Was praktisch im Forschungsprozeß abläuft, ist die Realisierung, also Produktion von Wissenschaftsobjekten mit Hilfe von Dingen, die bereits als hinreichend stabile Materialformen von Wissen betrachtet werden können“ (Rheinberger 1992, S.29ff.) und deshalb zum technologischen Gegenstand geworden sind. Es ist eine nicht-technische Anordnung technologischer Dinge, die eine Materialisierung der Metaphern erlaubt und den Existenzbeweis für abstrakte Ideen liefert. Die Rolle von Technik als experimentelle Entstehungsbedingung von Wissenschaftsobjekten wird so gefaßt, daß die differenzierende Bewegung der Repräsentation sichtbar wird. Der Wechsel von Theorie und Experiment, von Modellieren und Repräsentieren führt zur Herstellung von epistemischen Objekten, in der Bewegung weg von der Selbstidentät entsteht das Neue im „Spiel der Differenz“. „Technik beruht auf *Identität* in der Ausführung; wissenschaftliche Hervorbringung beruht auf *Differenz.*“ (Rheinberger 1992, S.71ff.) Aber trotz seines prozessualen Charakters, trotz des selbstverändernden „Wesens“ von Technik bleibt dieser Begriff von Technik doch unhistorisch.

Das Fehlen der historischen Dimensionen hängt eng mit dem Gesellschaftsverständnis in der Wissenschaftsforschung zusammen. Wenn hier heute die Frage nach epistemischer Priorität im „Geviert der Koordinaten von Theorie und Praxis, Natur und Gesellschaft“ (Rheinberger 1992, S.15) aufgeworfen wird, dann um sie einer Idee der Symmetrie entgegenzustellen.

Es geht darum, eine simplifizierende Vorstellung von Wissenschaftsproduktion und ihren gesellschaftlichen Bedingungen zu vermeiden, die der Eigenständigkeit der Wissenschaft und der von ihr erzeugten Objekte nicht gerecht wird. Wird Symmetrie jedoch zu einem Prinzip von allgemeiner Bedeutung erhoben, lassen sich die Defizite einer solchen Konzeption nicht mehr ausgleichen.[28] Das gesellschaftliche Naturverhältnis wird reduziert auf eine Vermischung von Kultur und Natur[29] im naturwissenschaftlichen Forschungsprozeß, in dem die hybriden Schöpfungen als selbständige Agenten („Aktanten") in Erscheinung treten und sich von dort in der restlichen Welt ausbreiten. Die Analyse von Verwissenschaftlichung und Technisierung ist an den Grenzen des Labors zu Ende[30] und was zu erklären gewesen wäre, nämlich die Ursachen für die Autonomie der Wissenschaftskultur und der Wissenschaftsobjekte *gegenüber* den gesellschaftlichen Prozessen, bleibt offen.
Das Problem besteht darin, daß bereits die Art der Fragestellung einen Begriff von Gesellschaft als Vermittlungskategorie ausschließt. In der Darstellung von Wissenschaftsentwicklung als etwas, „was sich den klassischen Begriffen der Verursachung, aber auch der Wechselwirkung, des Einflusses und der Dominanz entzieht, an die in wechselnder Weise, aber immer im Namen des Gesetzes, der Begriff der Geschichte geknüpft worden ist" (Rheinberger 1992, S.52), werden zwei Voraussetzungen zusammengeschlossen, die hinterfragt werden sollten. Die erste betrifft den Begriff der Geschichte. Wenn man Geschichte als „Gegenstand einer Konstruktion, deren Ort nicht die homogene und leere Zeit, sondern die von Jetztzeit erfüllte bildet" (Benjamin 1977, S.258), so eröffnet das durchaus eine Lesart, in der soziale und wissenschaftlich-technische Entwicklungen, die „Fortschritte der Naturbeherrschung" und die „Rückschritte der Gesellschaft" (Benjamin 1977, S.257) zusammengedacht werden können.[31] Statt die Wissenschaftsgeschichte dahingehend aufzulösen, daß sie „aus nichts weiter als Fiktionen" (Rheinberger 1992, S.53) besteht, wären gerade hier die materiellen Spuren des Historischen an den technischen Dingen und wissenschaftlichen Objekten zu untersuchen.
Die Selbstbewegungen des Wissenschaftssystems werden beschrieben in der „Figur der Reproduktion serieller Linien, die in einer Forschungslandschaft nisten", in der die „globale Struktur dieser Kohärenz [...] nicht die Beziehung eines Ausdrucks, einer Reflexion oder einer Spiegelung, sondern die Spannung eines quasi ‚ökologischen' Netzwerks, eines Flickenteppichs voreilender und nachträglicher Aktionen mit ihren Auslöschungen und Verstärkungen, ihren Interferenzen und Einschiebungen" (Rheinberger 1992, S.53) ist. Diese Darstellung wird abgesetzt gegen eine Vorstellung von sozialem Kon-

text, in dem gesellschaftliche Macht als „festgelegtes Zentrum“ erscheint, als „Ursprung“ oder „Quelle“, von der in einer Art radialer Wirkung das umfassende, verbindliche Prinzip ausgeht, das die „Maschine zur Herstellung der Zukunft“ (Rheinberger 1992, S.45) koordiniert und ihr eine Richtung vorgibt. Von dieser zweiten und negativen Voraussetzung wird der Zugang zu der spezifischen Historizität verdeckt, die in den Eigenständigkeiten und Verselbständigungen moderner Wissenschaft und Technologie liegen.
Beschrieben werden die modernsten technologischen Formen von Objektivität, wie sie zwar im Labor stattfinden, aber dort nicht aussschließlich ihren Entstehungsort haben. Eine Öffnung der Analyse wird möglich, wenn man die Bewegung technischer Selbstveränderung nicht als unveränderliches Prinzip auffaßt, sondern hier auch den Unterschieden in der paradigmatischen Funktion von Technologien für den Entwurf wissenschaftlicher und gesellschaftlicher Weltbilder nachgeht. Werkzeuge, Mechanismen, Maschinen und schließlich die funktionale Vereinheitlichung algorithmischer Prozesse im Computer waren bzw. sind

„always available to serve as a metaphor, example, model, or symbol. A defining technology resembles a magnifying glass, which collects and focuses seemingly disparate ideas in a culture into one bright, sometimes piercing ray. Technology does not call forth mayor cultural changes by itself, it does bring ideas into a new focus by explaining or exemplifying them in new ways to larger audiences.“ (Bolter zit. nach: Heintz 1993, S.207)

Eine historische Bestimmung von solchen Technologien richtet sich auf den Vorstellungshorizont, den sie mitgestalten. Aber sie hat auch – und darum ging es Walter Benjamin in *Über den Begriff der Geschichte* im wesentlichen – dessen Beziehung zu dem eigenen historischen Ort, von dem aus der geschichtliche Entwurf entwickelt wird, miteinzubeziehen. Diese Bedingung der Selbstreflexivität ist in einer Wissenschaftsforschung, die sich mit den aktuellen Vorgängen beschäftigt, besonders schwierig zu realisieren, denn es bedeutet, die Identität des eigenen Denkhorizonts mit jenem, der vom Gegenstand der Untersuchung gegeben ist, aufzulösen. Wozu aber vorläufig das Bewußtsein ausreichen muß, ist: zu begreifen, daß die Beschreibung der Vorgänge an dieselben Bedingungen geknüpft ist wie die beschriebenen Vorgänge. Wenn also die wissenschaftlich- technische Selbstbewegung „doch in einer formalen, sagen wir strukturalen Weise bestimmt werden kann“ (Rheinberger 1992, S.53) und dazu die Vorstellung des ökologischen Netzwerks oder der Selbstorganisation (Krohn/Küppers 1989) herangezogen wird, bezeichnet das zugleich eine besondere Art der Gesellschaftlichkeit von Wissenschaft.

Die „Wirklichkeitswahrnehmung, die unsere *Erfahrung* von Gesellschaft und Natur bestimmt" (Schultz 1996, S.195) wird ausgedrückt und zusammengefaßt in der Metapher vom „Raumschiff Erde". Hier werden soziale wie natürliche Zusammenhänge auf eine systemische Ganzheitlichkeit des biophysikalischen Funktionszusammenhangs bezogen. Den Konstrukteuren von Wirklichkeit, die sich mit der Modellierung des Organischen und der Simulation von Lebensprozessen als Erfinder ihrer selbst und ihrer Umwelt bestätigt haben, stellt die Konstruiertheit der Welt, in der wir leben, deswegen kein Problem mehr dar, weil Selbstreferentialität schon die Entstehung ihrer Vorstellungswelten bestimmt. Aber es ist eine ausgreifende Zirkelbewegung, die sich in den Bedingungen des abstrakten wissenschaftlichen Denkens in der späten Moderne wiederholt: Technische Vergesellschaftung ist die „Wirklichkeit" der modernen abstrakten Denkformen. Die Herstellung einer neuen Welt und ihrer Repräsentation gehen Hand in Hand. In der wissenschaftsabhängigen und durchtechnisierten Gesellschaft ist Wissenschaftsentwicklung von sich selbst abhängig.

Dieser erweiterte Zirkel umgreift beide gesellschaftlichen Dimensionen von Naturerkenntnis, Erkenntnisinteresse und abstrakter Repräsentation. Er funktioniert aufgrund der Verdoppelung, die der Wirklichkeit und ihrer Darstellung eine zweite Ebene hinzufügt, aufgespannt zwischen den Bilder-Objekten und symbolischer Abstraktion. Dazwischen findet die Herstellung der neuen Tatsachen statt, aber durch die Verselbständigung ihrer Bedeutungen, die ihren Ursprung im Bilderverbot der Formalisierung hat, bleibt die zweite Repräsentationsebene bis auf Ausnahmen unsichtbar. Es ist dieselbe Unsichtbarkeit, die die Historizität moderner Wissenschaft und Technik auszeichnet, die sich im Zusammenschluß von Denken, Technik und Vergesellschaftung konstituiert. Aber sowohl in ihren Voraussetzungen als auch in den Konsequenzen treten Dimensionen hervor, die diese Zirkularität durchbrechen und stören.

Die Politisierung der Natur stellt die Verbindungen der Wissenschaft zum sozialen Kontext, die paradigmatische Funktion von Technologien sowie die Leitbilder, die Politik und Erkenntnis begründen, in den Vordergrund. In den gesellschaftlichen Auseinandersetzungen um Technik und Wissenschaft geht es um Dinge, die immer schon historisch sind, nur kann dem jetzt nicht mehr ausgewichen werden. Die Eigenarten der wissenschaftlichen Bilder-Objekte und ihre Rolle in der komplexen technischen Vernetzung der Gesellschaft verweisen auf ihre Zugehörigkeit zu einem Bereich zwischen Kultur und Natur. Objektivierung und Verdinglichung sozialer Beziehungen haben im Verlauf des Reflexivwerdens der Moderne verschiedene Formen und Gestalten angenommen. Deren Ungleichzeitigkeit und Widersprüchlichkeit be-

stimmt die Transformation des gesellschaftlichen Naturverhältnisses und damit jener Orte, an denen technologische Objektivität entsteht und an denen sich der Zusammenhang der partikularen Perspektiven vermittelt, die von den beteiligten Subjekten eingenommen werden können. Die Veränderungen ihrer Bedingungen werden an der feministischen Kritik exemplarisch deutlich. Die Artikulation der Interessen und Sichtweisen von Frauen traf auf zwei grundsätzliche Schwierigkeiten: Weder ließen sie sich einfach hinzufügen, noch konnten androzentrische Ideologien entfernt werden ohne die wissenschaftlichen Vorstellungen in ihrem grundlegenden Aufbau zu stören. Die Negation der historischen und gesellschaftlichen Erfahrungen von Frauen war konstitutiv für die Herausbildung der modernen Gesellschaft und ihrer Formen der Naturerkenntnis. Heute allerdings ist die Bedeutungslosigkeit und Funktionalisierung von Frauen aufgehoben in einem selbstreferentiellen Entwurf der Welt, in dem sich Weiblichkeit zu einer losen Folge von beliebigen Imagos und zufälligen Unterschieden verflüchtigt. Das selbstreferentielle Subjekt schickt sich an, seine Gebundenheit an eine letzte noch bestehende Referenz zu lösen, die sexuelle Reproduktion. Im Übergang von der Naturalisierung der Frau zur relativen Positionierung der Geschlechter wird Asymmetrie zum reinen, abstrakten Prinzip, das die Verteilung von Positionen gesellschaftlicher Macht und Entscheidung regelt.
Das Bewußtsein der Differenz war und ist Ausgangspunkt und Leitlinie, sich im feministischen Bemühen als Teil eines widersprüchlichen und veränderlichen gesellschaftlichen Zusammenhangs zu verstehen. In der Historisierung der Kategorie Frau stellte sich ihre doppelte Vergesellschaftung in der Überlagerung von Natur- und Geschlechterverhältnis als zentral heraus; im historischen „Normalzustand“ weiblicher Existenz verbinden sich Naturverhältnis und Vergesellschaftung, deren je spezifische Vermittlung zu begreifen ist.[32]
Zu den neuen Tatsachen in der Cyborg-Welt gehört keine Besonderheit des Weiblichen mehr, dennoch wird in der feministischen Kritik an der Differenz-Kategorie festgehalten. Zu Recht, denn das Insistieren auf der unterschiedlichen Geschichte und Gesellschaftlichkeit von Frauen, zielt auf eine Bedeutung der Differenz, die sich erst einem historischen Blick erschließt. Es geht um die Konstellation zwischen Gegenwart und dem Bild der Vergangenheit[33], eine Spannung zwischen der eigenen Perspektive und der Überschreitung ihrer Partikularität als Möglichkeit der Kritik.
Die Bedeutung einer historischen statt essentialistischen Differenz kommt in den gesellschaftlichen Konflikten der reflexiv gewordenen Moderne zum Tragen, die nicht in Interessenpolitik und deren Durchsetzung aufgehen. Es liegt in der reflexiven Struktur der wissenschaftsinduzierten Problemlagen,

die Positionierung und Relativierung *des eigenen Standpunkts im eigenen Interesse* vorzunehmen.[34]

Die Gleichzeitigkeit von Individualisierungs- und Globalisierungstendenzen im gesellschaftlichen Umgang mit den Problemen erzwingt eine Erweiterung der Kritikperspektiven im Hinblick auf ihre Interdependenz. Ein Standpunkt, der nicht Abweichungen und Gegenpositionen systematisch miteinzubeziehen vermag, verkennt die Situation und versperrt Lösungen. Es sind „Überlebensfragen", d.h. es handelt sich um Probleme, die sich weder technisch noch sozial begrenzen lassen und durch Veränderungen in der Struktur der objektivierten gesellschaftlichen Beziehungen hervorgerufen werden, deren wesentliches Merkmal in der Verselbständigung der wissenschaftlich-technischen Konstrukte besteht.

Ein absoluter Referenzpunkt, der Entscheidungen entweder wissenschaftlich oder gesellschaftlich begründen könnte, ist verloren gegangen. Im Fall der wissenschaftlich-technischen Bilder-Objekte sind Darstellung und Herstellung dasselbe, Tatsachen und Kausalität lassen sich in einer von sich selbst abhängigen Wissenschaft nicht trennen. Aber entscheidend ist, daß mit der Unsichtbarkeit[35] der zweiten Ebene der Repräsentation *jedes Außerhalb* negiert wird. Mit der paradoxen Konsequenz, daß sich beide Dimensionen von Gesellschaftlichkeit, die der Dynamik der naturwissenschaftlichen Entwicklungen inhärent sind, außerhalb derselben bemerkbar machen. Interessen und Vergesellschaftung treffen in den Konflikten zwischen Wissenschaft und Technik aufeinander. Aber erst in der Kritik wird der unsichtbare Zusammenhang von bildloser Abbildung und konstruierter Wirklichkeit, der die abstrakte Repräsentation der Naturwissenschaften mit der Praxis der Naturbeherrschung verbindet, wieder hergestellt.

In den Prozessen, die die Politisierung der Natur vorantreiben, ist es die Aufgabe der Kritik, Konstruiertheit in Historizität zu überführen und in der wissenschaftlichen Vermischung von Kultur und Natur die Vermittlungen des gesellschaftlichen Naturverhältnisses aufzuzeigen. Die Rekonstruktion dieser Vermittlungsbewegungen zwischen Objektivität und Subjektivität, des Gewordenseins von Differenzen, ermöglicht eine Form der Erkenntnis, die sich in Bezug stellt zur anderen und gegensätzlichen Sicht der Dinge, indem sie die eigenen Grundlagen[36] ebenso wie die der anderen ernstnimmt. Ausgangspunkt von Kritik ist die Unterschiedlichkeit der Interessen und Standpunkte, daher ein Verständnis von Wahrheit, Natur und Wirklichkeit als umstrittene, historische und kontextuelle Kategorien. Dies steht in einer Spannung zu ihrem Bezugspunkt, einer Universalisierung von Asymmetrie in der fortschreitenden Technologisierung von Objektivität, die zur Überschreitung partikularer Perspektiven nötigt, wenn es um Entscheidungen über Wahrheit, Natur und Wirklichkeit geht. Eine Sicht der Dinge für das Ganze zu setzen, ist nicht dasselbe wie eine Sicht auf das Ganze. In diesem Unterschied liegt die bewegliche Spannung zwischen einem situiertem Wissen und einer Vernunft begründet, die auf ein Verständnis dessen gerichtet ist, was außerhalb ihrer Kreise vor sich geht. Der Stand der Dinge ist in Bewegung; in sich trägt er die Spuren von denjenigen Möglichkeiten einer Natur außerhalb von Repräsentationen und Konstruktionen, die einem fantasievollen Denken aber nicht unbedingt unvorstellbar bleiben müssen.

Anmerkungen

1 Ich möchte an dieser Stelle insbesondere meinen Freunden Birgit Kanngießer, Regine Reichwein und Skúli Sigurdsson danken, mit denen ich in vielen Gesprächen meine Begeisterung für abstrakte Gedankenwelten ebenso teilen konnte wie die wissenschaftliche und politische Überzeugung, daß sie die Möglichkeiten in unserer Wirklichkeit maßgeblich beeinflussen. Was uns vor die Notwendigkeit stellt, damit entsprechend bewußt umzugehen.

2 Für eine ausführlichere Darstellung siehe: Scheich (1997).

3 Diese Fragestellung verdankt viel der Arbeit von Alfred Sohn-Rethel (1978), zur Diskussion darüber siehe: Scheich (1993).

4 Zu einer Explikation des Begriffs siehe: Scheich (1993).

5 Aus einem meiner Physikbücher.

6 Eine Messung im mikrophysikalischen Bereich veränderte den Bewegungszustand des Untersuchungsobjekts, so daß nur eine der jeweils komplementär auftretenden Zustandsgrößen, z.B. Ort oder Impuls, experimentell feststellbar war und damit auch keine ausreichenden Informationen über vorhergehende Zustände zu erhalten waren.

7 Nicht alle nahmen diese „paradiesische“ Freiheit mit Begeisterung an (Mehrtens 1990).

8 Von verschiedenen Arbeiten ist Kurt Gödels Unvollständigkeitsbeweis von 1931 der bekannteste.

9 Hierbei handelt es sich um ein menschliches Modell, ich werde im nächsten Abschnitt darauf zurückkommen.

10 Selbstverständlich ist dies nur ein Ausschnitt der Möglichkeiten des Computers, aber diesen möchte ich in den folgenden Überlegungen besonders hervorheben.

11 Mit der Wiederentdeckung der Mendelschen Regeln hatten sich Widersprüche zur Evolutionstheorie ergeben, denn nun war die Konstanz von Merkmalen zu verfolgen, nicht aber ihre Veränderung. Eine Erklärung dafür zeichnete sich erst später in der Mutationsforschung und der Populargenetik ab, kurz vor der Wende zum molekularen Verständnis des Gens.

12 Hans-Jörg Rheinberger (1992) spricht von der Realisierung eines Modells im „Repräsentationsraum“ des „Experimentalsystems“.

13 Zu diesem Schluß kommen sowohl Rheinberger (1992) als auch Keller (1996).

14 Hier orientierte man sich am Organismus und zwar an Vorstellungen davon, die in der Biologie als überwunden galten. In welchen Schritten sich die neuen Wissenschaften, Informatik, Systemanalyse und die Biologie aufeinanderzubewegten, hat Evelyn Fox Keller in einem Aufsatz mit dem Titel: *Der Organismus: Verschwinden, Wiederentdeckung und Transformation einer biologischen Kategorie* nachgezeichnet.

15 Diesen Aspekt betont Keller (1996) besonders.

16 Diese sind nach wie vor in den Naturwissenschaften von Bedeutung, vorbei ist aber ihre paradigmatische Rolle für erkenntistheoretische Einstellungen in den Naturwissenschaften.

17 Sicher nicht zufällig steht bisher jede Zurücknahme von erkenntnistheoretischen Einsichten über die Konstruiertheit der Wissenschaftsobjekte und die Art ihrer Darstellung im praktischen Zusammenhang mit Politik, vom Funktionieren der Atombombe bis zur Steuerung der komplexen Verteidigungssysteme. In einer erkenntnistheoretischen Absicht ist dies kaum je systematisch untersucht worden.

18 Denn dies ist der Fall, trotz des Selbstverständnisses von Physikern und Mathematikern, im Alltagsgeschäft von Wissenschaftsproduktion.

19 Ich verwende im folgenden die Begriffe nahezu austauschbar: Wissenschaft, wenn der erkenntnistheoretische Aspekt betont werden soll, und von Technik spreche ich, wenn der gesellschaftliche Aspekt im Vordergrund steht. Zu denken ist immer beides.

20 So etwa Paul Virilio (1995) mit seiner Vorstellung von „Substitution“ des Materiellen durch „virtual reality“. Eine andere Form der Verabschiedung von der Wirklichkeit findet sich in der soziologischen Systemtheorie.

21 Und in gewisser Weise sogar ihre Richtigkeit, wie jede Ideologie.

22 Bei Haraway ist politische Verantwortung gemeint. Aber wodurch übersteigt diese eine nur individuelle Überzeugung?

23 *Menschen in einem Zwangszusammenhang*, Heintz (1993, S. 252).

24 Dem Turing-Test zur Vergleichbarkeit im Verhalten von Mensch und Maschine ging ein Experiment zur Geschlechterdifferenz voraus. Das Rätselspiel, in dem es darum ging, aus den Antworten das Geschlecht einer Person zu bestimmen, ist überhaupt nur sinnvoll, wenn man die Grundannahme teilt: „Geschlechtsspezifisches Verhalten ist kein biologischer Zwang, sondern kann von physiologisch unterschiedlichen Körpern dargestellt werden“ (vgl.: Heintz 1993, S.265).

25 Rationalisierung und Modernisierung sind vor allem in Deutschland von der Thematisierung des Verlustes begleitet. Die Re-Naturalisierung von Traditionen durch die „Gegenmoderne“ bezeichnet Ulrich Beck als „Entsorgung der Unsicherheit“.

26 Dazu ausführlicher: Scheich 1993.

27 Einen guten Überblick über die verschiedenen sozialwissenschaftlichen Technikbegriffe gibt: Heintz 1993.

28 Schaffer (1991) weist am Beispiel von Latours Arbeiten zu Pasteur darauf hin, daß dies innerhalb der Wissenschaftsforschung mit einer Ausblendung von Kon-

troversen einhergehen und eine höchst asymmetrische Betrachtungsweise zur Folge haben kann.

29 Latour (1995) beschreibt, wie der begriffliche Gegensatz von Natur und Kultur zum einen die Entwicklung der Naturwissenschaften ermöglicht und zum anderen deren Vermischung in den Produktionen undenkbar macht. Ein wissenschaftliches Vorhaben der Sichtbarmachung des Unsichtbaren berührt immer auch das gesellschaftliche Unbewußte, das wie Erdheim (1984) zeigt, Spuren von Herrschaft in sich trägt.

30 Ich beziehe mich hier im wesentlichen auf Latour (1995). Haraways Position ist ähnlich, als Feministin aber bezieht sie die politischen Dimensionen und die Frage nach sozialer Ungleichheit mit ein.

31 Zur Nähe von Benjamins Geschichtsverständnis, den ich hier zitiere, zu demjenigen Derridas, auf den sich Rheinberger bezieht, siehe: Weigel (1995).

32 Der fehlende Schritt in den Theorien zur reflexiven Modernisierung, ebenso die Lücke in der Wissenschaftforschung, („male-stream" wie Haraway (1996) das ausdrückt) hat deshalb nicht zufällig etwas mit der Ausblendung des Geschlechterverhältnisses zu tun.

33 „Denn es ist ein unwiederbringliches Bild der Vergangenheit, das mit jeder Gegenwart zu verschwinden droht, die sich nicht als in ihm gemeint erkannte" (Benjamin 1977, S.253).

34 Eines von vielen Beispielen dazu: Wohin soll die Mülldeponie?

35 Zum Zusammenhang zwischen dem Unsichtbaren der Wissenschaft, dem Unbewußten der Gesellschaft und dem Geschlechterverhältnis siehe: Scheich 1993.

36 D.h. im Kontext der abendländischen Wissenschaften (dieses Mal sind die Sozialwissenschaften ausdrücklich mitgemeint) die Aufklärung.

Literatur

Adorno, Theodor W. (1993): Einleitung. In: Adorno, Theodor W. / Albert, Hans / Dahrendorf, Ralf / Habermas, Jürgen / Pilot, Harald / Popper, Karl R.: Der Positivismusstreit in der deutschen Soziologie. München

Beck, Ulrich / Giddens, Anthony / Lash, Scott (1996): Reflexive Modernisierung. Eine Kontroverse. Frankfurt

Becker-Schmidt, Regina (1985): Probleme einer feministischen Theorie und Empirie in den Sozialwissenschaften. In: Feministische Studien, Nr. 2, S.93-104

Benjamin, Walter (1977): Über den Begriff der Geschichte. In: Illuminationen. Ausgewählte Schriften. Frankfurt a.M., S.251-261

Daston, Lorraine / Galison, Peter (1992): The Image of Objectivity. In: Representations, Nr. 40, S.81-128

– (1994): How Probabilities Came to Be Objective and Subjective. In: Historica Mathematica, Nr. 21, S.330-344

Eckert, Michael (1993): Die Atomphysiker. Eine Geschichte der theoretischen Physik am Beispiel der Sommerfeldschule. Braunschweig/Wiesbaden

Erdheim, Mario (1984): Die gesellschaftliche Produktion von Unbewußtheit. Eine Einführung in den ethnopsychoanalytischen Prozeß. Frankfurt a.M.

Fox-Keller, Evelyn (1986): Liebe, Macht und Erkenntnis. Männliche oder weibliche Wissenschaft? München/Wien

– (1996): Der Organismus: Verschwinden, Wiederentdeckung und Transformation einer biologischen Kategorie. In: Scheich, Elvira (Hrsg.): Vermittelte Weiblichkeit. Feministische Wissenschafts- und Gesellschaftstheorie. Hamburg, S.315-337

Haraway, Donna (1989): Primate Visions. Gender, Race and Nature in the World of Modern Science. New York

– (1996): Situiertes Wissen. Die Wissenschaftsfrage im Feminismus und das Privileg einer partialen Perspektive. In: Scheich, Elvira (Hrsg.): Vermittelte Weiblichkeit. Feministische Wissenschafts- und Gesellschaftstheorie. Hamburg, S.219-250

– (1996): Anspruchsloser Zeuge. Zweites Jahrtausend. FrauMann trifft OncoMouse. In: Scheich, Elvira (Hrsg.): Vermittelte Weiblichkeit. Feministische Wissenschafts-und Gesellschaftstheorie. Hamburg, S.351-393

Heintz, Bettina (1993): Die Herrschaft der Regel. Zur Grundlagengeschichte des Computers. Frankfurt/New York

Honegger, Claudia (1991): Die Ordnung der Geschlechter. Die Wissenschaft vom Menschen und das Weib. Frankfurt

Krohn, Wolfgang/Küppers, Günter (1989): Die Selbstorganisation der Wissenschaft. Frankfurt a.M.

Latour, Bruno (1995): Wir sind nie modern gewesen. Versuch einer symmetrischen Anthropologie. Berlin

Mannheim, Karl (1980): Strukturen des Denkens. Frankfurt

Mehrtens, Herbert (1990): Moderne Sprache Mathematik. Eine Geschichte des Streits um die Grundlagen der Disziplin und des Subjekts formaler Systeme. Frankfurt

Rheinberger, Hans-Jörg (1992): Experiment, Differenz, Schrift. Zur Geschichte epistemischer Dinge. Marburg

Schaffer, Simon (1991): The Eighteenth Brumaire of Bruno Latour. In: Stud. Hist. Phil. Sci., Vol. 22, No. 1, S.174-192

Scheich, Elvira (1985): Was hält die Welt in Schwung? Feministische Ergänzungen zur Geschichte der Impetustheorie. In: Feministische Studien, Heft 1, S.10-32

– (1987): Frauen-Sicht. Zur politischen Theorie der Technik. In: Beer, Ursula (Hrsg.): Klasse Geschlecht. Feministische Gesellschaftsanalyse und Wissenschaftskritik. Bielefeld, S.116-141

– (1993): Naturbeherrschung und Weiblichkeit. Denkformen und Phantasmen der modernen Naturwissenschaften. Pfaffenweiler

– (1997): Wahrheit, Natur, Wirklichkeit. Eine historische Skizze zur Moralisierung und Mechanisierung von Objektivität. In: Winterfeld, Uta von (Hrsg.): Vom Zwischenruf zum Kontrapunkt. Wuppertal

Schultz, Irmgard (1994): Der erregende Mythos vom Geld. Die neue Verbindung von Zeit, Geld und Geschlecht im Ökologiezeitalter. Frankfurt/New York

– (1996): Feministische Analyse als Übersetzungsarbeit? Eine Auseinandersetzung mit zwei zentralen Ansprüchen kritischer Gesellschaftstheorie im Ökologiezeitalter. In: Scheich, Elvira (Hrsg.): Vermittelte Weiblichkeit. Feministische Wissenschafts- und Gesellschaftstheorie. Hamburg, S.183-214

Shapin, Steven / Schaffer, Simon (1989): Leviathan and the Air-Pump. Hobbes, Boyle and the Experimental Life. Oxford

Shapin, Steven (1994): A Social History of Truth. Civility and Science in Seventeenth Century England. Chicago/London

Sohn-Rethel, Alfred (1978): Warenform und Denkform. Frankfurt a.M.

Virilio, Paul / Wilson, Louise (1995): Gott, Medien, Cyberspace. In: Lettre International, Nr. 30, S.38-39

Weigel, Sigrid (1995): Flaschenpost und Postkarte. Korrespondenzen zwischen ‚Kritischer Theorie' und Poststrukturalismus. Köln/Weimar/Wien

Martina Hammel

Zu Feminismus und Softwareentwicklung – Theorie und Praxis

Die Softwareentwicklung, das Gebiet der Informatik, welches mit seinen Produkten in gesellschaftliche und soziale Praxis eingreift, unterliegt innerhalb der eigenen Disziplin Informatik heftigen Diskussionen. So werden technikorientierte Entwicklungsmethoden, die sich aus Ingenieurs- und Konstruktionswissenschaften gebildet haben, als zu kurzsichtig kritisiert, eine stärkere Berücksichtigung des Sozialen und im Zusammenhang mit der Verbesserung der Qualität von Produkten andere Methoden gefordert. Die Diskussionen werden unter unterschiedlichen Leitvorstellungen geführt. Die beiden konträrsten – die Diskussion um die Qualität der Informatik und die Diskussion um die gesellschaftliche Verantwortung der Informatik – lassen sich nicht exakt gegeneinander abgrenzen.
Bezogen auf die Frage der Verantwortung werden an Informatikerinnen nicht selten Fragen gestellt, inwieweit sie durch ihr Geschlecht dazu prädestiniert seien, die verantwortungsvolleren und besseren Softwareentwicklerinnen zu sein. Setze ich dies in den Zusammenhang zu von mir und anderen Frauen favorisierten Konzepten der Softwareentwicklung, die ich unter dem Ziel betrachte, ob sie im Interesse von Benutzerinnen Handlungsmöglichkeiten eröffnen können, sehe ich mich in einem Dilemma. Wie verwehre ich mich dagegen, als Informatikerin auf eine wie auch immer geartete „Weiblichkeit“ reduziert zu werden, und verfolge gleichermaßen das Ziel, der Diskriminierung von Frauen/Benutzerinnen entgegenzuwirken, die in weiten Teilen als Verliererinnen der Informatisierung der Gesellschaft gelten, ohne diese wiederum zu stigmatisieren?

UnDISZIPLINierte Softwareentwicklung?[1]

Neuere Konzepte der Softwareentwicklung richten sich, gesehen aus einer Binnenperspektive der Informatik, an methodischen Überlegungen aus, die Komplexität von Software und die Qualität der Produkte in den Griff zu bekommen. Woher kommt nun die verstärkte Diskussion zu den Methoden der Softwareentwicklung? Den Beginn der Diskussion bildet die im Jahre 1968 zur Behebung der „Softwarekrise" einberufene „Working Conference on Software Engineering" der NATO in Garmisch. Ausgangspunkt der Konferenz war die Unzufriedenheit mit dem Stand der Technik. Daß Softwareprodukte nicht das Qualitätsniveau anderer technischer Produkte erreichen, wird auch heute noch konstatiert. Noch kürzlich wurde in einer US-Studie festgestellt, daß zwar eine breite Frustration über fehlgeschlagene Entwicklungsansätze wächst, aber dennoch keine Konsequenzen gezogen werden. Fazit dieser US- Studie: In den USA werden jährlich Softwareprojekte im Wert von 81 Milliarden Dollar in den Sand gesetzt (Computerzeitung 29.6.1995).

Als Ansätze des Software Engineering zur Behebung der „Softwarekrise" gelten im allgemeinen formale Methoden zur Systementwicklung, Methoden zur Prototypenentwicklung, Qualitätssicherung und Testing, aber auch kooperative und partizipative Systemgestaltung. Das Software Engineering mit seinen formalen Methoden hat lediglich einen Teil der festgestellten Probleme aufgegriffen. Seit dem Erkennen der „Softwarekrise" wurden zwar wesentliche Lösungsvorschläge erarbeitet, die allerdings meist nur auf formalisierte Problemstellungen passen.

Software kann grundsätzlich in drei Kategorien unterschieden werden: kontextfreie Software (z.B. mathematische Programme), technisch eingebettete Software (z.B. Steuerungen, die kaum Anforderungen an die Benutzungsschnittstelle erheben) und sozial eingebettete Software (deren Benutzungsschnittstelle eine hohe Wertigkeit zukommt). Entsprechend dieser Klassifikationen kommt es zu Prioritätsverschiebungen bei geforderten Qualitätsmerkmalen (Floyd 1994a, S.31). Diese letzte Kategorie stellt die am wenigsten formalisierbare Problemstellung dar.

„Klassisches" Software Engineering, so C. Floyd, verfolgt in einer an tayloristische Vorstellungen angelehnten Produktionssicht von Software eine Idealisierung unabhängig von sozialer Einbettung. Diese Sicht greift bei sozial eingebetteter Software zu kurz. Gefordert wird ein Sichtwechsel in der Informatik von der Ingenieurssicht hin zur Design-Sicht. Einige hier wichtige Merkmale der Design-Sicht sind:

- die Berücksichtigung des Kontextes als Qualitätsmaßstab,
- die Anforderung, daß die Produkte menschliches Arbeitshandeln unterstützen und nach ihrer Eignung beurteilt werden,
- ebenso daß die Perspektivität der Entwicklerinnen und Entwickler auf den Erstellungskontext nicht geleugnet wird und weitere Perspektiven, vornehmlich arbeitsorganisatorische Sichtweisen, berücksichtigt werden,
- sowie die Notwendigkeit, daß der Entwicklungsprozeß des Produktes in einem partizipativen Prozeß mit gegenseitigen Lernerfahrungen und zyklischem Verlauf stattfindet (Floyd 1994a, S.32 ff.).

Viele in diesen Zusammenhang einzuordnende Ansätze, die eine Reflexion der sozialen Auswirkungen mit in die Methodik aufgenommen haben, wurden von Frauen entwickelt. Aufzuzählen sind hier Projekte und Methoden wie z.B. ETHICS[2] von Enid Mumford 1979, STEPS[3] von Christiane Floyd 1987, PEtS[4] von Fanny Michaela Reisin, UTOPIA von Susanne Bødker 1986 oder IMPACT[5] von Margrit Falck 1989. Allen diesen Projekten und Methoden ist gemeinsam, daß sie die Beteiligung der Benutzerinnen und Benutzer in Zusammenarbeit mit der Entwicklungsseite für eine sozial akzeptierbare Software als wichtig erachten. Weitere Gemeinsamkeiten der Ansätze sind das anthropozentrische Konzept und die Betonung der Notwendigkeit, Methoden aus anderen Disziplinen der Gesellschafts- und Humanwissenschaften in die Methodik der Softwareentwicklung zu integrieren (Falck 1995, S.126). Bedeutet dies nun, daß sich hier eine weibliche Sichtweise auf Softwareentwicklung zeigt? Ich behaupte, wie auch einige der erwähnten Informatikerinnen (Floyd 1994b; Falck 1989), daß es sich hier um eine für die Softwareentwicklung wichtige – und nicht weibliche – Sichtweise handelt. Bekanntermaßen wird diese Perspektive nicht allein von Frauen vertreten.

Konstruktion der Informatikerin

Informatikerinnen sind nicht qua Geschlecht auf bestimmte Neigungen zu reduzieren. Wenn sich Ähnlichkeiten unter Informatikerinnen im Vergleich zu Männern ergeben, eher Neigungen zu anwendungsorientierten oder theoretischen Anteilen der Informatik festgestellt werden, sagen diese ebensowenig aus, wie die Statistiken und nachweisbare Präferenz von Frauen für bestimmte Berufe oder Bereiche (Friseurin, Lehrerin, Soziale Berufe ...). Hier gilt ebenso, daß die Gefahr besteht, Mechanismen auszublenden, die ein Abdrängen von Informatikerinnen in angeblich frauentypische Fachgebiete der Informatik erzwingen. Es hat sich in Modellversuchen zur Integration von

Frauen in technisch-gewerbliche Berufe gezeigt, daß das Spektrum der beruflichen Interessen von Frauen breiter ist, als angenommen.

„Das deutliche Auseinanderklaffen von Berufswunsch und -wahl bei Frauen in den Frauenberufen muß vor dem Hintergrund gedeutet werden, daß das vorhandene Arbeitsplatzangebot auch die Entwicklung von beruflichen Interessen steuert." (Teubner 1993, S.271)

Diese Berufe oder Bereiche werden allerdings mit stigmatisierenden Zuordnungen für Frauen versehen, wo z.B. soziale Kompetenzen besonders hervorgehoben und „andere" aberkannt werden. Insofern erscheint es mir nicht als Widerspruch, daß mehr Frauen im Verhältnis zu Männern sich mit anwendungsorientierter, sozial gestaltbarer Informatik oder Theorie der Informatik beschäftigen. Vielleicht sind dies Frauen zuerkannte Bereiche; vielleicht ist es lediglich das, was wir uns immer wieder vor Augen führen wollen.
Wir denken in Kategorien, zweifellos. Zur Verdeutlichung will ich eine Begebenheit aus der Kindergruppe meiner Tochter wiedergeben. Neuerdings gibt es in der Kindergruppe zwei Hasen, Erich und Ludmilla. Erich erkundet das neue Terrain, Ludmilla sitzt im Rückzugsbereich, in einem kleinen Holzhäuschen. Die erste Interpretation der Erzieherin, die auch bereitwillig von den Kindern aufgenommen wird, ist, daß Erich – typisch Mann – sich mutig und vorwitzig den Raum erobert, während Ludmilla – typisch Frau – vorsichtig abwartet und sich nicht traut. Eine Mutter ist irritiert, als zwei der Jungen ihr einige Tage später stolz vom Verhalten ihres häsischen Geschlechtsgenossen erzählen. Sie bietet eine andere Erklärung an. Ludmilla ist die Mutter von Erich, entsprechend also älter, reicher an Erfahrung. Insofern verhält sich Ludmilla clever, da sie abwartet und Erich, jung und unerfahren wie er ist, probiert aus, bis er eines Besseren belehrt wird. Nicht daß nun dies keine oder eine bessere Kategorisierung wäre, aber es ist eine völlig andere, die von der Geschlechterdifferenz wegführt.
Durch unsere dauerhafte Auseinandersetzung als Frauen oder auch mit den Frauen in technisch-naturwissenschaftlichen Bereichen, auch der Informatik, scheinen wir vornehmlich mit dem Blick auf die Geschlechterdifferenz Erklärungen finden zu wollen. Irritierend ist, daß längst Widersprüche aufgetreten sind, wo Frauen nicht in das typisierte Bild passen wollen und können. Anhand von Forschungsergebnissen der vergangenen Jahre können immer weniger Geschlechterdifferenzen als gesichert festgestellt werden. Selbst unsere Alltagssicht auf Geschlecht ist, bei Licht betrachtet, eher geprägt von Überschneidungen. Verinnerlicht aber haben wir eine dichotome Optik, mit der wir in binären, geschlechtlichen Kategorien denken (Heintz 1994, S.51).

Eine dualistische Zuordnung ist nicht möglich. An den Ambivalenzerfahrungen von Naturwissenschaftlerinnen und Technikerinnen, so Ina Wagner, zeigt sich, daß sie im Verlauf von Studium und Beruf neben Ausgrenzung ebenfalls ihre fachliche Kompetenz und durchaus intellektuelles Vergnügen wahrnehmen. Theorien, die versuchen, das „Weibliche" zu erfassen, werden zur ideologischen Konstruktion, verharren bei den Dualismen und haben zur Folge, daß sich die involvierten Frauen nicht wiedererkennen (Wagner 1992, S.151). Hier stellt sich die Frage, inwieweit den Frauen in Naturwissenschaft und Technik die Rolle als Heilsbringerinnen für den Wandel zugeschoben werden soll.

Daß es Frauen/Informatikerinnen gibt, die von explizit „unweiblichen" Anteilen der Informatik wie Hardware, Rechnerarchitektur oder Programmieren durchaus fasziniert sind, sowie Frauen, die sich um die Verantwortung der Informatik nicht scheren, wird viel zu häufig übersehen. Vielmehr werden vornehmlich mit dem Blick durch die Brille der Zweigeschlechtlichkeit, Neigungen und Handlungen von Frauen und Männern betrachtet, um jene dann stereotyp im bekannten hierarchisch strukturierten Muster einzuordnen. Wir verwechseln real vorfindbare polare Unterschiede mit dem erfolgreichen Ergebnis von Herrschaft (Thürmer-Rohr 1995, S.90). In diesem Sinne wäre mehr auf die Ausdifferenzierung der Lebenssituationen, Neigungen und Handlungen von Frauen – also auch Informatikerinnen – zu achten. Denn wenn eine tatsächliche Einheit „Frauen" akzeptiert wird und sich diese von einer anderen Einheit „Männer" wirklich unterscheiden soll, „dann wird das Konstrukt mit feministischer Hilfe immer wieder neu erzeugt, dramatisiert, belebt" (Thürmer-Rohr 1995, S.90).

Diese Überlegungen haben nicht nur eine Bedeutung für die Identitätsdiskussion von Informatikerinnen, sie spielen eine ebenso große Rolle bei der Zielsetzung von partizipativen Softwareentwicklungsprojekten, wenn es darum geht, der realen Diskriminierung von Frauen in Gesellschaft und Arbeitsverhältnissen entgegen zu wirken.

Spiegelungen – Softwareentwicklung und Arbeitsorganisation

In meinen Überlegungen gehe ich davon aus, daß Technologieentwicklung – also auch Softwareentwicklung – schon immer unter bestimmten Kriterien und Perspektiven gestaltet wurde. In den Prozeß von Technologieentwicklung, hier bei sozial eingebetteter Technologie und damit Arbeitsgestaltung,

gehen immer unterschiedliche soziale, ökonomische und politische Interessen und Bedingungen ein. So entsteht Software schon immer in einem sozialen Prozeß und ist nicht nur technisches Artefakt. In das Produkt fließen unterschiedliche Interessen ein; einige mehr – andere weniger – manche gar nicht. Im Zuge eines Gestaltungsprozesses, angefangen bei der Technologieentwicklung bis hin zur Bewertung der sogenannten Technikfolgen werden die Gestaltungsspielräume insgesamt enger (Aulenbacher 1993, S.19ff.).
Im Hinblick auf den Zusammenhang von Softwareentwicklung und Arbeitsorganisation sind zwei Sichten zu kennzeichnen. Die eine Sicht, innerhalb der Verantwortungsdiskussion von Informatikerinnen und Informatikern stärker vertreten, besagt, daß die Softwareentwicklung Arbeitsgestaltung mit sich bringt. Die andere, eher sozialwissenschaftliche Sicht, besagt, daß Technologieentwicklung und -einsatz, also auch Softwareentwicklung, entsprechend der Arbeitsgestaltung und Arbeitsorganisation geformt sind.
Tatsächlich wird weithin festgestellt, daß Softwareprodukte häufig an den arbeitsorganisatorischen Erfordernissen vorbei entwickelt werden. Im Zusammenhang mit der Perspektivität der Entwicklerinnen und Entwickler, die ihre eigene Sicht auf den abzubildenden Prozeß und damit auch auf Arbeitsorganisation mit in das Produkt einfließen lassen, ergeben sich ungewollte Veränderungen von Arbeitsorganisation oder Kommunikationsformen. Zusätzliche Veränderungen entstehen durch offensichtliche Fehler. Das mittlerweile nicht mehr neue DV-System der Deutschen Bahn AG für Auskunft und Buchung macht mir dies bei jedem Fahrkartenkauf deutlich. Wer per Kreditkarte bezahlen will, muß dies ansagen, bevor sie oder er die Fahrkarte bestellt. Warum? Weil die Software eine spätere Abrechnung per Kreditkarte nicht mehr ermöglicht; Barzahlung ist angesagt. Dieses Problem wurde nicht behoben, statt dessen wurde der Kommunikationsvorgang verändert. An jedem Fahrkartenschalter steht ein Schild, mit der entsprechenden Aufforderung.
Aus diesen Gründen gibt es mittlerweile eine gewisse Akzeptanz partizipativer und kooperativer Ansätze der Softwareentwicklung unter wirtschaftlichen Gesichtspunkten. Die mangelnde Akzeptanz bei den Betroffenen sowie die Tatsache, daß Produkte nicht selten an den arbeitsorganisatorischen Erfordernissen vorbei entwickelt werden und sich somit leider ineffiziente „Mensch-Maschine-Paare“ bilden, erklärt das Interesse. Wenn allerdings mit partizipativen Entwicklungsmethoden die Interessen und Ziele aus der Arbeitsorganisation in einem kooperativen Prozeß mit der Softwarentwicklungsseite ausgehandelt werden, zeigt sich die sozialwissenschaftliche Sicht der Rahmenbedingungen von Technologieentwicklung deutlicher – womit sich ein weiteres Problemfeld erschließt. Da Technologie und Arbeit im Rahmen herrschender

Normen und Vorstellungen gestaltet werden, erfolgt hier die Restrukturierung der Geschlechterhierarchie mit technischen Mitteln. Geschlechterhierarchie ist eine Eingangsgröße, die in den Gestaltungsprozeß einfließt. Gleichermaßen kann Technologie die Geschlechterhierarchie, z.B. die geschlechtshierarchische Arbeitsteilung, reorganisieren oder transformieren. In und mit Technologieentwicklung als einem sozialen Prozeß gesellschaftlicher Rationalisierung wird auch das Geschlechterverhältnis reorganisiert (Aulenbacher 1993, S.38ff.). Insofern fließt auch in ein kooperatives und partizipatives Verfahren Geschlechterpolitik ein. Wird der Gestaltungskorridor im Verlauf des Technologieentwicklungsprozesses immer enger, bedeutet dies, daß möglichst früh Handlungsspielräume wahrgenommen werden müssen, um auf Organisation und Arbeit im Interesse von Frauen einzuwirken.

Für die Informatik bedeutet dies, wie Ina Wagner fordert, daß auch implizite kulturelle Normen reflektiert werden müssen. Jene Normen, die mit der Praxis der Informatik vermittelt werden, sind z.B. Vorstellungen von „guter" Organisation und Hierarchisierung von Wissen. Auch Informatikerinnen und Informatiker leben in einer professionellen Befangenheit, die sich auch an gelebten Formen von Leistung und Disziplinierung orientiert. Notwendigerweise entstehen hier Konflikte, wenn die impliziten Normen sich an einer Identifizierung zur Durchsetzung von Interessen der Benutzerinnen und Benutzer brechen. Um Interessen der Betroffenen erkennen und vertreten zu können, müssen praktische Auseinandersetzungen mit der Arbeitsrealität einer Organisation stattfinden. Weiter müssen Informatikerinnen und Informatiker erkennen, daß sie lediglich eine begrenzte Kontrolle über die Definition von Lösungen haben. Auch sie arbeiten in einem Gefüge, das ihnen nur einen begrenzten Zugang zu Wissen und Macht zur Verfügung stellt. Ihre Arbeitsrealität ist ebenfalls fremddefinierten Kriterien und Beurteilungen unterworfen. Einschränkungen von Kontrolle ergeben sich auch dadurch, daß ein großer Teil der Aushandlungsarbeit innerhalb der Arbeitsorganisation erst nach der Implementierung des Systems stattfindet. Eine Reflexion des eigenen Standorts innerhalb der beruflichen Situation bedeutet somit auch eine Relativierung gegenüber den Hoffnungen, die in partizipative Methoden zu Softwareentwicklung gesetzt werden (Wagner 1990, S.294).

Gleichermaßen ist davon auszugehen, daß sich durch Einschränkungen zu Beginn der Entwicklung die Gestaltungsoptionen nach der Implementierung des Systems vermindern. Das bedeutet, daß bei der Gestaltung von Arbeit und Technologie im Interesse der Frauen eine Anerkennung „begrenzter Kontrolle" von seiten der Informatik erforderlich ist ebenso wie eine Weitsicht, welche Entwurfsentscheidungen von Beginn der Entwicklung an mögliche Einschränkungen für spätere Aushandlungsprozesse von Arbeitsgestaltung und Arbeitsorganisation bedeuten. Dies bezieht sich nicht allein auf eine technische Entwicklung, sondern umschließt genauso Schulungskonzeptionen und die Bereitschaft zu Veränderungen. Nur dann kann verhindert werden, daß organisatorisch unerwünschte Strukturen in die Technik eingegossen werden, daß der Spielraum für Veränderungen von Organisation eingegrenzt wird.

„Die Informatik muß methodische Konzepte zur Verfügung stellen, die eine größtmögliche Offenheit technischer Systeme für unvorhersehbare Veränderungen von Situationen, Bedürfnissen und Kräfteverhältnissen enthalten." (Schelhowe 1992, S.44)

Als Bild habe ich vor Augen, wie sich eine konstruierte Geschlechterdifferenz in zwei sich gegenüberstehenden Spiegeln, den Softwaresystemen und der Arbeitsorganisation, ins Unendliche widerspiegelt. Dies drückt für mich sowohl die Verwirrung aus, wo denn der Ansatzpunkt für die Veränderung liegen könnte, als auch die Problematik der Analyse. In beiden Aushandlungsprozessen, bei einer partizipativen Softwareentwicklung wie auch bei der Aushandlung von arbeitsorganisatorischen Bedingungen im Interesse von Frauen, können die herrschenden Kräfte zwar deutlich gemacht werden, Ansatzpunkte müssen aber nach wie vor in einem konflikthaften Prozeß oder in subversivem Agieren innerhalb des Machtgefüges gefunden werden.

Technikzentriertes Vorgehen ermöglicht nicht, die geschlechtshierarchischen Verhältnisse zu thematisieren und damit Ansätze für Veränderungen zu entwickeln. Partizipative Ansätze finden daher eine große Zustimmung innerhalb der feministischen Technologiekritik von Informatikerinnen. Software wird entsprechend unterschiedlicher Interessen gestaltet und ist gestaltbar – je nach Zielvorstellungen und den zur Verfügung stehenden Machtmitteln. Bei der Betrachtung von Software im arbeitsorganisatorischen Kontext besteht daher grundsätzlich die Möglichkeit, Diskriminierungen von Frauen im gesellschaftlichen Machtgefüge zu begegnen, wofür auch methodische Ansatzpunkte entwickelt wurden (Winker 1995). Eine Garantie, daß dieser Diskriminierung entgegengewirkt werden kann, bietet allerdings keine der Methoden oder Ansätze. Denn dazu müßten die Machtverhältnisse mehr berücksichtigt und stärker thematisiert werden, was viele partizipative Methoden in der Praxis nur begrenzt vorsehen.

Wenn es also um die Gestaltung von Arbeit und Technik im Interesse von Frauen geht, dann bedeuten partizipative und kooperative Methoden der Softwareentwicklung eine Chance, um der Benachteiligung von Frauen entgegenzuwirken. Im Gegensatz zu „klassischen" Entwicklungsverfahren besteht hier überhaupt eine Möglichkeit, daß die Interessen in den Entwicklungsprozeß einfließen, da dieser von vornherein als ein Aushandlungsprozeß zwischen

Entwicklungsseite und Anwendungsseite gesehen wird. Nicht zu vergessen ist, daß sich in diesem Zusammenhang zwei hierarchische Verhältnisse überlagern: die Hierarchie Entwicklung/Anwendung und die Hierarchie Mann/Frau.

Die Frage nach Methoden und Mechanismen

Feministische Methodenkritik in der Informatik setzt sich mit den der Informatik inhärenten Kriterien auseinander, die im Aushandlungsprozeß mit den arbeitsorganisatorischen Kriterien im Anwendungssystem Gestalt annehmen. Bezogen auf das Gebiet Wissensrepräsentation, einem Teilgebiet der „Künstlichen Intelligenz“, wurde von Susan Leigh Star (Star 1991) problematisiert, wie Wissen produziert, reproduziert, repräsentiert und schließlich, wie es in Informationssysteme eingebettet wird. Die Abstraktionsvorgänge erscheinen ruhig, sauber und lautlos – sind aber nicht kontextfrei und zeitlos, sondern sozial konstituiert. Der Abstraktionsprozeß wird als auf männlicher Erfahrung beruhend gewertet. Wenn beispielsweise innerhalb des Gebietes Wissensrepräsentation Wissen über Arbeit gespeichert werden soll, stellen sich folgende Fragen: Welche Arbeit wird repräsentiert? Wie formal kann oder soll sich Arbeit in der Repräsentation niederschlagen? Welche Rolle spielen der Hintergrund und die von Werten befreite Arbeit bei der Fabrikation von Wissen (Star 1991, S.82)?
Ausgehend von dieser feministischen Position hinterfragt Star den Formalisierungs- und Modellierungsprozeß der Wissensrepräsentation. Sichtbares und Unsichtbares beschreibt sie als dialektisch verbunden, wobei Arbeit die Verbindung darstellt. Als unsichtbar für rationalisierte, formale Modelle identifiziert sie Aushandlungsarbeit (articulation work). In rationalisierten Arbeitsmodellen können routinisierte Arbeitsvorgänge repräsentiert werden, die scheinbar keiner Aushandlungsarbeit bedürfen. Diese legen eine glatte, unproblematische Abfolge von Ereignissen als adäquate Sicht zugrunde und ignorieren damit lokale, einzigartige und unerwartete Lösungen für Probleme. Mit der formalen Repräsentation von Arbeitsmodellen im allgemeinen wird Aushandlungsarbeit unsichtbar gemacht und folglich übersehen. Die Vergegenständlichung eines bestimmten Lösungsweges im formalen Modell führt nun im Gegenzug dazu, daß in der konkreten Situation wiederum Aushandlungsarbeit notwendig ist, um die lokal angemessene Lösung zu finden. Diese neue, durch Konsistenzsuche zwischen rationalisiertem Lösungsweg und angemessener, lokaler Lösung notwendig gewordene Aushandlungsarbeit wird wiederum unsichtbare Arbeit.

Versuche, eine vollständige, konsistente und geschlossene Formalisierung eines Bereichs, unter Berücksichtigung unerwarteter Lösungen zu erreichen, erweisen sich als unmöglich. Der Formalisierungsprozeß ist beeinflußt von Akteurinnen und Akteuren, die selbst keinen Formalisierungsalgorithmus zur Hand haben, um ihre Aushandlungsarbeit bei der Modellierung zu beschreiben. In den Modellierungsprozeß eingehende Ziele, Wertungen und Entscheidungen bestimmen über die Existenz und Nichtexistenz der repräsentierten Arbeit im Modell und werden im sozialen Kontext gesetzt. Die Argumentation richtet sich gegen einen einseitig auf Rationalität und Formalisierung bezogenen Modellierungsprozeß, der den Bedingungen menschlicher Arbeit nicht gerecht werden kann. Die Unsichtbarkeit der Aushandlungsarbeit und die Unterschlagung unvorhersehbarer Bedingungen in Arbeitsprozessen werden in diesen Modellen nicht beachtet. Die Vielfalt von Bedeutungen, von Zusammenhängen und Gegenständen in unterschiedlichen Kontexten sind darin unterdrückt. Dies bezieht sich ausdrücklich nicht allein auf Frauen, sondern ebenso auf andere ausgegrenzte Personenkreise, die im formalen Modell einer geglätteten Abbildung außen vor bleiben und der Vergegenständlichung einer „Normalität" im formalen Modell gegenüberstehen. Dieser „Normalität" stehen ebenso Rollstuhlfahrerinnen und Rollstuhlfahrer gegenüber, Rassismus und Eurozentrismus bleiben unreflektiert (Star 1991, S.91).
Deutlich wird hierbei, daß nicht allein der Herrschaftsmechanismus „Mann-Frau" als gesellschaftliche Diskriminierung in die Technologieentwicklung einfließt. In diesem Sinne gilt es, eine viel allgemeinere Sicht auf Aushandlung zu ermöglichen, die mit einem Kriterium der „Antidiskriminierung" für sozialverträgliche Arbeitsorganisation benannt wurde (Küpper/ Kalewey/ Frerichs 1993, S.19). Mit diesem Kriterium wird gefordert, daß neben anderen Leitbildern wie humanzentriert und lernfördernd, Arbeit und Technik nicht diskriminierend (z.B. nach Geschlechterrollen) gestaltet wird.
Es zeigt sich aber auch, wie wichtig eine feministische Kritik der Informatik ist. Zwar sollte eine feministische Position zur Aufhebung der Geschlechterhierarchie darin bestehen, jede Konstruktion auf der Grundlage der Dualität zu verwerfen – als Hypothese und zum Öffnen des Blickes. Es bedeutet gleichermaßen nicht, daß Informatikerinnen kritische Fragestellungen gegenüber der Entwicklung des eigenen Faches aufgeben oder auf erkenntnistheoretische Fragen verzichten sollten. Es hieße lediglich, daß Fragen und Kritik nicht mit dem Etikett „weiblich" versehen werden. Als Hintergrund dafür ist es notwendig, sich Klarheit über die Funktionsweise der Geschlechterhierarchie in der Informatik zu verschaffen (Teubner 1993, S.277).

KULTur der Informatik

In der dekonstruktivistischen Debatte wird, so z.B. von Bettina Heintz, die Trennlinie zwischen Natur und Kultur problematisiert. Zwischen dem „natürlichen“ und sozialen Geschlecht läßt sich keine saubere Trennlinie finden, denn „was sich uns als natürliche Differenz präsentiert, ist Ergebnis einer kulturellen Vorleistung“ (Heintz 1995, S.50). Geschlechterdifferenz ist nicht naturhaft, die Grundannahmen der Zweigeschlechtlichkeit nicht weiter überprüft, beruhend auf einer kulturellen Alltagstheorie. Doch was sich für uns als eine objektive Tatsache darstellt, kann in einer anderen Kultur völlig fremd sein (Heintz 1995, S.51). In unserer Kultur geschieht dies innerhalb polarer Kategorien, in anderen Kulturen, die mehr als zwei Geschlechter kennen, wird die Kategorisierung primär an sozialen Merkmalen festgemacht.[6]

Die Problematisierung der „natürlichen Differenz“ ist die Auswirkung der Kritik an einem universalisierenden Geschlechterbegriff, der sich in den USA als ethnisch stark differenzierter Gesellschaft nicht aufrechterhalten ließ. Der „klassische Feminismus“ wird als spezifisch westliches und bürgerliches Phänomen gekennzeichnet. Öffnen wir unsere Sicht den Differenzen innerhalb eines Geschlechts, sehen wir die Heterogenität weiblicher Lebensgestaltung. Ein Standardmodell weiblicher Lebensgestaltung gibt es nicht. Weiter können wir erkennen, daß nicht in jeder Handlungssituation die Geschlechtszugehörigkeit eine primäre Rolle spielt. Diese Sicht bindet mehr Perspektiven ein, wie etwa Ethnie, Klasse – ohne universalisierend zu sein.

Hierbei vollzieht sich dieser Perspektivenwechsel in einer Theorie, deren Auswirkungen auf Alltagsleben und gesellschaftliche Praxis wahrscheinlich sehr gering sein werden. Die „natürliche“ Differenz ist uns eine Selbstverständlichkeit, die das Handeln praktisch leitet. Zudem wird sie immer wieder zur Plausibilisierung der Herrschaft herangezogen. Zu erkennen bliebe, daß es sich um eine gesellschaftliche Realität handelt, nicht um eine „natürliche“ Realität. Die gelungene Konstruktion der Geschlechterhierarchie steht im Zentrum. Zentral sind die real vorfindbaren Unterschiede, die sich allerdings für Frauen ebenfalls ausdifferenzieren. Für eine Umsetzung in der Softwareentwicklungspraxis bedeutet dies, daß die geschlechtshierarchische Arbeitsteilung zum Thema gemacht werden muß, allerdings immer mit dem Ziel, den Mechanismus aufzudecken. Ebenso müssen die subjektiven Bedürfnisse, die sich sehr unterschiedlich gestalten können, wahrgenommen werden können. Auch in einem politischen Handeln, das zum Abbau von Diskriminierung von Frauen beitragen soll, müssen die unterschiedlichen Interessen der einzelnen Individuen in einer geschlechtshierarchisch strukturierten Gesellschaft zum

Ausgangspunkt gemacht werden (Winker 1995, S.284). Es geht bei einer Technikgestaltung im Interesse von Frauen keinesfalls um eine weibliche Technik oder eine frauenspezifische Technik. Und es geht letztlich nicht einmal allein um Frauen. Es geht allein darum, realen Diskriminierungen entgegenwirken zu können. Dies bedeutet eine Öffnung für konflikthafte Prozesse, die Arbeitsorganisation und darin Machtverhältnisse notwendigerweise mit berücksichtigen müssen.
Die feministische Binnenkritik an Methoden der Informatik setzt häufig an der Modellierung an. In der Modellierung werden Entscheidungen und Reduktionen vorgenommen, die von vielen Autorinnen als ein Ausschluß der „weiblichen" Sicht interpretiert werden. Auf dem beschriebenen Hintergrund bleibt die Frage offen, inwieweit es sich hierbei tatsächlich um die „weibliche" Sicht handelt. Dennoch sind die Argumente gegen die Geschlossenheit des modernen naturwissenschaftlichen Weltbildes in der Informatik nicht von der Hand zu weisen. Daß die rationalistische Tradition verbunden wird mit einem männlichen Idealbild und diese wiederum ihren Spiegel finden soll in Form und Ausprägung von Wissenschaft, ist eine Sicht der Dinge, die mehr und mehr als Konstruktion betrachtet wird. Die Konstruktion wirkt ganz deutlich auf die Zuweisung von Merkmalen an die Geschlechter, die dann wiederum von feministischer Kritik z.T. als gegeben akzeptiert wird. Auf dem Hintergrund der derzeitigen feministischen Diskussion, der Dekonstruktion scheinbar gegebener Verhältnisse und deren Untersuchung im sozialen Kontext und damit auch der Geschlechterverhältnisse, kann sich die feministische Wissenschaftskritik und auch die Kritik an Methoden der Informatik weiter gegen scheinbar rationale, angeblich wertfreie Modellierungen richten. Sie sollte aber zugleich vermeiden, in der Kritik die weibliche Sicht als Gegenpol zu verwenden und sie damit – einmal mehr – als Heilsbringerin in die Pflicht zu nehmen. In diesem Sinne bedeutet der Ausschluß von weiblich zugeschriebenen Anteilen aus Wissenschaft und Technik zwar in der Konsequenz einen Ausschluß von Frauen, nicht aber gleichermaßen, daß Frauen entsprechend dieser Zuschreibungen „so sind". Das Ausgeschlossene ist nicht das Weibliche. Das Weibliche als solches ist nicht zu identifizieren, sondern sozial konstruiert. Es ist das Komplement zu der Konstruktion von (Natur)wissenschaft. Und (Natur)wissenschaft ist so beschrieben, wie das „Männliche" sein soll. Dies bedeutet eine Reflexion der bestehenden Verhältnisse unter Berücksichtigung der Geschlechterverhältnisse. Das Nicht-Akzeptieren der Zweigeschlechtlichkeit bringt nicht nur die Zuschreibungen scheinbar gesicherter Geschlechterbilder ins Wanken, sondern auch die Bilder von Männlichkeit und Weiblichkeit im Zusammenhang mit Wissenschaft

und Technik, als einer Grundlage von Hierarchie und Ausschluß zuungunsten von Frauen.
Eine feministische Theorie zur Aufhebung der Geschlechterhierarchie könnte dann darin bestehen, jede Konstruktion von Geschlecht auf der Grundlage der Dualität zu verwerfen und damit die dichotome Optik abzulegen. Die Bedeutung dieser These liegt darin, daß Fragen und Kritik nicht immer mit dem Etikett „weiblich" versehen oder unter Rückgriff auf die sozial konstituierte Familienarbeit begründet werden müßten. Deutlich ist zwar, daß die Geschlechterhierarchie sich als wirkungsmächtige Realität zeigt und daher ihre Funktionsweise analysiert werden muß, die Frage nach der Informatik als Männerwissenschaft richtet sich dann aber auf die Analyse der Aufrechterhaltung der Geschlechterordnung und Geschlechterideologien (Teubner 1993). In diesem Sinne bedeutet die notwendige Berücksichtigung der Diskriminierung von Frauen in der Gesellschaft für eine sozial orientierte Gestaltung von Informations- und Kommunikationstechnologien, den Herstellungsmechanismus zu analysieren und zu bekämpfen, nicht aber, die Arbeit selbst wie auch die beteiligten Frauen mit einer Stigmatisierung zu versehen. Es bedeutet, innerhalb der sozial orientierten Gestaltung zu beachten, daß nicht in jeder Handlungssituation die Geschlechtszugehörigkeit die primäre Rolle spielt (Heintz 1994, S.52).

Denken und Handeln in der Paradoxie

Obwohl nun das Geschlecht als inhaltliche Kategorie von mir abgelehnt wird, unterstütze ich dennoch die Bildung von geschlechtshomogenen Zusammenhängen. Ich betrachte dies als eine paradoxe Antwort auf eine paradoxe Situation (Wetterer 1993). Allerdings ist die Bildung von geschlechtshomogenen Gruppen die deutlichste Form der Rekonstruktion von Geschlechterdifferenz, so Angelika Wetterer. Zumal diese in der feministischen Technikdiskussion häufig mit einer „natürlichen oder sozialisierten Unterschiedlichkeit" begründet wurde und wird. Auf der anderen Seite ist die Geschlechtertrennung ein Mittel, um die Geschlechtszugehörigkeit als Grundlage sozialer Diskriminierung, stereotyper Zuschreibungen und Hierarchiebildung außer Kraft zu setzen. Durch die Abwesenheit einer für alle Beteiligten gelebten Hierarchisierung durch die Kategorie Geschlecht, kann in einer geschlechtshomogenen Gruppe die Möglichkeit entstehen, eigene Fähigkeiten und Neigungen zu leben, die sich nicht in die Stereotypisierung einordnen müssen. Ohne das direkte Gegenüber des „Anderen", können die anderen Anteile in sich selbst gesehen werden. Das bedeutet, daß ein Freiraum entsteht, Fähigkeiten und Neigungen selbst zu definieren, anderen Erklärungen Raum zu geben und letztlich die Konstruktionen von Geschlecht auszuhebeln und – das ist die Hoffnung – abzuschaffen.

Es ist aber zugleich aus den Erfahrungen ersichtlich, daß nicht allein eine formale Geschlechtertrennung genügt, um die Konstruktionen auszuhebeln. Nur in der Reflexion des eigenen „doing gender“, dem Aufbrechen von Geschlechterstereotypen, der Thematisierung von Geschlecht als strukturbildendem und herrschaftspolitischem Moment liegt die Chance zum Außer-Kraft-Setzen des Geschlechts als soziale Klassifikation. Praktisch bedeutet dies, daß wir aufhören sollten mit den universalisierenden Etikettierungen von „weiblich“ und „männlich“ und uns statt dessen in der jeweiligen Handlungssituation die jeweiligen Herrschaftsmechanismen betrachten. Die universalisierende Begrifflichkeit einer Geschlechterzugehörigkeit läßt sich in einer hochgradig differenzierten Gesellschaft nicht aufrecht erhalten (Heintz 1994, S.52).

Wenn Informatikerinnen also Schwerpunkte setzen bei sozialer Orientierung oder Anwendungsbezug, sollten wir nicht eine vermeintliche „weibliche Sicht“ betonen, sondern daß dies ein für die Informatik existenzieller Blickwinkel ist. Diesen Blickwinkel hat die Informatik schon lange nötig. Daher denke ich, daß es für Informatikerinnen wichtig ist, die Dekonstruktionsdebatte innerhalb der feministischen Theorie aufzugreifen. Im Zuge einer notwendigen Kritik an Methoden und Inhalten der Informatik kann die Auflösung der Geschlechterdifferenz enthalten sein.

Auch für die Konzeption und Bewertung von Softwareentwicklungsmethoden und das konkrete Handeln in der Softwareentwicklung hat diese Diskussion eine Bedeutung. Die Geschlechtskonstruktion in den Blick zu nehmen bedeutet dann, daß feststellbare Herrschaftsmechanismen betrachtet werden müssen, als einer unter vielen z.B. die Geschlechterhierarchie. Dies eröffnet eine erweiterte Sicht auf die Beteiligten im Gestaltungsprozeß, die Chancen auf Veränderung werden relativiert und der Prozeß nicht allein als kooperativer, sondern auch konfrontativer im Machtgefüge deutlich.

Das Denken der Differenz „läßt sich vom Anderen irritieren, ist nicht auf Überlegenheit, auf Erwerb und Besserwissen aus, es fixiert sich nicht auf das eigene und das sogenannte Selbst, sondern läßt sich vom konstruierten Fremden und Anderen in Frage stellen.“ (Thürmer-Rohr 1995, S.91)

Die Loslösung von der Theorie der Differenz in der Frauenforschung der Informatik heißt, daß ich mich als Informatikerin nicht länger von diesem konstruierten Anderen irritieren lassen will – sondern daß ich es vehement in Frage stelle.

Anmerkungen

1 Die FORMulierung entnahm ich dem Titel des Beitrags von Margrit Falck (Falck 1995)

2 ETHICS: Effective Technical and Human Implementation of Clerical and Shopfloor Work Systems

3 STEPS: Softwaretechnik für Evolutionäre Partizipative Systementwicklung

4 PEtS: Partizipative Entwicklung transparenzschaffender Software

5 IMPACT: Integrierter Methodenansatz einer Prospektiven und die Nutzer Aktivierenden Strategie Collektiver Gestaltung von Organisation, Tätigkeit und Technik

6 Fiktionär hat Octavia Butler in ihren Romanen der Xenogenesis-Triologie eine solche mehrgeschlechtliche Kultur nachgezeichnet.

Literatur

Aulenbacher, Brigitte (1993): Technologieentwicklung und Geschlechterverhältnis. In: Aulenbacher, Brigitte / Goldmann, Monika (Hrsg.): Transformationen im Geschlechterverhältnis. Frankfurt a. M., S.17-46

Falck, Margrit (1995): UnDISZIPLINierte Softwareentwicklerinnen und ihre methodischen Ansätze. In: Pilz, Peter / Oedekoven, Cornelia / Zinssmeister, Gaby (Hrsg.): Forschende Frauen. Frauen verändern die Naturwissenschaften. Mössingen-Talheim, S.119-133

Floyd, Christiane (1994a): Software-Engineering – und dann? In: Informatik Spektrum, Band 17, S.29-37

– (1994b): Braucht Softwareentwicklung eine philosophische Begründung? Ein Gespräch mit Christiane Floyd. In: Die Philosophin, 5. Jahrgang, Heft 9, S.90-100

Heintz, Bettina (1994): Die Auflösung der Geschlechterdifferenz. Entwicklungstendenzen in der Theorie der Geschlechter. In: Wechselwirkung, Nr. 69, S.49-52

Küpper, Gunhild / Kaldewey, Antje / Frerichs, Petra (1993): Technikgestaltung und Fraueninteressen. Köln

Schelhowe, Heidi (1992): Softwareentwicklung als sozialer Gestaltungprozeß. Aspekte für eine Frauenforschung in der Informatik. In: Rundbrief Frauenarbeit und Informatik, Nr.8, S.40-45

Star, Susan Leigh (1991): Invisible Work and Silenced Dialogues in Knowledge Representation. In: Eriksson, Inger V. / Kitchenham, Barbara A. / Tijdens, Kea G. (Hrsg.): Women, Work and Computerization: Understanding and Overcoming Bias in Work and Education. Amsterdam, S.81-92

Teubner, Ulrike (1992): Geschlecht und Hierarchie. In: Wetterer, Angelika (Hrsg.): Profession und Geschlecht. Über die Marginalität von Frauen in hochqualifizierten Berufen. Frankfurt

– (1993): Geschlecht und Wissenschaft oder die endliche Geschichte der Zweigeschlechtlichkeit. In: Schefe, Peter / Dittrich, Yvonne / Keil, Geert (Hrsg.): Informatik und Philosophie. Mannheim, S.261-278

Thürmer-Rohr, Christina (1995): Denken der Differenz. Feminismus und Postmoderne. In: Beiträge zur feministischen Theorie und Praxis. Utopie. Richtiges im Falschen. 18. Jahrgang, Heft 39

Wagner, Ina (1990): Entwicklung der Frauenerwerbsarbeit unter dem Einfluß der Computertechnologie. In: Reuter, A. (Hrsg.): Informatik auf dem Weg zum Anwender. Berlin, S.286-296

– (1992): Feministische Technikkritik und Postmoderne. In: Ostner, Ilona / Lichtblau, Klaus (Hrsg.): Feministische Vernunftkritik. Frankfurt/Main, S.147-166

Wetterer, Angelika (1993): Die Frauenuniversität – Überlegungen zu einer paradoxen Intervention. In: Arndt, Marlies / Deters, Magdalene / Harth, Gabriele / Jähnert, Gabriele / Kootz, Johanna / Riegraf, Birgit / Roßbach, Manuela / Zimmermann, Karin (Hrsg.): Ausgegrenzt und mittendrin. Frauen in der Wissenschaft. Berlin, S.189-197

Winker, Gabriele (1995): Büro. Computer. Geschlechterhierarchie. Frauenförderliche Arbeitsgestaltung im Schreibbereich. Opladen

Martina Ritter

Das Gesetz des Vaters

Zum Strukturierungseffekt der Computerbeschäftigung – Ergebnisse einer Untersuchung über adoleszente Mädchen am Computer und eine Follow-Up-Studie nach sieben Jahren

Technikkultur – Männerkultur?

Die unglückliche historische Verknüpfung von Männlichkeit und Technik hält sich trotz vielfältiger Bemühungen hartnäckig. Immer noch sind Frauen tendenziell Fremde in einer „Männerwelt". Ich verstehe Technik wie auch technische Artefakte als kulturelle „Objekte", die mit Bedeutungen belegt und daher in Deutungshorizonte und -muster, innerhalb derer die Subjekte ihren Alltag interpretieren, konstituieren und die Welt erschließen, eine wesentliche Rolle spielen können. In diesem Zusammenhang kommt der Vergeschlechtlichung von Technik und technischen Artefakten eine nicht zu unterschätzende Bedeutung zur Strukturierung der Welterschließung zu. Diese Bedeutung für die Entwicklung eines tragfähigen Selbstkonzeptes von adoleszenten Mädchen möchte ich im folgenden am Beipiel des Computers diskutieren.

Allerdings ist auch der symbolische Gehalt des Computers nicht kontextunabhängig und nicht bloß subjektiv. Im Gegenteil, technische Artefakte werden mit auf gesamtgesellschaftlicher Ebene generierten kulturellen Deutungen belegt, die den Subjekten, die sich das Artefakt aneignen, quasi entgegentreten. Im Falle des Computers sind dies Interpretationsmuster des Fortschritts, der Zukunftssicherheit, der Weltbeherrschung, der übermenschlichen Intelligenz und vor allem der Männlichkeit. Diese Phantasien verknüpfen sowohl Jungen (Noller/Paul 1991; Noller/Paul/Ritter 1988; Metz-Göckel u.a. 1991) als auch Mädchen (Ritter 1994) mit dem Computer. Keines der befragten Mädchen erfährt sich als besonders weibliches Mädchen, weil sie sich mit Computern beschäftigt. Hingegen können alle Jungen aus der Befragung von Noller/Paul für sich in Anspruch nehmen, besonders männliche, weil technikbegabte Jungen zu sein.

Es differiert zwischen den Geschlechtern also weniger die Bedeutung des Artefakts, sondern der Kontext, in dem sich die handelnden Subjekte, in unserem Falle Jugendliche, selbst befinden und innerhalb dessen sie den Computer in ihren Deutungshorizont als Symbol für männliche Kreativität und Fortschritt integrieren. Dieser Kontext wird bestimmt von ihrer Lebenssituation und den Spielräumen und Einschränkungen, denen sie psychisch und sozial unterworfen sind.

Die Rezeption der bisherigen Untersuchungen über Mädchen und ihr Interesse am Computer zeigt – auf quantitativer Ebene –, daß Mädchen sich im Vergleich zu Jungen weniger für Computer interessieren, seltener ein Gerät besitzen und eher weniger Kenntnisse in Informatik aufweisen (Fauser/Schreiber 1989; Heppner u.a. 1990; Lander 1995).[1]

Interessant ist, daß diese Distanz von Mädchen zur Technik besonders in der Adoleszenz sichtbar wird. Mädchen im Grundschulalter begreifen sich eher als ebenso technikbegabt wie Jungen, während Mädchen in der Adoleszenz beginnen, an ihren Fähigkeiten für typisch „männliche“ Fächer wie Informatik zu zweifeln (Schiersmann 1987; Berg-Peer 1989).

Die Adoleszenz kann verstanden werden als eine krisenhafte und konfliktreiche Phase im Verlauf der Identitätsbildung, in der die Jugendlichen sich mit den Werten und Symbolen ihrer Kultur, mit Liebe und Sexualität auseinandersetzen und die Chance haben, eigene Wege zu definieren und sich von den Erwachsenen abzugrenzen (Erdheim 1984; Erikson 1970; Kohlberg 1983). Diese Zeit wird für Mädchen zuerst einmal bestimmt von Konflikten, die um ein zentrales Problem kreisen: Es ist die Auseinandersetzung mit eigenen Wünschen, Ansprüchen und Bedürfnissen und der traditionellen weiblichen Geschlechtsrolle. Die Mädchen ringen um ein Festhalten an vorpubertären Orientierungen wie intellektuelle Leistungen und Sachkompetenzen, die der traditionellen weiblichen Rolle widersprechen; sie ringen mit neuen Wünschen nach Autonomie und Freiheit, nach Selbstverwirklichung in beruflicher, privater und sexueller Hinsicht, die ebenso den gesellschaftlichen Erwartungen widersprechen; und sie ringen um das Ausleben von Bindungs- und Liebeswünschen und sozialen Kompetenzen, die in der traditionellen Rolle vorgesehen sind, sich aber dort als Falle erweisen können und gesellschaftlich instrumentalisiert werden (Flaake/King 1992).

Genau in diesen Zeitraum, in dem die verschiedenen Facetten des beschriebenen Konfliktes virulent werden, fällt in der Regel (durch Schulunterricht,

Wahlpflichtfächer etc.) die Beschäftigung mit dem Computer als einem Symbol einer gestalterischen und leistungsfähigen männlichen Kultur.

Mädchenwelt – Technikwelt

Anhand von Interviews mit adoleszenten Mädchen, die sich in ihrer Freizeit mit Personalcomputern (Programmieren, Anwendung und Spielen) beschäftigen, versuche ich in der Untersuchung die Frage zu klären, inwieweit die Mädchen ein kulturelles Objekt wie den Computer nutzen können, ihre adoleszenten Konflikte individuell befriedigend und gesellschaftlich innovativ zu lösen (Ritter 1994).[2]
In einem ersten Schritt möchte ich zwei der Biographien (Jacqueline und Sigrid), die einander entgegengesetzt sind, vorstellen, und dann drei weitere (Rabia, Vicky, Christiane) kurz einordnen.
In einem zweiten Schritt möchte ich die Bedeutung des Computers noch einmal aus der heutigen Perspektive diskutieren: Die vorgestellten Interviews wurden 1989/90 gemacht. Die damals befragten Mädchen sind heute junge Frauen, die 1996 erneut interviewt wurden, um zu prüfen, welche Rolle die Computerbeschäftigung für ihren Lebensweg gespielt hat und noch spielt. Dabei wird deutlich werden, daß das wesentliche Moment der Computerbeschäftigung tatsächlich in ihrer Funktion als strukturierende Kraft liegt und nicht in der Beschäftigung selbst. Ob die Mädchen später weiter am Computer tätig sind, ist weniger relevant für die Frage der Identitätsbildung als die Frage, welche Konflikte anhand der Computerbeschäftigung bearbeitet werden. Und: Wie ist diese Art der Bearbeitung mit den Selbstkonzepten als erwachsene Frau verknüpft? Zunächst komme ich zur ersten Phase der Untersuchung.

Jacqueline: „Ich wollte schon immer ein Junge sein“

Jacqueline (16) nennt sich selbst ein „total“ computerinteressiertes Mädchen. Computern und Technik im allgemeinen sind ihre wichtigsten Freizeitbeschäftigungen. Jedoch ist ihre Arbeit am Computer, die sie als sehr kreativ und produktiv erlebt, eng an den Vater und seine Interessen geknüpft. Sie interessiert sich für Computer, „weil“ ihr Vater Informatiker ist.
Der Computer scheint ein Medium zu sein, mit dem sie eine große Nähe zum Vater als seine besondere, weil „nicht so weibliche“ Tochter herstellen und sich gleichzeitig von der technikunfähigen typisch weiblichen Mutter abgren-

zen kann. Allerdings zeigt sich eine deutliche Instabilität der eigenen Produktivität. Jacqueline kann zu keiner Zeit im Interview ihre Computerbeschäftigung vom Vater abgrenzen und unabhängig von ihm behaupten. Sie ist sich ihrer Kreativität sehr unsicher und lehnt diese immer an den Vater an. Die besondere Rolle des Vaters wird im Interview an einer Stelle deutlich, an der es um weibliche Körpererfahrungen – die Menstruation – geht. Hier sieht es so aus, als würde der Vater auch in diesem Bereich der Tochter erklären, wie sie mit ihrem Körper und den damit verbundenen Erlebnissen umgehen soll. Wenn sie Probleme hat, so sagt er ihr bei einem Gespräch über ihre erste Menstruation, soll sie zu ihm kommen, denn die „Mutti, die kannst du vergessen". Jacquelines Verwirrung, ob sie lieber mit Vater oder Mutter in dieser Angelegenheit sprechen möchte, wird beigelegt durch die väterliche Übernahme der Verantwortung für alle Lebensbereiche seiner Tochter.

Jacqueline wünschte sich schon immer, so erzählt sie, ein Junge zu sein. Sie bewundert Jungen, teilt deren Interessen wie Sport und Technik und findet Mädchen langweilig. Sie hat nun im Computer ein Medium gefunden, in die abenteuerliche und vielversprechende Welt der Jungen – und ihres Vaters – einzutauchen und an ihr teilzunehmen. Sie tut dies als ein „anderes" Mädchen als „die Mädchen". Dabei betont sie, daß sie keineswegs eine „Emanze sei, wie die Frauen, die nur das wollen, was die Männer wollen". Jacqueline will sozusagen von innen heraus immer schon ein Junge sein und – in ihren Augen – männliche Dinge tun. Dennoch tauchen in ihren Erzählungen über Freundschaften als konkrete Personen fast nur Mädchen auf. Die Jungen bleiben – bis auf ihren Freund – konturenlos. Jacquelines „die Jungen" ist eher symbolisch zu verstehen. Die Jungen stehen für eine begehrte und beneidete Welt, an der sie gern teilhaben möchte, deren Zugang ihr aber als Mädchen verschlossen erscheint.

Ihr Geschlechterbild ist sehr traditionell: Ein richtiger Junge versteht etwas von Technik, Computern und handwerklichen Dingen, während ein Mädchen kochen, waschen und bügeln können sollte. Sie selbst, so betont sie, kann beides erfüllen: Sie versucht ein traditioneller Junge und ein traditionelles Mädchen zugleich zu sein.

So gibt es dann auch im Interview einen deutlichen Bruch zwischen ihren verschiedenen Orientierungen, die sie nicht miteinander verbinden kann. Nach einer Passage über die Menstruation verschwimmen im Interview ihre Wünsche nach Beruf, Abenteuer und aktiver Teilnahme an der Männerwelt. Jetzt sieht sie die Gründe für Berufstätigkeit nur im Dazuverdienen für Luxusartikel. Ihr Selbstbild, so sagt sie, ist eher das einer Hausfrau und Mutter als das einer berufstätigen Frau.

Jacqueline gerät in ihrer Erzählung in eine unauflösbare Situation, weil ihre starke Identifizierung mit den Jungen und die Orientierung am Vater, verknüpft mit der scharfen Abgrenzung von der Mutter, ein Festhalten an traditionellen Geschlechtsrollen zur Grundlage hat. Dabei verachtet sie alles Weibliche und sieht nicht, wie sie ihren eigenen sehr einschränkenden Stereotypen entkommen könnte. Sie versucht, gleichsam traditionell männlich und traditionell weiblich zu sein, und kann dabei die von ihr selbst als männlich wahrgenommen Wünsche und Vorstellungen nicht bei sich behalten.

Sigrid: Computern und Frau sein – (k)ein Gegensatz?

Die zentrale Bedeutung des Computers liegt für Sigrid (17) darin, daß sie ihn als Medium der Auseinandersetzung mit ihrer Weiblichkeit und ihren als männlich wahrgenommenen Interessen an Informatik, Mathematik und Naturwissenschaften nutzt. In ihrem Interview ist eine starke Leistungs- und Produktivitätslust zu spüren. Diese Lust am Produzieren und am Entwickeln von Kompetenzen hat drei verschiedene Facetten. So taucht erstens auf, daß Sigrid ihre Leistungslust als deutlichen Widerspruch zu ihrer Weiblichkeit begreift. Sie empfindet sich als „männliches“ Mädchen und grenzt sich deutlich von den „weiblichen“ Mädchen ab. Allerdings erlebt sie diese selbstgewählte Zuordnung auch als hochambivalent. Denn gleichzeitig will sie potentiell Liebespartnerin und also eine Frau sein. Eine zweite Facette ihrer Erzählung ist ihre Angst zu versagen. Sie ist sich doch nicht ganz sicher, ob sie wirklich diese Kompetenzen erwerben und beibehalten kann. Eng verbunden mit dieser Versagensangst ist die dritte Facette ihrer Kreativität: Sie verknüpt ihre Sachkompetenz mit Schuld. Ihre deutlich formulierte Orientierung am Vater erlebt sie selbst als Verrat an der Mutter. Anders als Jacqueline, die sich vehement von der Mutter abgrenzt, ist Sigrid jedoch ambivalent. Sie kritisiert an der Mutter, ihre fehlende Selbständigkeit, etwas Eigenes im Leben gewollt zu haben. Aber ihre Abgrenzung erfüllt sie mit starken Schuldgefühlen. Diese neutralisiert sie, indem sie auch die väterliche Lebensweise als einseitige Orientierung an Leistung und Sachfragen kritisiert. Zwar sind auch für sie „die Jungen“ das Symbol für die Anerkennung als kreatives Subjekt in der sehr begehrten Welt der Sachkompetenz und Leistungslust. Dennoch ist Sigrids Orientierung am Maßstab der Jungen nicht ungebrochen. Dies ist der entscheidende Unterschied zu Jacqueline. Sigrid definiert sich nicht einfach als ein besonderes, weil nicht so typisch weibliches Mädchen, sondern sie kritisiert die männliche Dominanz und sieht die Instabilität und Schwäche einer traditionell männlichen Identität, die auf Frauen als Bezie-

hungsgestalterinnen angewiesen ist. Sigrid gewinnt ihre Kritik an der traditionellen Männlichkeit durch ihr Festhalten an dem, was sie bei ihrer Mutter als weibliche Stärken begreift: die Fähigkeit der Mutter „da“ zu sein, zuhören zu können, das Familienleben zu gestalten und die Freiräume zur Entfaltung der Interessen und Bedürfnisse bereitzustellen. Der Computer steht für sie als Symbol für ein männliches Denkmuster, das sie verstehen und beherrschen will, dessen Gefahren sie allerdings auch sieht: Sie fürchtet, daß die bestrickende Logik des Computers dazu führen kann, sie auf andere Bereiche zu übertragen, auf Bereiche, die nach anderen Mustern des Handelns geregelt werden müssen.
Sigrid erlebt die Stimulation und Erfüllung durch die Erfahrung, Sachkompetenzen zu haben, ein Produkt herstellen und instrumentell-logisch denken zu können, und sie wünscht sich den Respekt und die Anerkennung der Umwelt als kompetente, aktive und durchsetzungsfähige Person. Diese von ihr selbst als männlich wahrgenommenen Wünsche erfährt sie als Gefährdung ihrer Weiblichkeit. Jedoch gewinnt sie eine Möglichkeit der Lösung dieses Dilemmas durch ihre Kritik an den traditionellen Bildern von Männlichkeit und Weiblichkeit: Sie will an den Stärken der Frauen festhalten, wie ihrer kommunikativen Orientierung, Kompetenz zur Beziehungsaushandlung und das Ausbalancieren von Ambivalenzen, und sie will die Stärken der Männer wie Sachkompetenz, Leistungslust und Gestaltung der Welt gewinnen. Sigrid wünscht sich die Balance eines dritten Weges zwischen traditioneller Weiblichkeit und traditioneller Männlichkeit.
Ich komme nun zu den kurzen Einordnungen von Christiane, Rabia und Vicky.

Rabia „Nur nie nichts machen“

Auch für Rabia ist ihr Vater die objektive Begründung für ihr Computerinteresse. Der Computer hilft, eine besondere Nähe zum Vater herzustellen und seine Wünsche an die Tochter zu erfüllen. Auch ihr ist der Computer ein Medium der verächtlichen Abgrenzung von der Mutter, der sie ihre Programme vorführt, „weil sie es nicht versteht“.
Gleichzeitig mit dieser Betonung ihrer Kreativität und Leidenschaft produktiv zu sein, zeigen sich Probleme, die eigenen Interessen zu spezifizieren und zu formulieren, etwas Eigenes zu entwickeln und festzuhalten. Seltsam blaß bleiben bei ihr die Inhalte der Computerbeschäftigung. Ebenso kann sie ihre vielfältigen Freizeitbeschäftigungen nicht voneinander unterscheiden und ihren Wert oder ihre Besonderheit fassen. Mit ihren zahllosen nicht vonein-

ander abgrenzbaren Beschäftigungen bekämpft sie die Angst, von Emotionen überschwemmt zu werden.
Die Funktionsweise des Computers entspricht genau Rabias Vorstellung vom emotionslosen und rational-zerlegenden Umgang mit Problemen, entspricht genau dem väterlichen „Überlegen", das Rabia zu ihrer Strategie gemacht hat. Doch diese Bewältigungsstrategie hat Folgen: Sie setzt sich permanent dem Druck aus, alles und jeden, jede Situation, jeden Menschen und alle an sie herangetragenen Ansprüche zu erkennen und in ihre Planungen mit einzubeziehen. In unzähligen Aktivitäten, ihren mehrmaligen Erzählungen davon, daß sie alles schaffen könne, wenn sie nur wolle, kein Leistungskurs sei ihr unmöglich, jede Arbeit könne glänzend bestanden werden, niemand sei vielseitig genug, um ihr gerecht werden zu können, all diese Erzählungen thematisieren ihre Bewältigungsstrategie. Sie zeigen aber auch die besondere Fragilität ihres Lebensentwurfes: Rabia steht unter dem enormen Druck, sich selbst immer wieder beweisen zu müssen, daß sie ihr Leben füllen kann. Glückt ihre Selbstdarstellung als souveräne und erwachsene junge Frau, hat sie auch eine Bestätigung für die mit dem Vater gelebte Vorstellung von der besonderen Tochter, die nach seinen Mustern handelt. „Nur nie nichts machen" bedeutet aber, dem Eigenen hinterherzulaufen, ohne zu wissen, was es eigentlich ist. Planen und Überlegen als Selbstkonzept in Anlehnung an den Vater kann bedeuten, emotionale Entwicklungen abzuschneiden und Wünsche und echte Unabhängigkeit zu vermeiden und sich selber immer ein Stück fremd zu bleiben.
Der zweite Aspekt ihrer Selbstkonstruktion ist die Neutralisierung ihrer erotischen Kräfte: Sie begegnet den Jungen in der begehrten Männerwelt der technischen Kreativität und Autonomie als „Kumpel". So umgeht sie die für Jungen und auch für sie selbst so schwer zu ertragende Verknüpfung von Kompetenz in Sachfragen und erotischer Attraktivität. Ebenso wie bei Jacqueline deutet sich das Problem an, die Computerbeschäftigung in ein Leben als Frau zu integrieren. Auch ihr Selbstwertgefühl ist stark gebunden an die väterliche Orientierung der Logik, die der Computer repräsentiert, und sie kann nicht entscheiden welcher Orientierung – der väterlichen oder mütterlichen – sie sich zuordnen soll. Eine Integration der Orientierungen in ein Selbstkonzept als erotische und sachkompetente Frau ist ihr zum Zeitpunkt unseres Gesprächs nicht möglich.

Christiane: „Der Computer ist für Gefühle gut“

Christiane bindet ihre Computerbeschäftigung nicht an ihren Vater, sondern ihren „Charakter“. Sie erzählt, sie sei genauso „zurückgezogen“ und „unspontan“ wie er. Er ist aber Bezugspunkt für ihre Berufs- und Leistungsorientierung. Sie kritisiert ihn als zu schwach und zu ängstlich, d.h. aus einer männlichen Perspektive heraus für seine mangelnde „Männlichkeit“. Sie ist, so betont sie, ehrgeiziger und risikobereiter als er. Die Kritik am Vater hat damit zu tun, daß Christiane mittlerweile erlebt, daß seine Strategie der Konfliktbewältigung große Nachteile hat. Zwar schickt er sie symbolisch hinaus in die Welt, und sie will diesen „männlichen“ Ansprüchen genügen, aber sie ist nur schlecht ausgestattet. Sie kann ihre Ansprüche an Teilhabe nur begrenzt durchsetzen.

Für ihre differierenden Wünsche, Teilhabe an der Männerwelt ohne Auseinandersetzungen und harmonisches Familienleben ist ihr Freund das Lösungsmodell. Von seinen Handlungen und Wünschen hängt Christiane ab, wenn sie ihre Wünsche ausleben möchte. Allerdings ist das gesamte Interview von Christianes Angst durchzogen, ihr geliebtes Hobby an den Freund zu verlieren. Alle ihre Computerkontakte und -bezüge sind faktisch durch ihn strukturiert und seine Interessen setzen sich dort durch. Dennoch betont Christiane immer wieder zweierlei: Zum einen, daß sie sich den Computer allein angeeignet hat, und daß sie dies so gut kann wie die Jungen. Sie kann sehr differenziert beschreiben, wie die Beschäftigung ihr hilft, sich als autonomes und handlungsfähiges Subjekt zu erfahren. „Der Computer ist für Gefühle gut“: An ihm übt sie die Bewältigung von lösbaren Problemen und lernt Gefühle der Angst und Wut in Kompetenz und Befriedigung umzuwandeln. Die Betonung der autonomen Aneignung deutet auf die fast verzweifelte Suche nach Autonomie und Selbstbestätigung als kreatives Subjekt hin. Ihre Computerkompetenz hilft dann auch, sich als von anderen unterschiedenes Subjekt darzustellen. Sie verknüpft ihre Computerbeschäftigung mit dem Wunsch nach Einzigartigkeit, die zweite Computerbedeutung, die sie betont. Der Computer hilft ihr, sich zu individuieren, sich als besondere Frau, die „keine Nummer“ unter anderen ist, zu vergewissern. Weil „wenige Mädchen“ diesem Hobby nachgehen, ist der Computer für diese Selbstvergewisserung als eigenständige Person besonders geeignet. Allerdings ist dies eine Individuierung gegen das eigene Geschlecht, die ihren Wert auch durch die Richtung erhält: Nicht als Mädchen gelingt sie ihr, sondern obwohl sie ein Mädchen ist. Verschärft wird diese Tendenz durch Christianes Neigung, im zugewandten und freundlichen Mann das Lösungsmodell für ihre differierenden

Wünsche zu sehen. Es bleibt unklar, ob sie die Orientierungen integrieren kann oder ob eine die andere vollständig überdecken wird.

Vicky: „Amerika"

Vicky ist bezogen auf unsere Fragestellung eher der Seite von Sigrid zuzuordnen. Die 18jährige Vicky ist zwar zum Zeitpunkt des Interviews sehr durcheinander, aber ihre Erzählung verweist auf einen gelingenden Integrationsversuch der Computerbeschäftigung in ihr Selbstkonzept als Frau.
Der Mittelpunkt von Vickys biographischer Erzählung ist ein einjähriger Aufenthalt in den USA mit 16 Jahren, der für sie sehr bedeutsam war. In Amerika gelang es ihr, ihre adoleszente Unsicherheit anzugehen und sich als handelndes und erlebendes Subjekt zu stabiliseren. Der Computer war ihr in Deutschland fremd und unheimlich erschienen. Obwohl sie fasziniert war, konnte sie sich dem begehrten Objekt nicht nähern, da es für sie durch die Jungen ihrer Klasse besetzt war. Erst in Amerika konnte sie sich dieses Objekt im geschützten Raum ihrer Selbsterfahrung als unabhängiges und eigenständiges Subjekt aneignen. Die Analyse von Vickys Erzählung über ihre Erfahrung mit der ersten Menstruation, die sie ihn Deutschland erlebte, hat gezeigt, daß sie eine starke Unsicherheit gegenüber ihrer körperlichen Weiblichkeit erlebt hat. Sie konnte diesen körperlichen Prozeß erst nach einer Menstruationspause in den USA in ihre Identität integrieren.[3] Vicky konnte sich das männliche Objekt Computer nicht aneigenen in einer Lebensphase, in der ihre Weiblichkeit noch so sehr in der Schwebe und unsicher war. Mit der Strategie gelingt es ihr, sich von den in der Scheidungsphase befindlichen Eltern unabhängig zu machen. In ihrem Interview fällt die Lebendigkeit ihrer Mutterbeziehung und die Stillgestelltheit ihrer Beziehung zum Vater auf. Zwar ist auch bei ihr der Vater mit Logik und Technik verbunden, aber sie erlebt ihre Mutter als berufstätige und unabhängige Frau, die ihr Leben in die Hand genommen hat. Sie kämpft um Unabhängigkeit als kreative und eigenständige Frau – auch wenn sie noch nicht weiß, wohin das führt.

Krisen, Perspektiven, Chaos und Brüche – Ergebnisse der Follow-Up-Studie 1996

In einem zweiten Schritt möchte ich nun die 1996 mit den jungen Frauen geführten Gespräche kurz schildern und interpretieren. Es wird sich dabei zeigen, daß die Fortführung der Computerbeschäftigung keineswegs von gro-

ßer Bedeutung ist, nur eine der fünf Befragten studiert Informatik: Jacqueline. Sigrid und Vicky nutzen den Computer häufig zum Schreiben von Texten, Christiane und Rabia haben überhaupt nichts mehr damit zu tun. Relevant scheint die Computerbeschäftigung in anderer Hinsicht zu sein: An ihr kristallisierte sich die Problematik, als erotische Frau ein kreatives, entscheidungsfähiges und sachkompetentes Subjekt zu sein. Die geführten Gespräche zeigen, daß die Integration dieser Erfahrung in die Weiblichkeit der entscheidende Schritt zu einer gelingenden Lebensgestaltung ist. Die Mädchen, die ihre Computerbeschäftigung so dramatisch an den Vater gebunden haben und denen es nicht gelang, etwas Eigenes, eine eigene Kreativität unabhängig vom Vater bzw. vom Freund als Frau zu stabilsieren, befinden sich heute in einer entweder krisenhaften und gelähmten Situation, oder sie haben, wie Christiane, alle Phantasien über den Weg gänzlich aufgegeben.
Nun möchte ich im einzelnen diese These belegen.

Jacqueline: Krisen und Brüche

Sie ist jetzt 24 Jahre alt, lebt wieder im Elternhaus und studiert Informatik an einer Fachhochschule. Jacqueline wirkt sehr desorientiert: Sie erzählt davon, daß sie ihr Studium nicht bewältigen könne, weil ihr der Vater fehlt, der ihr die unverständlichen Details erklären könnte. Ihr Informatikstudium scheint nicht gut zu gelingen, sie fühlt sich unsicher. Sie gehört zu den wenigen Frauen im Studim und sieht das Problem der Frauen darin, daß sie zu schwach sind, sich gegen die Männer durchzusetzen. Sie hingegen hätte das immer schon gekonnt, sie kommt immer schon mit Männern besser klar. Dennoch hat sie kaum Kontakte zu Kommilitonen, zu Kommilitoninnen überhaupt nicht. Ihr Freundeskreis ist ein völlig anderer: Es sind eher Handwerker, Arbeiter und kleinere Angestellte im technischen Bereich. Erst am Ende des Gesprächs erzählt sie, daß ihr Vater noch während ihrer Schulzeit plötzlich gestorben ist, und damit ist „ihr Leben zerbrochen“. Ohne ihn kann sie ihre Leidenschaft für die Technik nicht stabilisieren, nach der Trennung von ihrem Freund ist es ihr nicht mehr gelungen, jemanden zu finden, der zu ihr paßt. Sie ist allein, im Studium sehr unglücklich und hochambivalent, erzählt von der Mißachtung, Ablehnung und ungerechten Behandlung durch ihre Mutter, die ihr „viel Geld für die Wohnung abknöpft“ und der sie sich unterwerfen muß, um überleben zu können.
Jacqueline kann, so wird deutlich, ihre traditionell weibliche Seite überhaupt nicht beibehalten: Sie hat keine Liebesbeziehung, keine Kinder und glaubt sich mit 24 Jahren zu alt, um noch ein Kind zu haben. Sie würde allen Frau-

en, die Kinder haben wollen, vom Studium abraten, „weil sie dann zu alt sind“. Die extreme Fixierung an den Vater hat durch dessen Tod tatsächlich einen Bruch in der jungen Frau erzeugt, die auf mich sehr verzweifelt wirkte. Ihre massive Ablehnung der Mutter, bei gleichzeitiger Kritiklosigkeit an den traditionellen Konzepten von Männlichkeit und Weiblichkeit hat sie gelähmt und, so scheint mir, in eine tiefe Krise geführt. Auch jetzt ist ihr eine Integration ihrer verschiedenen „männlichen und weiblichen“ Wünsche nicht gelungen, und sie spaltet eine Seite, je nachdem welche man anspricht, völlig ab: Entweder spricht sie als junger Mann, der in der Männerwelt besteht, oder als traditionelle Frau, die in die Männerwelt keinen Einstieg findet, obwohl Männlichkeit für sie der Maßstab der Welt ist.

Sigrid: Krisen, aber Perspektiven

Die 25jährige Sigrid ist auch in einer unklaren und unentschiedenen Situation: Sie befindet sich in ihrem Kunstpädagogik- und Kunstgeschichtsstudium in der Abschlußphase und weiß noch nicht recht, wohin es führen soll. Nach einem Auslandsaufenthalt, der der Entwicklung ihrer eigenen künstlerischen Tätigkeit diente, und nach vielen Umzügen, wohnt sie der Einfachheit halber wieder bei den Eltern. Sie lebt im Moment nicht in einer Beziehung, war aber länger mit einem Mann befreundet und stand vor der Frage von Kind und Heirat. Die Beziehung ging jedoch auseinander, und sie stellt jetzt ihre Ausbildung und ihre Kunst in den Mittelpunkt. Insgesamt wirkt sie, trotz Unsicherheit und Studienwechsel relativ integriert und selbstsicher. Interessant ist, daß sie zunächst Architektur – den unerfüllten Berufswunsch ihrers Vaters für sich selbst, den sie dann übernahm – studierte. Dann erkannte sie jedoch, daß die Architektur nicht für sie geeignet war. Ihre Erklärung für den Fachwechsel ist auf die Inhalte des Faches und ihr künstlerisches Interesse und Vermögen bezogen und sehr differenziert.
Sigrid hat im Moment viele Fragen, aber sie kann sie formulieren. Sie denkt über Beziehungen und Familie nach, sieht es nicht recht für sich, aber betont die Notwendigkeit der ausschließlichen mütterlichen Versorgung in der Säuglingsphase. Sigrid erlebt solche Phantasien nicht als riskant für ihre Autonomie und Unabhängigkeit, ebenso wie ihre derzeitige Orientierung nicht zur Abspaltung von solchen „mütterlichen“ Prinzipien führt. Entscheidend scheint mir bei Sigrid zu sein, daß es ihr – wie auch immer fragmentarisch – gelungen ist, als Frau die Erfahrung der Kreativität in einer „Männerwelt“ zu machen. Durch ihre Distanzierung von den Eltern und ihre kritische Haltung zu beiden Lebensentwürfen konnte sie ihre verschiedenen Wünsche

in ein Selbstkonzept integrieren, das offen und stabil genug für Entwicklung und Veränderung ist.

Vicky: Chaos und Perspektiven

Diese These möchte ich auch für die jetzt 26jährige Vicky vertreten. Sie studiert, nach einigen Unsicherheiten und Nebenfachwechsel moderne Sprachen und Geographie. Sie will ihre Sehnsucht nach Reisen und anderen Ländern beruflich verwirklichen und plant gerade einen halbjährigen Studienaufenthalt in Spanien. Auch sie nutzt, wie Sigrid, den Computer nur noch zum Schreiben von Texten. Sie wirkt souverän und zielorientiert, obwohl ihr Ziel nicht immer präsent ist. Es ist ihr gelungen, die Erfahung von Subjekthaftigkeit, die sie in den USA machen konnte, nach Deutschland zu verlagern und sich hier autonom zu verhalten. Sie bewältigt ihr Studium und ihr Leben – trotz vieler Fragezeichen. Sie lebt im Studierendenwohnheim, ist viel unterwegs und ungebunden. Eine längere Beziehung ist auseinandergegangen, eine weitere in den USA während eines zweisemestrigen Studienaufenthaltes war zu schwierig, um sie auf Distanz zu erhalten. Sie bezieht sich positiv und zugleich abgrenzend auf ihre Mutter, besucht den im Ausland lebenden Vater regelmäßig und hat eine leicht distanzierte aber positive Beziehung zu ihm. Ihre Computerbeschäftigung beschreibt sie wie Sigrid als Meilenstein auf dem Weg, Selbstbewußtsein und Kreativität zu erlangen, obwohl sie die Situation des Bestehens in der Männerwelt (in ihrer Schulerfahrung in Deutschland) als sehr unglücklich und verletzend erlebt hat. Ihr hat die Aneignung des Computers im Rahmen ihrer Unabhängigkeit in den USA, jenseits der deutschen von Jungen dominierten Computerwelt, geholfen, ihrem Leben eine Struktur zu geben. Mit der Integration des mächtigen Objekts Computer in ihr weibliches Selbst konnte sie die Erfahrung der Bewältigung und Handlungsfähigkeit machen. Auffällig ist auch bei ihr die Verschwommenheit der Beziehung zum Vater und die Stabilität der Mutterbeziehung. In Vickys Fall war der Vater für die Berufsfindung nicht die dominante Orientierungsfigur. Beide Eltern waren unterstützend und eröffneten Vicky einen Raum zur Gestaltung ihrer Wünsche und Vorstellungen. Auch in diesem Punkt zeigt sich eine Ähnlichkeit mit Sigrid, die sich schon früh von einer intensiven Orientierung an den Eltern löste und eigene Wege suchte.

Rabia: Brüche

Die 25jährige Rabia erzählt von Katastrophen und Chaos nach ihrer Schulzeit. Ihre Berufswahl ist gescheitert, und sie muß sich jetzt mit 25 Jahren neu orientieren. Rabia begann eine Schreinerinnenlehre, die sie jedoch wegen einer Krankheit schon nach einem Jahr abbrechen mußte. Nach ihrer Genesung begann sie auf einer neuen Lehrstelle die gleiche Ausbildung noch einmal. Doch auch dieses Mal wurde sie so schwer krank, daß sie die Lehre abbrechen mußte. Es wurde ihr deutlich, daß ihre Krankheiten etwas mit ihrer Ausbildung zu tun haben. Damit ist entschieden, daß diese Ausbildung und dieser Beruf nicht für sie in Frage kommen. Jetzt bemüht sie sich, eine Entscheidung über ihr zukünftiges Leben zu treffen und eine neue Richtung zu finden. Wie schon im ersten Interview wird deutlich, daß sie ihren eigenen Wahrnehmungen nicht wirklich traut: Sie sucht eine Psychologin auf, um zu erfahren, was für sie die geeigneten Berufe sein könnten. So gelangt sie jetzt, anhand quasi-objektiver Verfahren zu der Einschätzung, daß sie lieber etwas Intellektuelles tun sollte. Wie auch bei Jacqueline ist in dieser Erzählung eine in der Außenwelt sich vollziehende Katastrophe der Ausschlag für einen inneren Zusammenbruch, der dramatische Folgen hat. Rabias Mutter verbringt während Rabias letztem Schuljahr und auch danach ein bis zwei Jahre in einer psychiatrischen Klinik, weil sie hochgradig selbstmordgefährdet ist. Rabia muß sich um den jüngeren Bruder kümmern und die Situation allein bewältigen. Der Vater kommt mit den Ereignissen nicht zurecht und zieht sich in sich zurück. Rabias Unfähigkeit, sich selbst zu verorten und sich zu spüren, verschärft die Situation ungemein. Im Chaos der zusammenbrechenden Familie gelingt es ihr gar nicht mehr, ihre eigenen Interessen und Wünsche zu bestimmen und umzusetzen. Vorher unentschieden zwischen Vater und Mutter, mit einer starken Neigung, die Bewältigungsstrategien „Rationalität und Emotionslosigkeit“ des Vaters zum Kern ihrer Orientierung zu machen, wendet sie sich jetzt auch von ihm ab und entscheidet sich für etwas ganz anderes: die „Schreinerlehre“. Damit betritt sie endgültig die enterotisierte Kumpelebene, die in der männlichen Welt Frauen in Männerberufen zugestanden wird: Sie beschreibt sich selbst als „Schreiner“. Nachdem dieses Konzept gescheitert ist, sucht sie jetzt nach neuen Möglichkeiten. Nach einer eher moderaten Drogenkarriere lebt sie jetzt mit ihrem Freund aus gleichem Milieu, ebenso ohne Berufsausbildung, zusammen. Ihr Berufsziel ist jetzt „den Menschen zu helfen“, sie will entweder Psychologie oder Jura studieren und den Einstieg in eine intellektuelle Berufswelt anstreben. Rabia wirkt sehr desorientiert und verkrampft. Jetzt will sie die andere Seite in sich

– die soziale, an ihrer Mutter orientierte – zum klingen bringen. Deutlich ist in ihrer Biographie, daß die Übernahme der väterlichen Bewältigungsstrategien sie in eine Sackgasse geführt haben, aus der sie jetzt mit dem Rückgriff auf die Orientierung der Mutter heraustreten möchte. Auch hier liegt der Grund für die Krisen darin, daß sie als Adoleszente nicht die Chance erhielt, ihre Erfahrungen als kreatives und selbstgewisses Subjekt als Frau zu machen. Sie sprang virtuos zwischen den beiden Welten von Vater und Mutter hin und her, ohne sie aufeinander beziehen zu können. Ihre am Vater orientierte Strategie der Gefühlskontrolle und Rationalität konnte diese Integration nicht leisten.

Christiane: Entschieden

Christiane ist jetzt 27 Jahre alt. Im ersten Interview sieben Jahre vorher erzählt sie von bis zu 30 Stunden Computerbeschäftigung pro Woche. Der Tenor ihrer Erzählung war die defensive und etwas verzweifelte Behauptung „Mädchen können das auch".

Nach dem Abitur hat sie ein Informatikstudium an einer Fachhochschule begonnen, das sie dann abbrach, weil es ihr „zu schwierig" wurde. Sie lebte damals schon mit ihrem Freund zusammen. Nach dem Abbruch des Studiums bewarb sich sich auf eine Zeitungsannonce als Fremdsprachensekretärin und wurde angenommen. Christiane hat also einen frauentypischen Beruf gewählt, den sie ohne Ausbildung ausübte. Nach der Trennung von ihrem Freund, der nur noch „auf dem Sofa lag und sich bedienen lassen wollte", heiratete sie aus einer „Kurzschlußentscheidung" heraus einen alten Bekannten. Nach kurzer Zeit wurde sie schwanger und entschied sich für das Kind, gegen den Willen des Mannes. Nach der Scheidung heiratete sie erneut und erwartet jetzt ihr drittes Kind. Seit der Geburt des ersten Kindes ist sie nicht mehr erwerbstätig, sie kümmert sich um ihre Familie und den Bau des Eigenheims. Jetzt beschäftigt sie sich gar nicht mehr mit Computern, denn die Familienarbeit beansprucht sie vollständig. „Wenn die Mutter einen Brief schreibt, flippen die Kinder aus", erzählt sie.

Christiane hat alle Berufwünsche, die so wesentlich für ihr Selbstwertgefühl und ihre Sehnsucht nach Anerkennung als handlungsfähiges Subjekt in der Männerwelt Technik waren, aufgegeben und sich für das Leben als Hausfrau und Mutter entschieden. Auch bei ihr ist eine Integration der verschiedenen Orientierungen nicht gelungen. Sie konnte ihre leidenschaftlichen Wünsche nicht bei sich behalten, weil sie ihrer Weltverortung als Frau konträr gegenüberstanden. Ihre Individuation war zunächst gegen das eigene Geschlecht gerichtet: Sie war ein besonderes Mädchen, weil sie nicht so weiblich war. Da in ihrem Konzept der männliche Begleiter die Ermöglichung ihrer Wünsche garantierte, brach mit dem Ende der Begleitung ihre Lebenskonzeption zusammen. Die schnelle Heirat weist auf eine große Unsicherheit hin, allein in der Welt zu bestehen. Am Ende hat sie den sicheren Weg gewählt und ihre Wünsche vollständig aufgegeben.

Meine Follow-Up-Studie hat gezeigt, daß die identifizierende Orientierung am Vater bei gleichzeitiger tendenziell verächtlicher Ablehnung der Mutter zu einer spezifischen Problematik dieser Vatertöchter (Eckart 1988) führen kann: Die Erfahrungen, die sie als handlungsfähiges und kreatives Subjekt machen, können nicht in die Identität als Frau integriert werden. Krisen führen dann zu dramatischen Brüchen in der Biographie, in der entweder einzelne starke Orientierungen einfach abgeschnitten werden oder das Lebenskonzept sich in Chaos und Desorientierung auflöst. Der Computer ist für die befragten Mädchen und jungen Frauen der Fokus gewesen, an dem sie diese Problematik der widersprüchlichen Orientierungen aufgerollt und Lösungsmodelle erprobt haben. Gelang ihnen die Erfahrung der technischen Kompetenz und Leistungslust als Frau, so entstand im Selbstkonzept eine Struktur, die es ermöglichte, Krisen zu überstehen und Perspektiven für Veränderungen zu entwickeln. Konnten diese Erfahrungen jedoch nicht als Frau, sondern nur als Vaters besondere Tochter gemacht werden, wurden die erworbenen Kompetenzen nicht in die weibliche Identität integriert und bildeten daher kein strukturierendes Element für das weibliche Selbst. Sie verhalfen nur zu geliehener Autonomie.

Anmerkungen

1 Auch in den letzten Jahren scheint sich hier wenig geändert zu haben. So zitiert Bettina Lander in ihrem Artikel (1995) eine Untersuchung zum Computerbesitz von Altmeyer-Baumann (1991). Die dort genannten Zahlen schwanken lt. Lander bei Jungen zwischen 7 und 75%, bei Mädchen zwischen 3 und 20%. Auch bezüglich neuerer Entwicklungen in der Technik zeigt sich dies: So scheinen auch nur 18% der NutzerInnen des Internet weiblich zu sein (Brigitte 10/96).

2 Die befragten Mädchen und jungen Frauen sind zwischen 16 und 20 Jahre alt. Sie gehen alle noch auf Gymnasien bzw. additive Gesamtschulen mit gymnasialer Oberstufe und kommen aus Mittelschichtsfamilien. In vier von fünf Fällen sind die Mütter nicht berufstätig, w?hrend die Väter in kaufmännischen bzw. elektrotechnischen Berufen tätig sind. Alle besitzen einen Computer oder haben Zugang zu einem Gerät. Außerdem haben sie an mindestens zwei Wahlpflichtkursen der Schule teilgenommen und programmieren intensiv in ihrer Freizeit. „Computern“ ist eine ihrer wichtigsten Freizeitbeschäftigungen.

3 Karin Flaake (1992) hat darauf hingewiesen, wie wichtig die Integration der Menstruation als positive Erfahrung für die Stabilisierung von Produktivität und Kreativität ist.

Literatur

Berg-Peer, J. (1989): Ausschluß von Frauen aus den Ingenieurswissenschaften. Bildung und Gesellschaft, Bd. 7, Technische Universität Berlin

Brigitte 10/ 1996

Eckart, Christel (1988): Töchter in der ,vaterlosen Gesellschaft'. Das Vorbild des Vaters als Sackgasse zur Autonomie. In: Hagemann-White / Rerrich, Maria S. (Hrsg.): FrauenMännerBilder. Männer und Männlichkeit in der feministischen Diskussion. Bielefeld

Erdheim, Mario (1984): Die gesellschaftliche Produktion von Unbewußtheit. Eine Einführung in den ethnopsychoanalytischen Prozeß. Frankfurt a.M.

Flaake, Karin (1992): Ein Körper für sich allein. Sexuelle Entwicklungen und körperliche Weiblichkeit in der Mutter-Tochter-Entwicklung. In: Psyche, H.7

–/ King, Vera (1992): Weibliche Adoleszenz. Zur Sozialisation junger Frauen. Frankfurt a.M./New York

Hörning, Karl H. (1989): Vom Umgang mit den Dingen – Eine techniksoziologische Zuspitzung. In: Weingart, Peter (Hrsg.): Technik als sozialer Prozeß. Frankfurt a.M.

Joerges, Bernward (1989): Soziologie und Maschinerie – Vorschläge zu einer ‹realistischen› Techniksoziologie. In: Weingart, Peter (Hrsg.): Technik als sozialer Prozeß. Frankfurt a.M.

Kohlberg, Laurence (1983): Moral Stages. Basel/München

Lander, Bettina (1995): Computerinteresse und Geschlecht. Fördert eine techniknahe Sozialisation das Interesse an Computern? In: Zeitschrift für Frauenforschung, H. 4

Metz-Göckel, Sigrid / Frohnert, Sigrid / Hahn-Mausbach, Gabriele / Kauermann-Walter, Jacqueline (1991): Mädchen, Jungen und Computer: Geschlechtsspezifisches Sozial- und Lernverhalten beim Umgang mit Computern. Opladen

Noller, Peter/ Paul, Gerd (1991): Jugendliche Computerfans. Selbstbilder und Lebensentwürfe – Eine empirische Untersuchung. Frankfurt a.M./New York

–/ –/ Ritter, Martina (1988): Die Computerisierung des Männlichen – Zur Bedeutung des Kulturobjekts Computer für die Ausbildung der geschlechtsspezifischen Identität. In: Mitteilungen des Verbundes Sozialwissenschaftliche Technikforschung, H. 4

Rammert, Werner (1988): Technisierung im Alltag. Theoriestücke für eine spezielle soziologische Perspektive. In: Joerges, Bernward (Hrsg.): Technik im Alltag. Frankfurt a.M.

Ritter, Martina (1994): Computer oder Stöckelschuh? Eine empirische Untersuchung über Mädchen am Computer. Frankfurt a.M./New York

Christel Walter

Frauen sind anders (als gedacht)

Ergebnisse einer Untersuchung subjektiver Technikkonzepte

Welche Bedeutung subjektiven Technikhaltungen und -konzepten zukommt, wenn man der fortdauernden geringen Präsenz von Frauen in naturwissenschaftlich-technischen Berufen entgegenwirken möchte, diskutiere ich im folgenden auf der Grundlage der Ergebnisse meiner empirischen Untersuchung.

„Frauen und Technik", ein Thema der Frauenforschung

Die Frauenforschung näherte sich bisher der Problematik der geringen Präsenz von Frauen in qualifizierten technischen Berufen, indem sie einerseits die objektiven gesellschaftlichen Ausgrenzungsmechanismen gegenüber Frauen nachzeichnete, andererseits Hypothesen über die subjektive Verarbeitung dieser Ausgrenzung formulierte.
So haben Ansätze einer feministischen Erkenntnistheorie und Wissenschaftskritik (z.B.: Scheich 1993; Woesler de Panafieu 1987; Fox Keller 1986) in den Strukturen neuzeitlicher Naturwissenschaft und Technik und damit auch im wissenschaftlichen Erkenntnisprozeß Distanzierungen gegenüber Frauen aufgedeckt. Die Entstehung von Naturwissenschaft und Technik kann danach als Geschichte der symbolischen wie realen Ausgrenzung von Frauen begriffen werden. Die Bestimmung von „Weiblichkeit" als etwas, das der Verstandestätigkeit entgegengesetzt ist, und die Subsumtion der Frauen unter die Kategorie einer zu beherrschenden „Natur" begünstigen ein prinzipiell asymmetrisches Verhältnis zwischen Frauen, den Naturwissenschaften und der Technik. Analysen zur geschlechtsspezifischen Segmentierung des Arbeitsmarktes und zur Vergeschlechtlichung von Berufen (vgl.: Wetterer 1992;

1993; Willms-Herget 1985) verweisen darauf, daß solche gesellschaftlichen Ausschlußmechanismen gegenüber Frauen in modernisierter, entmythologisierter Form nach wie vor relevant und aktuell sind. Cockburn (1988) illustriert in ihren Studien, wie Männer in qualifizierten technischen Berufen ihren „Besitzstand" gegen Frauen verteidigen und wie variabel Geschlechterstereotype benutzt werden, um den beruflichen Aufstieg von Frauen zu erschweren.

Die skizzierten Analysen legen ein generelles „Unverhältnis" (Janshen 1986) zwischen Technik und Frauen nahe. Geht man allerdings davon aus, daß die „soziale Distanz" der Frauen zu diesen Disziplinen sich nicht bruchlos „in" den Individuen wiederfindet, sondern daß Frauen sich als Subjekte mit Technik und den stereotypen Geschlechtsrollenerwartungen auseinandersetzen, dann sind die subjektiven Technikhaltungen genauer zu untersuchen und zu bestimmen. Der am Institut „Frau und Gesellschaft" Mitte der 80er Jahre entwickelte Ansatz einer „weiblichen Zugangsweise" zu (Informations)Technologien war bemüht, die pauschal als defizitär und distant charakterisierten Umgangsformen von Frauen mit Technik aufzuwerten und eigenständige, weibliche Denkstile und Verhaltensweisen zu postulieren (vgl.: Schiersmann 1987). Die diesem differenztheoretischen Ansatz eigene apriorische Festlegung frauenspezifischer Eigenschaften und Fähigkeiten versucht, das Potentiale-Konzept zu vermeiden. Dieses propagiert eine „grundsätzlich übereinstimmende Befähigung beider Geschlechter" und versucht, die Bedingungen zu orten, die Frauen zu Ausnahmen in hochqualifizierten naturwissenschaftlich-technischen Berufen machen (Roloff/Metz-Göckel 1995, S.268). Geschlecht wird als sozial strukturierte und strukturierende Kategorie aufgefaßt. Entgegen der Vorstellung einer binären Geschlechterordnung mit stereotypen Zuschreibungen von Fähigkeiten geht man von latenten, unentwickelten Potentialen und damit auch technischen Kompetenzen bei Frauen aus, die „geweckt" und gefördert werden sollten.

Da also in der feministischen Diskussion mittlerweile die Annahme einer generellen Technikdistanz von Frauen in Frage gestellt wurde, interessierte mich, empirisch und detailliert zu überprüfen, welche Vorstellungen und Haltungen in bezug auf Technik sich konkret bei Frauen zeigen. Vorliegende empirische Untersuchungsergebnisse belegen, daß Frauen sich zwar teilweise in ihren Haltungen zur Technik von Männern unterscheiden, daß diese Unterschiede aber nicht durchgängig (z.B. abhängig von Größen wie Alter und Bildungsstand) sind (vgl.: Walter 1995). Offen bleibt, ob Frauen eher affektiv-emotional anders auf Technik reagieren oder ob sie anderes Wissen über Technik haben oder andere technische Schwerpunkte setzen (möchten).

Anlage der Untersuchung

In meiner empirischen Studie wurden bei einer umschriebenen Gruppe, nämlich FachhochschulstudentInnen unterschiedlicher Fachrichtungen, subjektive Technikkonzepte und -haltungen differenziert untersucht. Ich möchte Teilergebnisse zu zwei Fragenkomplexen darstellen:
Fragestellung 1: Welche Bedeutung hat die Kategorie „Geschlecht“, wenn man die meist eindimensional untersuchte „Haltung zur Technik“ ausdifferenziert? Welche Bedeutung kommt dabei neben dem Geschlecht der Techniknähe des Studienfaches der Befragten zu?
Fragestellung 2: Ist es überhaupt dasselbe, wenn Frauen und Männer über „Technik“ sprechen? Gibt es geschlechtsspezifische Ausgestaltungen des Technikkonzepts und – damit verbunden und darüber hinausweisend – unterschiedliche Vorstellungen über die Entwicklung und die Steuerungsmöglichkeiten von Technik?
Die 436 FachhochschulstudentInnen wurden 1991 und 1992 schriftlich anhand eines Fragebogens mit standardisierten und offenen Fragen befragt. Tabelle 1 zeigt, wie sich die Studierenden auf die einzelnen Fachgebiete verteilten.[1] Die berücksichtigten natur- und ingenieurwissenschaftlichen Fachdisziplinen werden hier nicht gesondert ausgewiesen.

Tabelle 1: Charakteristika der Untersuchungsstichprobe

Fachrichtung	Geschlecht		Summe/Prozent
	Weiblich	Männlich	
Verwaltung	36	28	64 14.7%
Natur- u. Ingenieurwissenschaften	122	150	272 62.4%
Sozialarbeit, Sozialpädagogik	57	43	100 22.9%
Summe	215	221	436
Prozent	49.3%	50.7%	100%

Dimensionierung der Technikhaltungen und ihre Operationalisierung

Um möglichst viele Aspekte des subjektiven Technikbezugs zu berücksichtigen und systematisch zu ordnen, wurde eine Dimensionierung der Technikhaltung vorgenommen. Angeregt durch Vorschläge der Einstellungsforschung unterschied ich eine affektiv-evaluative, eine kognitive und eine konative (Verhaltensintentionen und -motive betreffende) Dimension sowie zusätzlich die Zentralität der Technik für die Person.[2] Die vier Dimensionen des subjektiven Technikbezugs wurden folgendermaßen erfaßt:

a) Für die affektiv-evaluative Dimension wurden die evaluativen Eigenschaftspaare eines „Semantischen Differentials“ verwendet (hilfsbereit-egoistisch, triebhaft-gehemmt, zurückgezogen-gesellig, gesund-krank, vergnügt-mißmutig, frisch-müde, heiter-traurig). Für die positive oder negative Bewertung von Technik wurden die Einzelwerte der Items zu einem Summenwert zusammengefaßt.[3]

b) Die kognitive Dimension des Technikbezugs, also Wahrnehmungen von Technik und das Nachdenken über Technik, wurde inhaltsanalytisch über die Antworten zur offenen Frage „Was verstehen Sie unter Technik?“ erschlossen. Als Indikator eines – notwendigerweise vereinfachten – subjektiven Technikbezugs galt hier die „Komplexität“: Meine Annahme war, daß sich die Intensität der Auseinandersetzung mit Technik in der Differenziertheit der Antworten ausdrückt. Je mehr Aussagen über konstitutive Merkmale von Technik und über Einsatzmöglichkeiten von Technik vorlagen, desto komplexer wurde der Technikbegriff der betreffenden Person eingestuft. Bewertende Aussagen blieben unberücksichtigt.

c) Zur Erhebung der konativen Dimension wurden die Antworten zur offenen Frage „Welche verschiedenen Beweggründe spielten für die Wahl Ihres Studienfaches eine Rolle?“ inhaltsanalytisch nach intrinsischen und extrinsischen Motiven (Interesse am Fach, persönliche Weiterentwicklung versus Berufschancen, Einkommen etc.) ausgewertet. Aus den Antworten wurde ein Summenscore gebildet, der die intrinsischen Motivnennungen – vermindert um die extrinsischen Motive – enthält. Der Technikbezug läßt sich in dieser Dimension nur bei IngenieurstudentInnen untersuchen.

d) Die Zentralität von Technik für die Person wurde über die Ich- Referenz von Technik, die von den befragten Personen eingeschätzte Nähe der Technik zum Ich, erfaßt. Zur Erhebung der Ich-Referenz wurde eine Skala entwickelt, auf der „Technik“, aber auch noch weitere Konzepte einzustufen waren.

Die Korrelationen zwischen diesen vier Dimensionen waren relativ niedrig (die höchste Korrelation bestand zwischen der Ich-Referenz von Technik und der Technikbewertung und betrug r=0.22). Es ist demnach angemessen und angezeigt, subjektive Technikhaltungen nicht, wie es in der Regel geschieht, durch einen einzigen Indikator abzubilden, sondern zu präzisieren, wie sie sich in einem mehrdimensionalen Raum entfalten.

Ergebnisse

Die vier Dimensionen der Technikhaltung wurden in Varianzanalysen danach überprüft, welchen Einfluß dem Faktor „Geschlecht" und dem Studiengebiet (dessen „Techniknähe") zukommt. Die Ergebnisse sind in Tabelle 2 zusammengefaßt. Da keine signifikanten Wechselwirkungen zwischen Geschlecht und Studiengebiet auftraten, können die Einflüsse beider Faktoren getrennt ausgewiesen werden.

Bei allen Dimensionen des Technikbezugs erwies sich das Studienfachgebiet als entscheidender oder dominanter Bedingungsfaktor für die Ausprägung der

Tabelle 2: Geschlechts- und Studienfacheinflüsse auf Technikhaltungen

Dimensionen der Technikhaltungen	Geschlechtsabhängige Mittelwertunterschiede	Studienfachabhängige Mittelwertunterschiede
Affektiv-evaluativ: positive Bewertung von Technik	nicht signifikant	(Ing, Verw) > Soz*
Kognitiv: Komplexität des Technikbegriffs	nicht signifikant	(Verw, Soz) > Ing
Konativ: Intrinsische Motive für das Ingenieurstudium	W > M	[Soz > Ing > Verw]**
Ich-Referenz: Ich-Nähe von Technik	M > W	Ing > Soz > Verw

* Ing = StudentInnen der Natur- und Ingenieurwissenschaften
Verw = StudentInnen der Faches Verwaltung
Soz = StudentInnen der Sozialarbeit/Sozialpädagogik
Das Merkmal „>" bedeutet, daß sich Frauen und Männer bzw. die Fachgruppen signifikant unterscheiden und zwar in der Weise, daß die Gruppen vor dem Zeichen „>" höhere Werte aufweisen.

** Hier wird ausgewiesen, wie sich die Fachgruppen hinsichtlich der Stärke der intrinsischen Motive für das gewählte Studienfach unterscheiden.

Technikhaltungen (auf das Konto der Studienfächer entfielen zwischen 5.5 und 21.4 Prozent der aufgeklärten Varianz; der Faktor „Geschlecht“ klärte maximal 5 Prozent der Varianz auf). Nur bei den Studienfachwahlmotiven und der Ich-Referenz von Technik zeigten sich signifikante Unterschiede zwischen den Geschlechtern.
Bei der Technikbewertung unterschieden sich die Studierenden der Sozialarbeit/Sozialpädagogik signifikant von den beiden anderen Gruppen. Nur sie beurteilten im Mittel Technik negativ, während die anderen Studierenden Technik neutral bis positiv bewerteten. Hinsichtlich der Komplexität des Technikbegriffs fiel auf, daß gerade die Studierenden der Ingenieurwissenschaften wenig ausführliche und differenzierte Aussagen zu „Technik“ machten. Möglicherweise sahen die StudentInnen der Ingenieurwissenschaften Technik als etwas Alltägliches an, wofür kein besonderer Explikationsbedarf besteht. Das Ergebnis läßt sich aber auch so interpretieren, daß (gebildete) Techniklaien mehr über Technik und technische Entwicklungen reflektieren, als die Technikexperten dies tun.
Geschlechtsspezifische Unterschiede ergaben sich bei den Motiven für die Wahl des Studienfaches: Studentinnen der Natur- und Ingenieurwissenschaften äußerten mehr intrinsische Motive als ihre Kommilitonen. Sie zeigten mehr Interesse an den Studieninhalten und an den Herausforderungen des technischen Berufes. Bei den Frauen bedarf es, insbesondere wenn sie in männerdominierte Bereiche eintreten, offenbar eher intrinsischer Motivation, während bei den Männern in höherem Maße extrinsische Motive, also Anstöße von außen oder Gratifikationserwartungen für die Studienfachwahl entscheidend zu sein scheinen. Mit Blick auf die Gesamtergebnisse sind diese Überlegungen jedoch zu relativieren: Bei fachspezifischer Betrachtung überwogen bei den Studierenden des Faches „Verwaltung“ extrinsische Motive, während die intrinsische Motivation bei Studierenden der Sozialarbeit/Sozialpädagogik am stärksten ausgeprägt war. StudentInnen der Natur- und Ingenieurwissenschaften nahmen hier eine intermediäre Position ein. Hinsichtlich der Ich-Referenz von Technik waren sowohl das Studienfachgebiet als auch das Geschlecht bedeutsam dafür, wie ich-nah oder ich-fern Technik eingestuft wurde. Dies drückte sich so aus, daß Studentinnen generell Technik ichferner als Studenten lokalisierten, und daß Studierende der Natur- und Ingenieurwissenschaften Technik ich-näher als Studierende der Sozialarbeit/Sozialpädagogik, und diese wiederum Technik ich-näher als Studierende des Faches „Verwaltung“ einstuften.
Die Ergebnisse der mehrdimensionalen Untersuchung verdeutlichen, daß hier die Trennlinie zwischen „Distanz“ und „Nähe“ zur Technik nicht geradlinig

zwischen den Geschlechtern verläuft. Das illustriert auch Abbildung 1, in der die beiden fett gedruckten Strichführungen signifikante Geschlechtsunterschiede darstellen.

Abbildung 1: Stärke des Technikbezugs und Studienfachwahlmotivation von Frauen und Männern

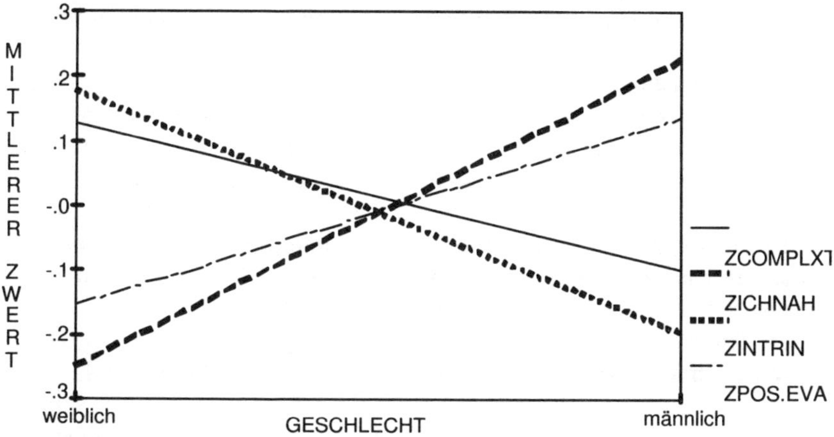

ZCOMPLXT: Komplexität des Technikbegriffs (z-Werte)*
ZICHNAH: Ich-Nähe von Technik (z-Werte)*
ZINTRIN: Intrinsische Studienfachwahlmotivation (z-Werte)*
ZPOS.EVA: Positive Bewertung v. Technik (z-Werte)*

* Die Variablen wurden für die Abbildung in z-Werte (Mittelwert = 0, Standardabweichung s=1 transformiert (z = (x-MWx)*s^{-1}), um Maßstabsunterschiede auszugleichen

Die geringere „Ich-Referenz" von Technik bei Frauen könnte dahingehend gedeutet werden, daß sich so die tradierte gesellschaftliche Ausgrenzung von Frauen aus der technischen Sphäre subjektiv kondensiert. Aus der geringeren Ich-Nähe von Technik läßt sich jedoch nicht unmittelbar folgern, daß Frauen Technik deswegen auch negativer bewerten und daß sie über einen weniger komplexen Technikbegriff verfügen oder weniger intrinsisch für ihr technisches Fach motiviert sein müssen.

Für die Konzeption von Maßnahmen zur Motivierung und Förderung von Frauen lassen es die Ergebnisse empfehlenswert erscheinen, auf der Ebene der intrinsischen Motive anzusetzen, um junge Frauen vorrangig erfahren zu lassen, daß Technik bzw. ein ingenieurwissenschaftliches Studium etwas Interessantes sein und eine persönliche Herausforderung darstellen kann. Unzureichend wäre es dagegen, Frauen nur aufzuzeigen, daß ein ingenieurwissenschaftliches Studium etwas Einfaches und leicht Bewältigbares ist. Manche Frauen unterlassen es vielleicht gerade deshalb, Ingenieurwissenschaften zu studieren, weil sie vermuten, daß sie hier ihre Potentiale nicht entfalten können, und nicht, weil der Erwerb technischer Kompetenz so „schwer“ sei. Möglicherweise muß bei Frauen erst ein besonderes Interesse für die Technik geweckt werden, damit sie ein technisches Studienfach wählen, da für sie Technik generell persönlich nicht so bedeutsam ist wie für Männer.

Unter der Annahme, daß in der geringeren Ich-Nähe von „Technik“ die generalisierte Ausgrenzung der Frauen aus der Technik subjektiv kondensiert, könnte prinzipiell auch diese Komponente des Technikbezugs Ansatzpunkt für Fördermaßnahmen sein. Hier wäre es notwendig, individuell oder in Kleingruppen mit jungen Frauen aufzuarbeiten, wie sie Technik bereits aus ihrer Biographie und Lebensperspektive „verdrängt“ haben.

Was mich zunächst etwas irritierte, nämlich daß sich die Fachgebiete in der Untersuchung als dominante Einflußgrößen – vor dem Geschlecht – erweisen, ist auf den zweiten Blick als ein faszinierendes Ergebnis zu werten. Die in meiner Untersuchung berücksichtigten unterschiedlichen Studienfächer spiegeln nicht allein eine variierende Vertrautheit mit Technik wider, sondern symbolisieren zugleich auch eine unterschiedliche Vergeschlechtlichung nach dem binären Code „feminin-maskulin“, indem die „maskulin“ geprägten Disziplinen der Natur- und Ingenieurwissenschaften insgesamt einen engeren Technikbezug aufweisen, als vor allem die technikferne Sozialarbeit/Sozialpädagogik, die von ihrer Entstehung her „weiblich“ geprägt ist. Allerdings handelt es sich bei dem in den Studienfächern verkörperten Geschlechtercode gewissermaßen um eine metaphorische Vergeschlechtlichung, die sowohl bei den männlichen als auch bei den weiblichen Angehörigen der jeweiligen Fachdisziplinen in den Technikhaltungen zum Ausdruck kommt und die – das ist der entscheidende Punkt – nicht mit dem Einfluß der Strukturkategorie „Geschlecht“ auf die Technikhaltungen zusammenfällt. Die tradierte und erstarrte, aber trotzdem einflußreiche (metaphorische) Vergeschlechtlichung, die die Fachdisziplinen durchdringt, scheint meinen Untersuchungsergebnissen zufolge nicht (mehr) völlig mit dem aktuellen Geschlechtsrollenverständnis von Frauen und Männern übereinzustimmen. Frauen und Männer verfügen also zum Teil über Technikhaltungen, die anders vergeschlechtlicht sind, als sie gemäß der Vergeschlechtlichung der Studienfächer und Berufe tradiert werden.

Die subjektiven Technikkonzepte von Frauen

Bei der Untersuchung der Dimensionen der Technikhaltungen blieb offen, wie die befragten Frauen und Männer Technik konzipieren. Der Sachverhalt, daß zwar alle Menschen mit Technik konfrontiert sind, aber von ihr völlig unterschiedlich tangiert und „angesprochen“ werden, ließ einen variierenden Gebrauch und ein wechselndes Verständnis der Inhalte von „Technik“ erwarten. Diese Annahme wird auch von der sozialwissenschaftlichen Technikforschung geteilt und – hinsichtlich geschlechtsspezifischer Vorstellungen über Technik – von der Umfrageforschung ansatzweise empirisch bestätigt. Danach verbinden Frauen mit Technik vermehrt Umwelttechnik und Haushaltstechnik (EMNID 1991; Jugendwerk der deutschen Shell 1992) und schenken den sozialen Auswirkungen der Technik mehr Aufmerksamkeit; Männer hingegen denken eher an Artefakte wie Autos und Maschinen, wenn sie nach Technik gefragt werden.

Um die subjektiven Technikkonzepte festzustellen, habe ich in meiner Untersuchung die offene Frage „Was verstehen Sie unter Technik?“ inhaltsanalytisch danach ausgewertet: a) welche Merkmale von Technik als konstitutiv angesehen, b) welche Technikgebiete und Technologien genannt und c) welche technischen Einsatzbereiche unterschieden werden.

Neben diesem denotativen Aspekt besitzt der Technikbegriff auch eine konnotative Bedeutung, in der sich die Anmutungen, z.B. der Bedeutungshof von Technik niederschlagen. Analysen wie die von Cockburn (1988), die vielzitierte Arbeit von Hofstätter (1979) oder auch die Befunde von Pflüger/Schurz (1987) lassen vermuten, daß mit „Technik“ vor allem „männliche“ Stereotype wie Stärke, Härte und Aktivität assoziiert werden. Für geschlechtsspezifische Unterschiede in dem Sinne, daß Männer in stärkerem Maße als Frauen Technik durch „männliche“ Attribute charakterisieren, sprechen aber bisher nur die Befunde von Cockburn, die die geäußerten Stereotypen als Hilfsmittel von Männern zur Verteidigung ihrer Domänen interpretierte. Hinreichend belegt sind stabile Geschlechterunterschiede aber damit noch keineswegs. Um den Bedeutungshof des Technikkonzepts zu erfassen, habe ich in meiner Untersuchung ein Semantisches Differential mit 25 Eigenschaftspaaren verwendet.[4]

Wichtig war für mich weiterhin – gerade auch im Hinblick auf die mit einer verstärkten Präsenz von Frauen in qualifizierten technischen Berufen verbundene Hoffnung einer Humanisierung technischer Entwicklungen –, wie die Steuerbarkeit technischer Prozesse beurteilt wird. Sowohl aufgrund von Thesen der Frauenforschung (vgl.: Janshen 1989; Woesler de Panafieu 1987), als auch nach empirischen Untersuchungsbefunden (vgl.: Ritter 1994) ist anzunehmen, daß Männer Technik eher für kontrollierbar und steuerbar halten als Frauen. Um Kontrollüberzeugungen zu ermitteln, habe ich die Antworten auf die offenen Fragen (hinsichtlich des Technikverständnisses, technischer Fortschritte und Fehlentwicklungen) per Inhaltsanalyse den Kategorien „internal control", „external control" und „ambivalent" (hinsichtlich der Steuerbarkeit) zugeordnet.[5]

Ergebnisse zum subjektiven Technikbegriff

*Abbildung 2: Geschlechtsspezifische Aspekte des Technikbegriffs**

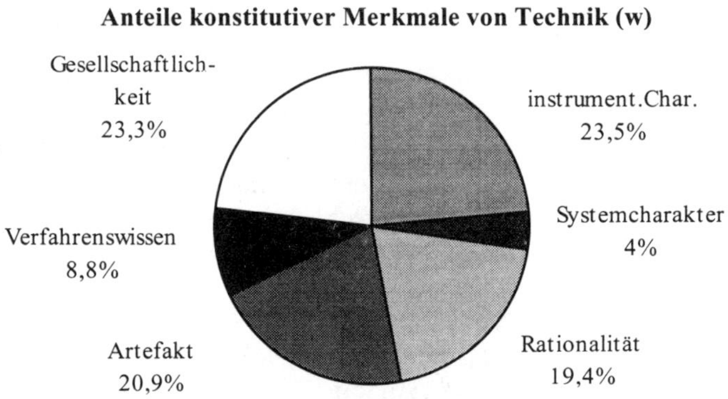

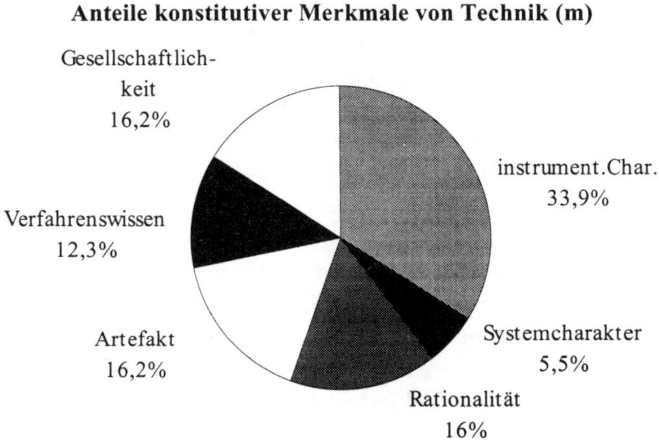

Anteile genannter Technologien (w)

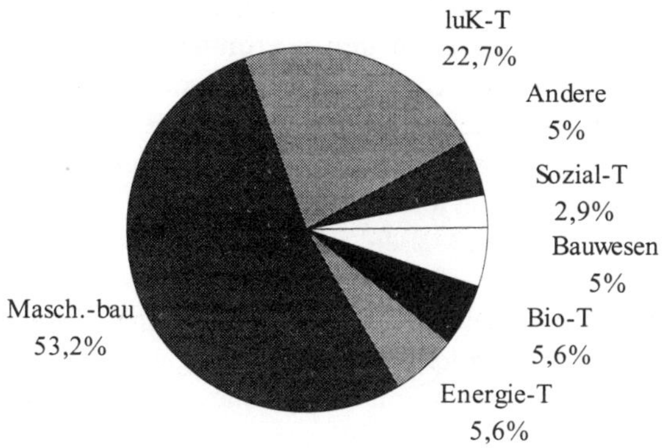

Anteile genannter Technologien (m)

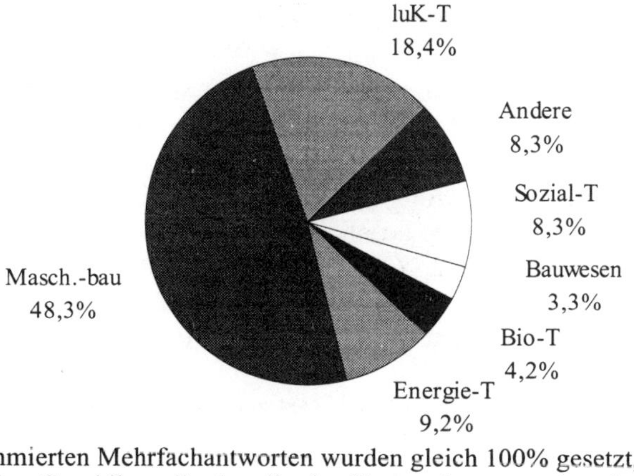

* Die aufsummierten Mehrfachantworten wurden gleich 100% gesetzt, so daß die Werte in den Graphiken die Anteile der Kategorien untereinander, nicht die Prozentanteile der Mehrfachantworten enthalten. Dunkel markierte Felder bedeuten, daß sich beide Gruppen (w=weiblich, m=männlich) in der betreffenden Kategorie statistisch signifikant unterscheiden. Nicht signifikant unterschiedlich besetzte Felder wurden nicht ausgefüllt.

Geschlechtstypische Besonderheiten ergaben sich vornehmlich bei den konstitutiven Merkmalen von Technik. Frauen nannten signifikant häufiger als Männer technische Artefakte wie „Werkzeuge", „Computer" als Merkmale von Technik. Von über der Hälfte der Frauen, aber nur von knapp einem Drittel der Männer wurde das Verhältnis von Technik und Gesellschaft sowie die

gesellschaftliche Bedeutung von Technik thematisiert. Die Männer betonten dagegen stärker den instrumentellen Charakter von Technik. Weiterhin wurde von einem beträchtlichen Anteil der Studentinnen das wissenschaftlich-rationale Vorgehen der Technik angesprochen. Als Technologie wurden „Maschinenbau“ und die zugeordneten technischen Artefakte wie „Maschinen“ und „Flugzeuge“ am häufigsten genannt. Nur bei dieser Technologie unterschieden sich Frauen und Männer signifikant. Die stärkere Ausprägung dieser Kategorie bei den Frauen, in der Technik vorrangig als Sachtechnik erschien, könnte auf ein traditionelles oder konventionelles Moment im Technikverständnis der Frauen hindeuten. Außer der Informations- und Kommunikationstechnologie wurden andere Technologien relativ selten von den Befragten genannt, wobei sich Frauen und Männer in ihren Antworten ähnlich waren. Auch bei den Einsatzbereichen von Technik (Umwelt, Wirtschaft etc.) zeigten sich keine signifikanten Unterschiede zwischen den Geschlechtern.
Die in der Frauenforschung diskutierte „pragmatische“ Haltung von Frauen gegenüber Technik (vgl.: Schiersmann 1987; Faulstich- Wieland/Dick 1988) wird durch meine Ergebnisse präzisiert: Wenngleich in eine pragmatische Haltung sicherlich ein instrumentelles Verständnis von Technik einfließt, erscheint bei den von mir befragten Studentinnen der pragmatische Umgang mit Technik seltener in der Form einer reinen Zweck-Mittel-Relation. „Pragmatisch“ könnte – nach meinen Ergebnissen – vielmehr für Frauen bedeuten, daß sie Technik nicht abstrakt als „Instrument“ definieren, sondern deren gesellschaftliche Bedeutung oder Auswirkung; daß sie die Technik eher in die gesellschaftliche Praxis eingebettet sehen, während Männer die Technik überwiegend in ihren instrumentellen und funktionalen Bezügen als ein Mittel charakterisieren.

Ergebnisse zu den Technikkonnotationen

Um die Technikkonnotationen, die stereotypen Anmutungen des Konzepts „Technik“, wie sie in einer Kultur – mehr oder weniger einhellig – geteilt werden, zu eruieren, wurde das Semantische Differential verwendet. Die in Abbbildung 3 wiedergegebenen Profilverläufe der Urteile von Frauen und Männern weisen eine große Ähnlichkeit auf; die Profilkorrelation beträgt dementsprechend auch r=0.99.[7]
Allerdings sind Unterschiede in der Profilhöhe erkennbar. Die durchgeführte Varianzanalyse für die zehn Items des Semantischen Differentials, die eng mit Technik assoziiert sind (aktiv, stark, hart etc.), ergab einen signifikanten

Geschlechtsunterschied dergestalt, daß bei den Studentinnen diese Technikkonnotationen stärker ausgeprägt waren. Demnach reproduzierten vor allem die Studentinnen in ihren Antworten das klassische Stereotyp von Technik

Abbildung 3: Konnotationen zu Technik

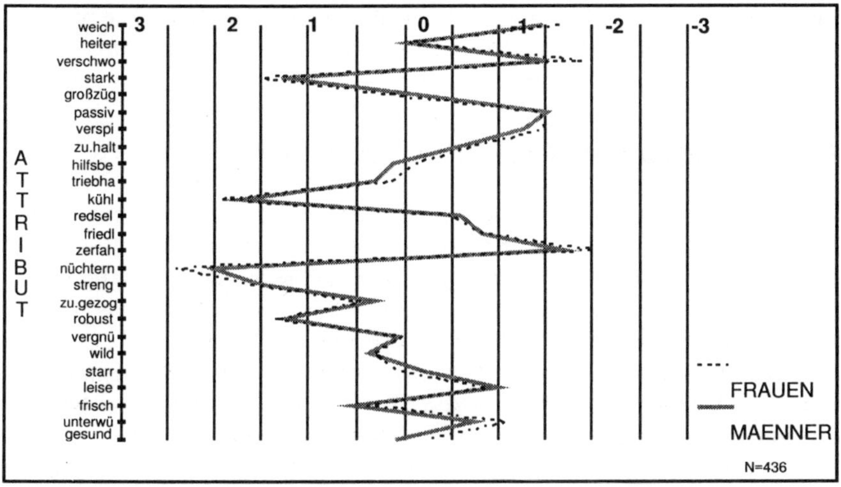

und stellten auf der assoziativen, intuitiven Ebene ausgeprägter als Männer die Verbindung zwischen den Technik und Männlichkeit charakterisierenden Stereotypen her. Es kann sein, daß sich in diesem Ergebnis ein stärkeres Empfinden von Frauen für die traditionelle Vergeschlechtlichung der Technik manifestiert. Die ausgeprägte Wahrnehmung von Technikstereotypen könnte bedeutsam dafür sein, daß Frauen die Technik – wie erwähnt – ichferner lokalisieren.

Die Ergebnisse bestätigen die Langlebigkeit stereotyper Konnotationen bzw. Wahrnehmungen von Technik (vgl. Fußnote 6). Allerdings zeigt sich – wenn auch bezogen auf Technik als Abstraktum –, daß solche Stereotypisierungen offenbar kein „Privileg" von Männern sind, wie dies etwa die Analyse von Cockburn nahelegt. Künftig wäre genauer zu untersuchen, ob die pointierte Wahrnehmung stereotyper Merkmale von Technik durch Frauen eher eine affirmative Funktion hat oder ob sie Ansatzpunkt für eine Infragestellung der Vergeschlechtlichung technischer Berufe ist.

Die Interpretation meiner Befunde wird erschwert, wenn ich die ebenfalls erhobenen Konnotationen zum Konzept „Frau" berücksichtige. Für die Profilkorrelationen zwischen den Konzepten „Frau" und „Technik" ergab sich zwar bei den Männern ein signifikanter negativer Zusammenhang (r = -0.42), bei den Frauen waren jedoch beide Konzepte voneinander unabhängig. Auch wenn die befragten Frauen also Technik besonders „traditionell" auffaßten, leitete sich für sie daraus kein Gegensatz zu ihrem – weniger traditionellen – Selbstverständnis als Frau ab. Ein solcher Gegensatz zwischen Frau und Technik scheint dagegen heute noch im Bewußtsein der befragten Männer vorhanden zu sein.

Ergebnisse zu den Kontrollüberzeugungen

Ob und wie häufig die Befragten (individuelle) Einflußmöglichkeiten auf die technische Entwicklung oder Kontrollprobleme thematisieren, wurde durch eine Kreuztabellenanalyse festgestellt. Die Ergebnisse sind in Tabelle 3 wiedergegeben.

Da die Studierenden nicht ausdrücklich zur Steuerbarkeitsthematik, sondern zu ihrem Technikverständnis allgemein befragt wurden, ist es bemerkenswert, daß Aussagen von 229 Personen, also von über 50 Prozent der Befragten, vorliegen, die in eine der Steuerbarkeitskategorien fallen. Bei den Antworten zeigten sich statistisch signifikante Unterschiede zwischen Frauen und Männern (im übrigen auch zwischen den Studierenden der verschiede-

Tabelle 3: Internal-external control von Technik und Geschlecht

	Count / Exp Val	Geschlecht: w	m	Row Total
Insternal-External Control	external	67 57,2%	45 54,8%	112 48,9%
	internal	18 27,6%	36 26,4%	54 23,6%
	ambival.	32 32,2%	31 30,8%	63 27,5%
	Column Total	117 51,1%	112 48,9%	229 100,0%

Chi-Square	Value	DF	Significance
Pearson	10.23301	2	.00600

nen Studienfachgebiete). Bei den Frauen überwog eine externale Kontrollüberzeugung hinsichtlich der Technik. Sie äußerten sich also häufiger skeptisch zur Beeinflußbarkeit technischer Prozesse.[8] Die geschlechtstypische Verteilung der Kontrollüberzeugungen in der erwarteten Richtung möchte ich nicht im Sinne von „gut" oder „schlecht" bewerten, da in diesen Überzeugungen sowohl realistische wie unrealistische Erwartungen über die Möglichkeiten und Gefahren von Technik verschränkt sein können. Aufgrund der höheren Quantität von Kontrollüberzeugungen bei den Studierenden der Natur- und Ingenieurwissenschaften dürfte jedoch Frauen, die bei der Inhaltsanalyse der Kategorie „external control" zugeordnet wurden, die Entscheidung für ein ingenieurwissenschaftliches Studium sowie die Integration in technische Fachdisziplinen schwerfallen.

Zusammenfassung und Schlußfolgerungen

Offenbar wurde der Gegenstand subjektiver Technikhaltungen abhängig vom jeweiligen Geschlecht begrifflich unterschiedlich akzentuiert und konturiert. Frauen betonten neben dem instrumentellen Nützlichkeitsaspekt den gesellschaftlichen Bezug von Technik. Sie nahmen pointierter als Männer den maskulinen Habitus von Technik wahr. Darüber hinaus reagierten Frauen sensibler als Männer auf Steuerbarkeitsprobleme von Technik.
Welche Visionen einer von Frauen gestalteten Technik deuten sich in meinen Ergebnissen an? Meines Erachtens ist davon auszugehen, daß von Frauen bestimmte Parameter anders gewichtet würden, da sie – in der Untersuchung – Technik weniger als abstraktes, beliebig einsetzbares Mittel definierten. Für sie muß Technik vor allem interessant sein, etwas, das persönlich weiterbringt und wofür man sich persönlich engagieren kann. Indem diese Frauen den Gesellschaftsbezug von Technik hervorhoben, berücksichtigten sie auch stärker als Männer die historisch-gesellschaftlichen Voraussetzungen des technischen Fortschritts und nicht nur die unmittelbaren Nutzeffekte von Technik. Aus dieser Haltung heraus beurteilten sie deshalb wohl auch die Steuerbarkeit technischer Innovationen vorsichtiger und zurückhaltender als Männer. Man könnte bei einer verstärkten Präsenz von Frauen in qualifizierten technischen Berufen mithin erwarten, daß technische Aufgaben umsichtiger in Angriff genommen würden, als das heute der Fall ist.

Anmerkungen

1 Um der impliziten Wechselwirkung zwischen „Geschlecht" und „Techniknähe des Studienfaches" zu begegnen, wurden Frauen und Männer in jeweils ungefähr gleicher Anzahl aus den einzelnen Studiengängen berücksichtigt. Dieses Vorgehen erklärt sich daraus, daß mit der Studie keine repräsentative Untersuchung, sondern die Überprüfung theoretischer Annahmen beabsichtigt war. Die größere Anzahl an StudentInnen der Natur- und Ingenieurwissenschaften sollte Detailuntersuchungen ermöglichen (siehe: Walter 1995).

2 Der Bezug auf Annahmen der Einstellungsforschung bedeutet nicht, daß ich mich in meiner Studie den methodologischen und erhebungstechnischen Prinzipien der Einstellungsforschung anpaßte. Die enge Anlehnung an ein schlichtes positivistisches Wissenschaftsverständnis hat zu den bekannten Irritationen in der Rezeption der Einstellungsforschung geführt (Berger 1980; Strauss 1995). Zur Untersuchung des naturwissenschaftlichen Interesses von SchülerInnen hat im übrigen Hannover (1991) explizit ein mehrdimensionales Einstellungsmodell von Ajzen/Fishbein (1980) übernommen. Ohne Bezug zur Einstellungsforschung nehmen auch Becker-Schmidt/Knapp/Rumpf (1981) eine ähnliche Dimensionierung vor.

3 Die evaluativen Items wurden nach einer Faktorenanalyse und aufgrund bereits vorliegender Untersuchungsergebnisse ausgewählt.

4 Die evaluativen Items des Differentials wurden wie erwähnt für die Erfassung der Technikbewertung herangezogen.

5 Diese Unterscheidung beruht auf dem bekannten „Locus of control-Konzept". Eine Übersicht über das Konzept gibt Krampen (1989).

6 Die aufsummierten Mehrfachantworten wurden gleich 100% gesetzt, so daß die Werte in den Graphiken die Anteile der Kategorien untereinander, nicht die Prozentanteile der Mehrfachantworten enthalten. Dunkel markierte Felder bedeuten, daß sich beide Gruppen (w=weiblich, m=männlich) in der betreffenden Kategorie statistisch signifikant unterscheiden. Nicht signifikant unterschiedlich besetzte Felder wurden nicht ausgefüllt.

7 Als zusätzliches interessantes Ergebnis bleibt festzuhalten, daß bei einem direkten Vergleich mit den Ergebnissen von Hofstätter aus den Jahren 1964 und 1979 die Konnotationen zu Technik über einen vergleichsweise langen Zeitraum stabil geblieben sind. Hinzu kommt, daß die Konnotationen dem klassischen Stereotyp entsprechen, das herangezogen wird, um eine enge Verbindung von Technik und Männlichkeit zu postulieren (Hofstätter 1979).

8 Bei den Geschlechtern zeigte sich kein Unterschied für die dritte Kategorie „Ambivalenz". Diese Kategorie lieferte aber Informationen bei den Studienfachgebieten: Besonders häufig fielen Antworten von StudentInnen der Natur- und Ingenieurwissenschaften unter diese Kategorie.

Literatur

Ajzen, I. / Fishbein, M. (1980): Understanding attitudes and predicting social behavior. Englewood Cliffs

Becker-Schmidt, R. / Knapp, G.A. / Rumpf, M. (1981): Frauenarbeit in der Fabrik. In: Gesellschaft. Beiträge zur Marxschen Theorie 14, S.52-74

Berger, H. (1980): Untersuchungsmethode und soziale Wirklichkeit. Frankfurt a.M.

Cockburn, C. (1988): Die Herrschaftsmaschine. Geschlechterverhältnisse und technisches Know-how. Berlin

Emnid-Institut (1991): Technischer Fortschritt und Technik-Akzeptanz. Bielefeld

Faulstich-Wieland, H. / Dick, A. (1988): Wir Mädchen können das, auch wenn die Jungen lachen .... In: Hess. Institut für Bildungsplanung und Schulentwicklung, H. 27. Wiesbaden

Fox-Keller, E. (1986): Liebe, Macht und Erkenntnis. Männliche oder weibliche Wissenschaft? München

Hannover, B. (1991): Zur Unterrepräsentanz von Mädchen in Naturwissenschaften und Technik: Psychologische Prädiktoren der Fach- und Berufswahl. In: Z. f. päd. Psychologie, Jg.5, S.169-186

Hofstätter, P.R. (1979): Angst vor der Technik. In: VdTöV e.V.: Mitgliederversammlung 1979. Hamburg

Janshen, D. (1986): Frauen und Technik – Facetten einer schwierigen Beziehung. In: Hausen, K. / Nowotny, H. (Hrsg.): Wie männlich ist die Wissenschaft? Frankfurt a.M., S.279-292

– (1989): Eros im Abwind. In: Schelhowe, H. (Hrsg.): Frauenwelt – Computerräume. Berlin, S.80-92

Jugendwerk der Deutschen Shell (Hrsg.) (1992): Jugend '92. Bd.2. Opladen

Krampen, G. (Hrsg.) (1989): Diagnostik von Attributionen und Kontrollüberzeugungen. Göttingen

Pflüger, J. / Schurz, R. (1987): Der maschinelle Charakter. Sozialpsychologische Aspekte des Umgangs mit Computern. Opladen

Ritter, M. (1994): Computer oder Stöckelschuh? Frankfurt a.M.

Roloff, Ch. / Metz-Göckel, S. (1995): Das Potentiale-Konzept und Debatten der Frauenforschung. In: Wetterer, A. (Hrsg.): Die soziale Konstruktion von Geschlecht in Professionalisierungsprozessen. Frankfurt a.M., S.263-286

Scheich, E. (1993): Naturbeherrschung und Weiblichkeit: Denkformen und Phantasmen der modernen Wissenschaften. Pfaffenweiler

Schiersmann, Ch. (1987): Computerkultur und weiblicher Lebenszusammenhang. Bonn

Strauss, A. (1995): Person, Wissenschaft und Geschlechterverhältnis. In: J. f. Psychol., Jg.3,H. 1, S.64-75

Walter, Ch. (1995): Die (De-)Konstruktion einer vergeschlechtlichten Technik. Darmstadt, Ms.

Wetterer, A. (1992): Hierarchie und Differenz im Geschlechterverhältnis. In: Wetterer, A. (Hrsg.): Profession und Geschlecht. Über die Marginalität von Frauen in hochqualifizierten Berufen. Frankfurt a. M., S.13-44

– (1993): Professionalisierung und Geschlechterhierarchie: Vom kollektiven Frauenausschuß zur Integration mit beschränkten Möglichkeiten. Kassel

Willms-Herget, A. (1985): Frauenarbeit. Zur Integration der Frauen in den Arbeitsmarkt. Frankfurt a.M.

Woesler de Panafieu, Ch. (1987): Feministische Kritik am wissenschaftlichen Androzentrismus. In: Beer,U. (Hrsg.): Klasse Geschlecht. Bielefeld, S.84-115

III. Organisationen ohne Geschlecht?

Eva Jelden

Frauen am Computer: Männlich programmiert?

Spätestens mit dem Anbruch des Computerzeitalters ist die Technik nicht länger bloßes Werkzeug. Diese Ansicht wird immer seltener ernsthaft bestritten und zumindest in der Beurteilung des Einsatzes hochentwickelter wissensbasierter Systeme allgemein geteilt. Eine philosophische Analyse von Technik, die sich nicht mit metaphysisch-abstrakter Wesensbestimmung nur selbst genügen will, sondern konstruktiv zur Debatte um die Auswirkungen der technischen Entwicklung beitragen möchte, muß Technik als Handlungsmittel ernst nehmen. Sie darf ein technisches Gerät nicht losgelöst von den Handlungen betrachten, die es ermöglicht oder begrenzt, und die ihrerseits wieder eingebunden sind in soziale, wirtschaftliche und politische Strukturen. Die Nutzung komplexer Technik ist immer auch ein Einlassen auf diese übergeordneten Strukturen, in denen andere, gewissermaßen Mit-Handelnde, auch mein Handeln und dessen Folgen mitbestimmen. In einem solchen Ansatz wird deutlich, daß eine Computerunterstützung immer da, wo sie überhaupt eine Entlastungsfunktion hat, notwendig mit dem Verlust von Kompetenz, also von Eigenbestimmtheit des Handelns, einhergeht und somit nur noch zum kleinen Teil durch die handelnde Person selbst gelenkt wird.

Technik im Handeln

Hierzu müssen wir uns zunächst genauer ansehen, welche Funktion Technik in unserem Handeln einnehmen kann und wie sie es verändert. „Klassische", maschinelle Technik – die immer noch oft genug paradigmatisch zur Beschreibung von Technik überhaupt herangezogen wird! – übernimmt in erster Linie die Ausführung mechanischer Handlungsschritte, deren Zweckmäßigkeit den BenutzerInnen ebenso bekannt sein kann wie bei nicht-technischem Handeln, ohne daß dadurch die Maschinenhilfe überflüssig wäre. Denn diese liegt vor allem in der Handlungs*ausführung* (z.B. bei einer Kaffeemaschine

im Aufbrühen des Kaffees), nicht in den Überlegungen, wie dieser Vollzug am besten zu gestalten sei (die Erstellung eines Handlungs*schemas*/-plans, etwa die Überlegung, wie Kaffee zu kochen ist). Zwar kann man sich, im „gedankenlosen" Gebrauch von Technik, auch von eigenen Überlegungen zur zweckmäßigen Vorgehensweise entlastet fühlen und Geräte „blind" für die Zwecke einsetzen, für die sie angepriesen werden. Verantwortliche Technikbenutzung jedoch muß soweit Kenntnisse über das maschinelle Verfahren einholen, daß es möglich wird, die Angemessenheit des bereitgestellten Mittels selbst zu überprüfen, nämlich im Blick auf die eigenen Wertprämissen, auf konfligierende Interessen, auf die in der Situation wahrscheinlichen Nebenfolgen und die dort verfügbaren Alternativen. Diese Beurteilung ist, weil sie untrennbar mit der handelnden Person selbst, ihren Werten und ihrer realen Situation verbunden ist, mit der davon abgelösten Bereitstellung von Technik durch einen fernen Hersteller und seine Fachleute nicht adäquat zu leisten. Denn diese können sich immer nur unzureichende Vorstellungen über die zukünftigen NutzerInnen und ihre individuellen Absichten, Präferenzen, Handlungsbedingungen und Mittelalternativen machen, weil der Einsatz technischer Produkte nicht nur in räumlicher, sondern insbesondere in zeitlicher Entfernung von ihrer Konstruktion stattfindet: Er liegt in der Zukunft, unterliegt also allein *möglichen* Bedingungen. Ob im realen Einsatz diese Bedingungen tatsächlich gegeben sind, kann nur dort beurteilt werden.
Für das Bedienen komplexer technischer Systeme jedoch, insbesondere Computersysteme und computergesteuerter Maschinen, ist eine solche „Rückholung" der technischen Hilfestellung in die eigene Handlungskompetenz nicht mehr sinnvoll zu fordern. Denn eben die Zweckmäßigkeitsbestimmung – die Mittel*wahl* und nicht nur die Ausführung – ist bereits wesentlicher Teil der Computerhilfe. Ein eigenständiges, eigenverantwortliches Handeln setzt die Auswahl des geeigneten Mittels *in der jeweiligen Situation* voraus: im Blick auf die konkrete Absicht, die aktuell verfügbaren Alternativen, die im realen Kontext wahrscheinlichen Folgen sowie die persönliche Entscheidung, ob diese durch den Zweck gerechtfertigt sind oder andere Werte und Interessen der Handelnden gravierend tangieren. Genau diese Identifikationsleistung aber soll, zumindest teilweise, das elektronische System erbringen, nicht, wie bei mechanischer Entlastung, allein die Ausführung der Handlung. Damit greift eine qualifizierte technisch-elektronische Unterstützung massiv in die Handlungskompetenzen der BenutzerInnen ein.
Dieser Unterschied verursacht immer wieder technisches Versagen, wenn nämlich Computer auf eine Situation nach vorprogrammierten Kriterien reagieren, die unvorhergesehene, in genau dieser Situation aber entscheidende

Veränderungen nicht berücksichtigen. Bereits die Zuordnung aktueller Situationsdaten zu bestimmten Algorithmen ihrer Verarbeitung ist, wie Erkenntnis überhaupt, ein *Urteil*, nämlich die Entscheidung, welche der unzählbaren Eigenschaften, die wir an einer Sache wahrnehmen könnten, ausgewählt werden als in diesem Falle und für unsere Klassifizierung bedeutsam. Wann ist ein anfliegendes Flugzeug ein feindlicher Angriff? Wenn es nicht identifizierbar ist, Kurs auf den eigenen Flugzeugträger zu nehmen scheint und per Funk nicht erreichbar? So klassifizierte der Abwehrcomputer amerikanischer Flugzeugträger im Golfkrieg und schoß fälschlich eine iranische Passagiermaschine ab! Oder wann ist eine anfliegende Rakete eine feindliche Rakete – wenn Krieg herrscht und sie nicht dem eigenen Waffentyp angehört? Dies führte im Falklandkrieg zur Versenkung eines britischen Schiffes durch eine von den Argentiniern abgefeuerte Rakete, die vom britischen Abwehrsystem durchgelassen wurde, weil die Briten zuvor dem unerwartet zum Gegner gewordenen Land ihre eigenen Waffen geliefert hatten. „Etwas" ist nicht an sich, sondern immer nur „als etwas", d.h. als durch eine Handvoll aktuell relevanter Eigenschaften *Bestimmtes* wahrzunehmen als „Ding", Mensch oder Schatten, als Bewegung, als Schrank oder Kasten, Müllhaufen oder Kunstwerk oder Möbelstück. Dieses Bestimmen gibt auch vermeintlich objektiver Erkenntnis etwas Wertendes. Erkennen ist abhängig vom momentanen Wollen, von Absichten und Ansichten, von Vorwissen und Erfahrungen, Freund-, Feind- und Weltbildern, von Werten und von Vorurteilen. Dies läßt bestimmte Merkmale „in unseren Augen" (fast wortwörtlich, nämlich vorbewußt) zu hervorstechenden und ausschlaggebenden werden und andere ins Unbemerkte verschwinden. Die individuelle, aktuell situativ bestimmte, aber auch langfristig gesellschaftlich und kulturell erlernte Ordnung der Dinge in unserer Welt, die bereits in der Sprache ihren Niederschlag findet, macht uns überhaupt erst fähig zum Wahrnehmen und Handeln. Die elektronische Datenverarbeitung und Informationsbereitstellung besteht zu wesentlichen Teilen aus eben diesen Selektionsleistungen: Für jede Anwendung noch der einfachsten Algorithmen muß deren *zweck*gemäße Anwendbarkeit auf reale Sachverhalte anhand definitiver Kriterien bestimmt sein. Solche Selektionsleistungen können auf keine gewissermaßen ontischen Merkmale der Dinge selbst zurückgreifen, sondern müssen allererst eine „Ordnung der Dinge" (Foucault) vornehmen: Sie müssen aus der unbegrenzten Menge bloß möglicher Zuschreibungen die aktuell *zweckrelevanten* bestimmen. Wer schon einmal für ein Buch eine Handvoll Schlagworte nennen mußte, die als Suchbegriffe für die elektronische Literaturrecherche dienen sollen, weiß, wieviel Gewalt in solchen Klassifizierungen steckt. Wenn diese Relevanzen nun vorab, ohne

Kenntnis der zukünftigen Anwendungsbedingungen, von Software-Teams festgelegt werden müssen, so kann dies immer nur auf der Basis dessen geschehen, was diese sich als Einsatzsituation *vorstellen*. Die eigentlich unbegrenzte Fülle der Möglichkeiten wird damit nicht allein auf das verengt, was ihnen aus dieser Fülle überhaupt bekannt und bewußt ist, sondern darüber hinaus auf das, was sie für einigermaßen wahrscheinlich halten, auf das, womit sie „rechnen". Viele solcher Bedingungen werden unproblematisch sein, so etwa die Gültigkeit automatisierter Baustatik-Berechnungen nur für terrestrische, nicht etwa submarine oder lunare Erfordernisse, die (derzeit!) sicher keiner Erwähnung bedürfen, weil die Verwendung heutiger Software für Bauten auf dem Meeresgrund oder dem Mond so unwahrscheinlich ist, daß sie als „Restrisiko" vernachlässigbar erscheint. Aber gutbezahlte, kinderlose Angestellte einer Softwarefirma können sich wahrscheinlich nur unzureichende Vorstellungen machen über „Selbstverständlichkeiten", über übliche Erwartungen, über Relevanzen, Wertkriterien und Handlungskontexte eines Arbeitslosen aus unterer Gesellschaftsschicht, einer Hausfrau und Mutter oder einer anderen Kultur. Und über diese personelle und räumliche Distanz hinaus haben wir es mit einer zeitlichen zu tun: Daß es, wie Zukunft überhaupt, grundsätzlich unvorhersagbar ist, welche Bedingtheiten relevant werden *könnten*, wird immer wieder in spektakulärem Computerversagen deutlich. Kann elektronische Hilfe schon strukturell persönliche Zielsetzungen nur unzureichend berücksichtigen? Aber bevor wir vorschnell hilfreiche Technik zurückweisen: Wie kompetent sind wir denn selbst in unserem Handeln?

Menschliche Handlungsentwürfe und Computerhilfe

Menschliches Handeln und Erkennen ist nicht auf eine fixe „letzte" Merkmalsebene zurückzuführen, ist kein Kombinieren aus endlich vielen möglichen Kriterien, sondern ist intentionales Gliedern des ungegliederten Kontinuums „Welt"; es ist das Schaffen dieser ersten Strukturierung im Blick auf das, was für die jeweilige Absicht von Bedeutung ist. Auch wenn im alltäglichen Handeln nicht immer wieder bis auf den Grund dieser Ordnung zurückgegangen wird, sondern erprobte Strukturen aus ähnlichen Kontexten – als Erfahrungswissen – übertragen werden, werden diese immer genau dann in Frage gestellt, verändert und ergänzt, wenn die konkrete Anwendungssituation von der üblichen in unerwarteter und dadurch auffälliger Art abweicht: Aufgrund von Erfahrungen planen wir unser Handeln und formulieren damit

Erwartungen über die Folgen des Tuns. Diese Vorprägung unserer Wahrnehmung erleichtert und beschleunigt es, die Folgen dann tatsächlich auch zu sehen, sie strukturiert die Kontingenz der Erscheinungen. Und sie verdeckt infolge dieser Steuerung unserer Aufmerksamkeit immer auch die momentan unwichtig erscheinenden Eigenschaften der Dinge (die dann vielleicht durch unser Handeln verschwinden, ohne daß wir es bemerken) oder jetzt unerhebliche Veränderungen (die wir später vielleicht auf andere Ursachen zurückführen, obwohl wir sie selbst bewirkten). Aber dies ist kein wirkliches Verstellen: Es ist zwar schwerer, etwas wahrzunehmen, was nicht von vornherein im Zentrum unserer Aufmerksamkeit steht, und bedarf meist eines zusätzlichen Anstoßes. Jedoch verhindert keine Vorstrukturierung enttäuschte Erwartungen und das Sich-Stoßen (als *Anstoß*) an der Widerständigkeit der Welt, wenn sich diese nicht erfahrungsgemäß verhält. Unser Wissen über Begriffsbestimmungen, Bedeutungen und Handlungswege gibt nur *Regeln* vor, keine Definitionen oder Algorithmen.[1] Dieses einerseits intentionale, subjektive, andererseits kontextgebundene, situationsoffene Moment jeder menschlichen Wahrnehmung und Handlung gibt dem Handeln und bereits dem Wissen eine normative Dimension. Im Fehlen dieser Offenheit wird Wissen zu Information und Handeln zu Routine; sie werden in ihrer Nutzbarkeit eingeschränkt auf eine fiktive Person mit typisierten, durchschnittlichen Absichten und Wertvorstellungen, auf einen engen, vorabbestimmten Anwendungskontext, in dem sie angemessen sind – nämlich explizit: dem sie vom Programmierer-Team angemessen wurden. Zwar muß auch der Mensch, als Kulturwesen, stets erlernte, gesellschaftlich bereitgestellte Komplexitätsreduktion durch Vorstrukturierung von Wissen (etwa durch Begriffssysteme) und übernommene Handlungsformen (Methoden, Verfahren, „Techniken“, Institutionen) voraussetzen, muß für ein Zurechtkommen in komplexer Kulturwelt durch tradierte Orientierungen entlastet werden. Die Rechtfertigungsbasis dieses grundsätzlichen Rückgriffs auf bereits reduzierte Komplexität schaffen sich Handelnde aber in eigener Verantwortung, nämlich als Standortbestimmung ihrer selbst: als Einstellung und Überzeugung, qua Selbstbestimmung ihrer Identität als Frau, als Mensch, als Sprach- und Kulturgemeinschafts-, Staats- oder Religionszugehörige, als Mitglied von Berufsgruppen, Gesellschaftsschichten und Subkulturen. Die übernommenen Vorstellungen und Relevanzen bilden also einen Teil der eigenen Handlungssubjektivität und -intentionalität, die gleichzeitig, nämlich eben über die handelnde Person selbst, unmittelbar situativ gebunden sind.

Damit zeigen sich zu elektronisch bereitgestellter Entlastung und Komplexitätsreduktion zwei grundsätzliche Unterschiede, nämlich auf der Seite der

Anwendung und der Erzeugung der Vereinfachungen: Zum einen ist das Software-Entwicklerteam, das die Entlastungsfunktionen bereitstellt, völlig fremd für die AnwenderInnen; eine Rechtfertigung für eine blinde, weil automatisch an die eigene Subjektivität und damit an die eigene Wert- und Zwecksetzung gekoppelte Übernahme der normativen Bezüge gibt es also nicht. Zum zweiten ist keine lebenspraktisch angebundene Veränderung der Ordnungs- und Selektionsleistungen eines Computerprogramms gegeben, weil sie – einmal in Technik vergegenständlicht – nicht mehr in gesellschaftliche Praxis eingebunden sind. Nachbesserungen definitiv erkannter Fehler sind nicht vergleichbar mit der quasi evolutionären Entwicklung und ständigen gemeinschaftlichen Veränderung gesellschaftlicher Praxis, in der die Wahrnehmung von Defiziten bisheriger Regeln ein *(Für-)Wahr-nehmen* in veraltet-doppelter Bedeutung ist: Durch das (ja regelgeleitete) Erkennen ist gleichzeitig das aktive Moment der Regelveränderung gegeben, denn Regeln sind nur in der praktischen Anwendung („in Praxis") überhaupt existent. Sie werden, wenn sie verändert angewendet werden, also selbst verändert.

Wer einen mit diesem Befund geschärften, kritischen Blick auf die neuesten technischen Systeme und ihre voraussichtliche Entwicklung wirft, sieht eine neue Qualität technischer Vernetzung in unserer Gesellschaft heranwachsen. Solange Computersysteme nur Routineaufgaben übernehmen sollten, hatten wir es zumeist mit Anwendungssituationen zu tun, in denen schon vorher standardisiert und delegiert über das Wie einer Handlung entschieden wurde. Die Computerisierung hatte zwar dennoch massive strukturelle Folgen, weil in den meisten Fällen nun der Standardvorgang zum einzig machbaren Verfahren wurde und bisher bestehende kleine Spielräume für individuelle Eigenarten, humane Ausnahmen, Rücksichten auf situative Besonderheiten oder die Mißachtung von Anordungen im Notfall verhindert wurden. Aber der Normalfall war schon vorher weitgehend verfahrenstechnisch, wissenschaftlich oder gesellschaftlich normiert. Die modernen wissensbasierten Systeme hingegen, sog. Expertensysteme – warum eigentlich nicht ExpertInnensysteme? – dringen m.E. erstmals wirklich deutlich in den Planungsbereich unseres Handelns vor. Sie sollen nicht einfach erprobte, standardisierte Pläne und Verfahren bereitstellen, um dann etwa die Verwaltung von Daten zu übernehmen, sondern Handlungen allererst planen, die noch gar nicht als Standardaufgaben beschrieben werden können, für die also noch keine standardisierten Verfahrensweisen angegeben werden können. Hier ist es nicht mehr fehlendes, aber weitgehend einholbares Wissen über die Technik oder Zeitmangel, was die individuelle Beurteilung der mit dem technischen Handlungsmittel verkörperten Moral nur praktisch verhindert und sich dann durch gesamtgesellschaftliche Technikbewertung einigermaßen auffangen ließe. Zwar können auch *Experten*systeme weniger, als ihr Name verheißt, aber statt der ihnen häufig zugeschriebenen Fähigkeit zur Wissensverarbeitung bieten sie in meinen Augen tatsächlich erstmals die Möglichkeit elektronischer Informations*verarbeitung* und nicht nur, wie bisher, ihrer Verwaltung und Aufbereitung. Damit scheint mir auch die bisher überspitzte Warnung vor einer „Automatisierung der Kopfarbeit" nur allzu angebracht.

Der Rat der Expertensysteme

Expertensysteme (im folgenden XPS[2]) sind inzwischen schon in den unterschiedlichsten Bereichen und verschiedensten Komplexitätsgraden in Gebrauch und werden künftig massive Verbreitung finden.[3] Auch dort, wo sie, wie im Regelfall, keine Entscheidungen übernehmen, sondern „beraten" sollen, übernehmen sie explizit wesentliche Teile der Handlungsplanung – und dies nicht als zwangsläufiges Nebenprodukt einer Automatisierung der Handlungsausführung, sondern als originäre Leistung. Für ein zunächst nur vage umrissenes Problem sollen sie die Anforderungen näher spezifizieren, geeignete Lösungsstrategien vorschlagen und bewerten. Sie dienen der Klassifizierung der Situation (etwa medizinische Diagnosesysteme), können ggf. das erforderliche Vorgehen für eine weitere Differenzierung nennen (etwa bestimmte Tests, Untersuchungen, Laboranalysen), schlagen für den so bestimmten Zweck einen Handlungsplan vor (eine Therapie), bestimmen das hierfür zweckmäßigste Mittel aus dem verfügbaren Arsenal (ein konkretes Medikament) und können die Erfolgsaussichten und Nebenfolgen vorhersagen aufgrund von Wahrscheinlichkeiten, die auf der Analyse bisheriger Erfahrungen beruhen (und deren Berechnung Grundlage für die gesamte Handlungsempfehlung ist). XPS umfassen nicht nur herkömmliche Datenbanken, sondern auch sog. „vages" „Erfahrungswissen", d.h. erstens die Möglichkeit, auch ohne logische Eindeutigkeit und Vollständigkeit zu Resultaten zu kommen, die dann nur mit einer gewissen Wahrscheinlichkeit richtig sind, und, darauf aufbauend, zweitens Kriterien der Entscheidung, welche Merkmale zur Klassifizierung einer Situation relevant sind, welche Verfahren die optimalen, situationsgerechtesten, zweckmäßigsten sind und welche Nebenfolgen akzeptabel. Im medizinischen Beispiel etwa: Lohnt sich noch eine teure und risikoreiche Untersuchung, oder ist die Diagnose sicher genug für die risikoarme Therapie? Zuverlässig und schnell wirkende, aber riskante (oder auch: teure) Präparate einsetzen oder die schonende und langsame (resp. billigere), aber weniger wirksame Behandlungsalternative wählen? Was ist eine akzeptable Nebenwirkung? Fragen, hinter deren Antwort immer eine Wertung steht: *Programmierte Moral.*

Das ist auch den Software-Teams bewußt, und so bieten die XPS fast immer die Möglichkeit, Kriterien der Systementscheidungen offenzulegen. Bei einem Teilvarianten-Konstruktions-XPS z.B. kann benutzungsseitig gewählt werden zwischen einer besonders recyclinggerechten, einer gebrauchsfreundlichen oder aber produktionskostensenkenden Bauweise. Aber was ist denn recyclinggerecht oder gebrauchsfreundlich? – erneut ist nach weiteren Kriterien zu fragen. Hier haben wir es unweigerlich mit einem Grenznutzen zu tun: Alles, was ich selbst entscheiden möchte, um die für mich persönlich und meine aktuelle Lage optimale Lösungsstrategie zu finden, *müßte* ich dann ja auch wissen, überlegen und entscheiden, darf ich dem System dann also nicht überlassen. So wäre dies schnell wieder auf reine Informationsverwaltung reduziert. Die Offenlegung von Kriterien und Wahlmöglichkeiten sind daher pragmatisch eng begrenzt und können bei komplexen XPS nicht im entferntesten die Dimension versteckter Werturteile ausschöpfen. In den USA wird bereits auf Intensivstationen das Computersystem *Apache III* eingesetzt, das nach Eingabe aller verfügbaren Daten über den Gesundheitszustand eines Patienten Prognosen über seine Überlebenschancen abgibt und gegebenenfalls dazu rät, die intensivmedizinischen Geräte abzuschalten. Wer sich die schwere und äußerst komplexe Entscheidung des Arztes in einem solchen Fall vergegenwärtigt, kann sich leicht vorstellen, wie hilfreich und auch verlockend die Möglichkeit sein muß, hier „Expertenwissen" – wenn auch nur elektronisch – verfügbar zu haben. Wer die Diskussion über das Für und Wider einer lebensverlängernden Behandlung und über die Kriterien für den Tod des Menschen kennt, weiß aber auch, wie stark in alle Kriterien einer solchen Entscheidung individuelle Werte, Vorstellungen über Leben und Tod und natürlich auch Vorstellungen über eine sinnvolle, ökonomische, auch moralisch vertretbare Verteilung teurer Medizintechnik eingehen. Können wir millionenschwere Apparate für minimale Überlebenschancen einsetzen, wenn anderswo auf der Welt jeden Tag Menschen erblinden, weil ihnen die fünf DM teure Salbe für ihre Augenkrankheit fehlt? Manche Technikkritik plädiert hier eindeutig für einen Verzicht westlicher Länder auf extrem kostenintensive Medizintechnik, solange anderswo nicht einmal die medizinische Grundversorgung gewährleistet ist. Und müssen sich nicht Entwicklerteams aus unterversorgten Gegenden dieser Haltung anschließen? Software-IngenieurInnen müssen nicht nur über ihre wissenschaftlich-fachliche Kompetenz hinaus Wertentscheidungen fällen, sondern können zudem nicht einmal sicher sein, ob sie in einer späteren realen Problemlage wirklich so entscheiden würden, wie es das von ihnen programmierte System dann tut. Vielleicht würden sie, sensibilisiert durch die sprunghafte Zunahme gesundheitlicher Zivilisationsfolgen, nicht sicher auszuschließende gesundheitliche Langzeitfolgen jetzt wesentlich stärker gewichten. Vielleicht würden sie sie bei dem zwar jungen, aber aufgrund einer Erbkrankheit mit Sicherheit früh sterbenden Ratsuchenden im aktuellen Fall aber auch gar nicht beachten? Nehmen Benutzende den vorgeblichen Vorschlagscharakter der XPS ernst und prüfen selbst alle diese programmierten Wertungen nach, so machen sie das XPS weitgehend überflüssig. Der Zeitdruck im täglichen Arbeitsprozeß und die Suggestivkraft der Expertenlösung wird dies, wie die Praxis jetzt schon zeigt, weitgehend verhindern. Und wie wird wohl die Gewichtung der Kriterien aussehen, wenn etwa Firmen ein betriebsspezifisches XPS entwikkeln, oder die Krankenversicherung einen *Apache*? Werden dann nicht die Beschäftigten, statt wie jetzt allenfalls durch die Proklamation einer „Unternehmensphilosophie", die sie reflektieren und von der sie sich distanzieren können, unbemerkt auf ein firmeninternes Wertesystem eingeschworen? Was ist, wenn etwa Programme für Öko-Bilanzen in Ländern mit relativ geringem Umweltbewußtsein erstellt werden? Schon heute arbeiten in Indien mehr als 35.000 Personen mit 300 Millionen Dollar Umsatz für den internationalen Software-Markt, zu 80% für die USA und Westeuropa; im nächsten Jahr soll sich die Ausfuhr verdoppeln. Nahezu alle großen Softwareunternehmen lassen zumindest teilweise in diesem Billiglohnland programmieren, und Unternehmen und sogar hiesige Stadtverwaltungen geben in Indien Betriebsanalysen, individuelle Problemlösungen und Systemprogrammierungen in Auftrag – an Personen, die sicher nie eine deutsche Verwaltung kennengelernt haben und nur unzureichende Vorstellungen von hiesigen kulturellen Selbstverständlichkeiten und Wertvorstellungen haben dürften. Wer könnte hier für Kontextangemessenheit Sorge tragen? Und schon ist die Ablösung Indiens durch Osteuropa absehbar; in zehn Jahren ist es vielleicht Südamerika. Bei welchen Kriterien und ihrer Spezifizierung können ProgrammiererInnen davon ausgehen, für den späteren realen Kontext, für die BenutzerInnen und ihre Situation, die angemessene Anwendung algorithmisiert zu haben? Was dürfen Software-Teams, nach eigenen Wertvorstellungen oder vielleicht auch laut Auftrag oder „Unternehmensphilosophie", an spezifizierten und gewichteten Kriterien, an Entscheidungen programmieren? Wer hilft uns eigentlich, wenn wir uns von einem XPS helfen lassen?

Und die Moral von der Geschichte ...

Genauso sensibel, wie wir uns für professionellen Rat, etwa für ärztliche Hilfe, für juristischen Beistand, für eine Berufsberatung oder eine Immobilienanlage Personen unseres Vertrauens suchen, genauso viel Mißtrauen und Distanz ist den Ergebnissen von XPS gegenüber angebracht. Expertenrat und Expertenempfehlungen gehen weit über neutrales Informieren hinaus und greifen tief in individuelles Wollen, Wünschen und persönliche Bedürfnisse ein. In unserer hochkomplexen und global vernetzten Zivilisation sind wir in großen Teilen unseres alltäglichen beruflichen wie auch privaten Handelns auf Hilfestellung von außen angewiesen. Wie Arbeitsteiligkeit durch die hochspezialisierten Fertigkeiten erforderlich wurde, so auch *Wissensteiligkeit* durch die Breite des gesellschaftlich vorhandenen Wissens um Weltstrukturen und Handlungsmöglichkeiten. Aber anders als bei Arbeitsteiligkeit, deren „handfestes" Tun und materiales Ergebnis weitgehend kontrollierbar ist, ist die Anwendung von Wissen kein rationaler, objektiver, nach Anweisungen vollziehbarer und überprüfbarer Vorgang. Was, wie wir seit dem Positivismusstreit über die „interessegeleitete Erkenntnis" (Habermas) wissen, für die Produktion von Wissen gilt, trifft in noch höherem Maße auf seine Anwendung zu. Zu großen Teilen sind Einschätzungen, Beurteilungen, Vermutungen erforderlich, um Problemlagen so auf Begriffe zu bringen, daß aus ihnen handhabbare Aufgaben werden, und um für neue Aufgabenstellungen unter den bekannten Lösungsansätzen diejenigen auszuwählen, die das optimale Verhältnis zwischen Aufwand, Folgen und Nebenfolgen bieten. Aus diesem Grund werden die XPS als neue Computergeneration gelobt, die schon mit vagem Wissen in heuristischen Verfahren zu den wahrscheinlich nicht besten Lösungen kommen können. Nicht erwähnt wird dabei, daß gerade auf Gebieten, wo die bisherigen Computer noch nicht eingesetzt werden konnten, die Lösungssuche in höchstem Maße fallspezifisch sein muß. Nicht die Lösung selbst ist in solchen Fällen neuartig, sondern das Unsicherheitsmoment: Der Bewertungsfaktor mit Einschätzungsspielraum liegt in der Zuordung der Problemlage zu einem Standardverfahren. Auch juristischer Beistand soll ja nicht neue Gesetze machen, sondern das ganze Gerichtsverfahren beschäftigt sich mit der Frage, welchem Standardfall der vorliegende entspricht. Die vermeintlich so definitiven rechtlichen Kriterien stellen mit jeder Anwendung eine Fülle von Bewertungsproblemen und Auslegungsspielräumen. Und medizinische Hilfe wird keine neue Therapie für mich entwickeln (dann wäre ich ja Versuchskaninchen), sondern die für meinen Fall am besten geeignete heraussuchen, also die mit ihren Folgen am meisten gewünschte, in den Nebenfolgen für mich erträglichste und meine Präferenzen und Lage am besten berücksichtigende.

Das ist die Grenze „reiner" Wissenschaft. Sie kann wahrscheinliche Folgen für denkbare Szenarien prognostizieren; wie diese aber zu bewerten sind, wird in jeder Situation und für jedes Handlungssubjekt anders ausfallen. Allgemeine Wissenskompetenz und fallbezogene Beratungskompetenz müssen hier zusammenfallen. Wo uns als Betroffenen das Wissen fehlt, müssen wir Beratungskompetenz von wissenden Fachleuten akzeptieren. Da Beratungskompetenz aber an unsere Wertvorstellungen und die Kenntnis unserer Situation gebunden ist, geben wir sie normalerweise nur an solche Menschen ab, von denen wir annehmen, daß sie sich in uns und unsere Situation hineinversetzen können, sich unsere Lage vorstellen können, uns verstehen, also an ExpertInnen, die wir kennen und denen wir vertrauen. Natürlich müssen wir nicht der Technik vertrauen, wenn wir den Rat eines medizinischen XPS suchen. Aber wir vertrauen einem Software-Team und *knowledge-engineers*, daß sie die Fülle des vorhandenen medizinischen Schul- und Erfahrungswissens in für uns relevanter Weise aufbereiten. Mithin: Wir vertrauen einer Gruppe uns unbekannter, meist männlicher, sicher in anderen Sozialkontexten stehender, vielleicht in anderen Kulturen verwurzelter, unbekannten moralischen Überzeugungen, Religionen und Weltbildern verbundenen Menschen, die noch dazu wahrscheinlich unter Zeit- und Erfolgsdruck stehen und in eine Arbeitshierarchie eingebunden sind. Wir vertrauen, daß sie in einem vielleicht vor zehn Jahren und stark arbeitsteilig erstellten Programm die geeigneten Kriterien entwickelten, um die genau jetzt in unserer Situation für uns relevanten Problemmerkmale zu bestimmen und die unseren Wertvorstellungen entsprechende Ausdifferenzierung von Werten. Was ist für mich eine „schonende Therapie", was ein tragbares Nebenfolgen-Risiko, was eine „umweltfreundliche" Pauschalreise (auch XPS-Reiseberater gibt es)? Es wurde bereits darauf hingewiesen, daß Werte immer erst durch ihre Anwendung, nicht schon durch ihren Begriff bestimmt sind; und die in wohl jedem Anwendungsfall auftretenden Wertkonflikte, wie allein schon die Nutzen-Aufwand-Relation, sind nur in Bezugnahme auf subjektive Relevanzen und Einschätzungen zu lösen. Darf ein fremdes Software-Team dies entscheiden – dürfen wir sie entscheiden lassen?

Dies sind drängende Fragen, die in Ansätzen bereits gesellschaftlich diskutiert werden. Dabei droht aber völlig vernachlässigt zu werden, daß es in diesem Fall, noch mehr als in anderer Technikbewertung, neben den jed*en* betreffenden Problemen eine spezifische Geschlechter-Problematik gibt. Solange sich die Lebenskontexte von Mann und Frau stark unterscheiden, kann nicht vorausgesetzt werden, daß ein weitgehend und in Anbetracht der Ausbildungssituation bis auf weiteres männliches Entwicklerteam das ausreichende Vorstellungsvermögen für die realen Anwendungskontexte von weiblichen Benutzerinnen aufbringt. Die Rahmenbedingungen für die in schwierigen Fragestellungen beratenden XPS sind nicht so einfach in Erfahrung zu bringen wie diejenigen von Waschmaschinen oder Eierkochern. Und solange nicht geklärt ist, ob es eine spezifische weibliche Moral gibt, dürfen Frauen nicht männlichem Rat vertrauen, ohne daß eine Basis für dies Vertrauen auszumachen wäre.

Männliche und weibliche Moral?

In der Diskussion um weibliche Moral tritt immer mehr die Überzeugung in den Vordergrund, daß es nicht um ein biologisches, durch Geschlecht auf alle Zeiten weiblich definiertes Wertsystem geht, sondern die Differenz weiblicher Moral sich, wie jedes Wertsystem, in sozialen Kontexten entwickelt und so nicht nur, aber auch *gender*-bestimmt ist. *Nähe zu dem zu beurteilenden Fall*, so betont etwa Gertrud Nunner-Winkler,[4] sei es, was üblicherweise das weibliche Urteil auszeichne, während die Ferne, die in unserer Gesellschaftsstruktur den Mann meist zwinge, allgemeinen Prinzipien gehorchend zu entscheiden oder diese allgemeinen Prinzipien gar erst festzusetzen, männliche Urteile strukturiere. Die Bezüge zu XPS liegen auf der Hand: XPS *müssen* geradezu, in technisch bedingter Ferne vom spezifischen Fall, „männliche" Moral verkörpern. Oder, um genauer zu sein, sie verkörpern die vorwiegend bei Männern anzutreffende Form moralischen Urteilens, denn die geschlechtsspezifischen Unterschiede liegen weniger in den Werten selbst als vielmehr in den Verfahren ihrer Anwendung. Gerade diese Anwendung aber sollen XPS vornehmen können. Die von L. Kohlberg im Anschluß an Piaget vorgestellten drei Entwicklungsstufen moralischen Bewußtseins[5] wurden v.a. von Kohlbergs Schülerin Carol Gilligan in der zweiten und dritten Stufe umstrukturiert zu den beiden Formen Fürsorglichkeit / Kontextivität und Gerechtigkeit / Rigidität. Aufgrund empirischer Untersuchungen moralischer Entscheidungen bei Jugendlichen und Erwachsenen interpretierte sie diese Differenz als spezifisch weibliche und männliche Form moralischen Urteilens.[6] Die vorwiegend weibliche Fürsorglichkeitsmoral ist in ihrer Struktur ein Sorgen um und für ein konkretes Gegenüber, ein Helfen in realen situativen Bezügen, eine Konfliktlösung in Anbetracht der im Einzelfall zu gegenwärtigenden Folgen. Die vorwiegend männliche Urteilsform, so Gilligan, ist hingegen eine universalistische Konzeption von Rechten und Pflichten, die ein auf der Basis genereller Gerechtigkeitsnormen gefälltes Urteil auch dann verficht, wenn es im Einzelfall in Anbetracht der situativen Umstände zu einer ungerechten und möglicherweise für alle Beteiligten schädlichen Konfliktlösung führt.

Nunner-Winkler deutet, auf der Grundlage eigener empirischer Untersuchungen, diese Differenz m.E. sehr viel plausibler als eine nicht grundsätzlich geschlechtsspezifische, sondern situationsbedingte und also rollenspezifische. Da aber Frauen in unserer Gesellschaft vorwiegend in unmittelbaren sozialen Beziehungen agieren und entscheiden, so ihre These, sei auch die Fürsorglichkeitsperspektive weitaus häufiger bei ihnen anzutreffen: Frauen werden von klein auf in Rollen[7] eingeübt, in denen ein Urteil auf der Grundlage persönlicher Betroffenheit der real beteiligten Personen nicht nur möglich sei, sondern zudem zum gerechteren Ergebnis führe. Ist dagegen, wie dies überwiegend für die typischerweise von Männern wahrgenommenen Rollen gilt, ohne genaue Kenntnis des realen Konfliktfalls und ohne unmittelbare Kontakte mit den Betroffenen ein Urteil zu fällen, das sich eher einer öffentlichen Diskussion als einer Verteidigung gegenüber den unmittelbar Betroffenen stellen muß, so ist die rigide Orientierung an universalistischen Prinzipien nicht nur angebracht, sondern praktisch auch die einzig mögliche. Solch ein Urteil aber muß, wie etwa die Diskussion um den Handlungs- und Regelutilitarismus zeigt,[8] mit der Verfechtung strikter Allgemeingültigkeit im Einzelfall ungerechte, nicht gewollte Folgen in Kauf nehmen.

Es gibt also nicht eine weibliche und eine männliche Moral oder gar die Kennzeichung letzterer als höherentwickeltes, „wahres“ moralisches Bewußtsein. Sondern es gibt zwei Typen von Entscheidungssituationen, in denen unser Moralverständnis offensichtlich verschiedene Formen moralischen Urteils auf der Grundlage gleichbleibender ethischer Normen nahelegt: zum einen die auf Gemeinschaft bezogene, durch persönliche Nähe zum Konfliktfall und seinen Betroffenen ausgezeichnete, kontextsensitive Fürsorglichkeitsperspektive, in der durch Ansehung der singulären Folgen flexibel mit moralischen Regeln umgegangen werden muß; zum anderen die fallferne Entscheidung in unpersönlicher Gesellschaftsstruktur, die zwangsläufig Fallspezifik durch Allgemeingültigkeit ersetzen muß und so zu einer ridigen Anwendung ethischer Normen kommt.

Fazit

Im Blick auf die Beurteilung komplexer Computersysteme lehrt uns dies zweierlei. Zum einen werden Männer, obgleich Generalisierung und Fallferne in XPS zum Problem werden, im Einsatz von XPS vermutlich ein geringeres Risiko sehen als Frauen, da sich die typisch männlichen Urteilsformen durch höhere Generalisierung und Fallferne auszeichnen. Zum anderen aber und erheblich schwerwiegender ist, daß diese Computer offensichtlich vorwiegend für Einsatzbereiche bestimmt sind, in denen den realen Umständen, der persönlichen Betroffenheit und den in der spezifischen Lage des Einzelfalls zu gewärtigenden Folgen größtes Gewicht zukommt, also die Fürsorglichkeitsperspektive eher angebracht wäre. XPS aber – als Handlungsplanungshilfe stets auch in moralische Urteile involviert – haben konzeptionell notwendigerweise eine Struktur, die durch Distanz des Entscheidungsträgers zu dem konkreten Fall und den dort betroffenen Personen gekennzeichnet ist. Es ist Aufgabe des XPS-Entwicklerteams, das aus einem allgemeinen Lehrbuchkanon, v.a. aber aus einer Fülle fallspezifischer Erfahrungen der Fachleute gewonnene Wissen auf allgemeine Regeln zu bringen. Diese Regeln müssen im Implementierungsprozeß auf Algorithmen festgelegt werden, weil auch eine vage, heuristische Anwendung auf definitiven Grenzwerten von eindeutig berechneten Wahrscheinlichkeitswerten fußt; und vermeintliche Ausnahmen sind nur dort zugelassen, wo diese Ausnahmen ihrerseits eindeutigen Kriterien entsprechen. Dies entspricht genau der rigiden, öffentlicher und gesellschaftlicher Allgemeingültigkeit statt singulärer Fallspezifik verpflichteten Form moralischen Urteilens.
Neben den bekannten Problemen der Technikfolgenabschätzung und des verantwortlichen Computereinsatzes haben wir also mit der Realisierung elektronischer Unterstützung unserer Entscheidungsprozesse eine neue Problematik erkauft: Durch die Struktur automatisierter Hilfe kommt es zu einer Form moralischen Urteilens in einem Bereich, in dem Fallspezifik, Fürsorglichkeit und persönliche Betroffenheit uns bislang ein anderes Verständnis von adäquater Lösungssuche nahelegten als die jetzt der Softwarestruktur eingeschriebene.

Anmerkungen

1 Regeln im philosophischen Sinne sind nicht Gesetze, sondern wie auch im alltäglichen Sprachgebrauch Regeln, die Ausnahmen zulassen. Wegen dieser Offenheit ist eine Regel immer nur durch Beispiele mitzuteilen und zu lernen, nicht durch Definitionen, die Regeln unzulässig auf Gesetze verengen würden. Denn Regeln haben „weiche" Ränder, die eine Abgrenzung von Ausnahmen von der Anwendungssituation abhängig machen, und sind durch diese Kontextbezogenheit im Gebrauch veränderlich; sie sind *Praxis*.Vgl. insb. Wittgenstein.

2 Ich halte die Bezeichung „Wissensbasierte Systeme" für präziser, verwende aber der Gebräuchlichkeit halber og. Begriff.

3 Zu einer weitergehenden Einführung in die Formen, Auswirkungen und Folgenbewertung des Einsatzes von XPS siehe etwa Jelden, Eva (1995): „Homo faber – Experten oder Expertensysteme?" In: Hubig, Chr. / Ropohl, G. (Hrsg.) (1995): *Funkkolleg Technik* Bd.5 / 14, Hemsbach.

4 Vgl. hierzu und im folgenden Nunner-Winkler, G. (1988): „Gibt es eine weibliche Moral?" In: Dies. (Hrsg.) (1995): Weibliche Moral. München, S. 147–161.

5 Stufe 1: *instrumentalistische* Beurteilung von gut/schlecht nach Belohnung und Bestrafung, Stufe 2: *konventionalistische* Beurteilung entsprechend der sozialen Bezugsgruppe, Stufe 3: *postkonventionell* an reflektierten, eigenständig anerkannten universalistischen ethischen Normen. Vgl. Kohlberg, L. (1981): Essays on moral development, Vol. I. San Francisco.

6 Vgl. Gilligan, C. (1984): Die andere Stimme. Lebenskonflikte und Moral der Frau. München.

7 In Anlehnung an T. Parsons und E. Durkheim spricht Nunner-Winkler von diffusen, auf Gemeinschaft bezogenen, hier und heute vorwiegend weiblichen Rollen und von spezifischen, auf Gesellschaft orientierten, vorwiegend von Männern eingenommenen.

8 Siehe für einen Überblick z.B. die Einleitung zu: Höffe, O. (Hrsg.) (1992): Einführung in die utilitaristische Ethik. Tübingen.

Literatur

Gilligan, C. (1984): Die andere Stimme. Lebenskonflikte und Moral der Frau. München.

Höffe, O. (Hrsg.) (1992): Einführung in die utilitaristische Ethik. Tübingen.

Jelden, Eva (1995): Homo faber – Experten oder Expertensysteme? In: Hubig, Chr. / Ropohl, G. (Hrsg.) (1995): Funkkolleg Technik Bd.5 / 14, Hemsbach.

Kohlberg, L. (1981): Essays on moral development, Vol. I. San Francisco.

Nunner-Winkler, G. (1988): Gibt es eine weibliche Moral? In: Dies. (Hrsg.) (1995): Weibliche Moral. München, S. 147–161.

Regina Buhr / Boris Buchholz

Mit QWERTY ins 21. Jahrhundert?
Die Tastatur im Spannungsfeld zwischen Technikherstellung, Anwendung und Geschlechterverhältnis[1]

Eine Beobachtung. Eine Vermutung. Drei Fragen

Ausgangspunkt dieses Aufsatzes ist die Beobachtung, daß die nahezu hundertjährige Stabilität der von der Schreibmaschine her bekannten QWERTY-Tastatur[2] als *die* Mensch-Maschine-Schnittstelle für die Eingabe von Daten aller Art sich anscheinend aufzulösen beginnt. Als eines der ersten alternativen Eingabemedien kann beispielsweise die Anfang der sechziger Jahre entwickelte Maus gelten (Chip, Juli 1992, S.146). Ende der siebziger Jahre erfolgte der Versuch von Baggenstos, die Tasten seiner Tastatur aufgrund neuerer ergonomischer Gesichtspunkte so anzuordnen, daß die am häufigsten gebrauchten Tasten zentral plaziert wurden (Baggenstos 1977). Anfang der achtziger Jahre baute Montgomery sein Wipe-Activated-Keyboard, eine Eingabeeinheit, bei der die Bedienung nicht durch das Drücken voneinander unabhängiger Tasten erfolgte, sondern durch gleitende und wischende Bewegungen (Montgomery 1982). Die Maltron-Tastatur mit ihren fünf seperaten Tasten-Blöcken war Anfang der achtziger Jahre eine weitere Innovation (Potosnak 1988, S.475ff.). Auch das bereits in den dreißiger Jahren von August Dvorak entwickelte Simplified-Keyboard (DSK) scheint nach vierzigjährigem Dornröschenschlaf wachgeküßt zu werden. Laut Marktanalysen haben 1974 zweitausend und 1985 schon einhunderttausend Anwender und Anwenderinnen damit gearbeitet (Potosnak 1988, S.479). Als Ergänzung zur Tastatur und als Alternative zur Maus haben sich vor allem für die Bedienung grafischer Programme Grafik- und Zeichentabletts etabliert. Auch die Touch-Screen-Technik ist ein Beispiel für die sich seit den sechziger Jahren ausbreitenden QWERTY-Alternativen. Ähnlich wie die Touch-Screen-Technik und das Zeichentablett funktioniert auch der Pen-Computer. Die ersten Ideen dazu wurden bereits 1971 entwickelt; 1991 stellte die Firma Go Corporation erstmals einen Prototypen des tastaturlosen Computers vor (c't, Nr.4 1993, S.83; Der Spiegel, Nr.5 1991, S.221). Auch wenn die bis heute produzierten Geräte die hochgesteckten Erwartungen noch nicht erfüllen, so lassen sie sich dennoch bereits jetzt für genau definierte Spezialbereiche einsetzen. Gleiches gilt für die Spracheingabe. Für 1997 prognostizieren Marktanalytiker weltweite Umsätze mit Sprachverarbeitungssystemen in Höhe von sieben Milliarden Mark (Bild der Wissenschaft, Nr.12 1993).

Unsere spontane Erklärung des Phänomens, daß die Alternativen zur QWERTY-Tastatur alle im Fahrwasser des Computers schwimmen, war das ungleiche Geschlechterverhältnis. Wir vermuteten auf der männlich dominierten Hersteller- und Entwicklerseite eine größere Offenheit, eine bedienungsfreundliche Technik zu entwickeln, wenn auch die Anwendungsseite eine eher männliche Domäne ist. Ein Versuch der Klärung, ob unsere Vermutung ein unhaltbares Vorurteil ist oder ob sich auch an diesem Beispiel[3] zeigen läßt, daß das Geschlechterverhältnis womöglich doch eine größere Rolle bei der Entwicklung neuer Technik spielen könnte als gemeinhin vermutet wird, soll mit der Beantwortung der folgenden Fragen unternommen werden:

1. Warum wurde um die Jahrhundertwende die QWERTY-Tastatur zum Standard für das Eingabeelement an Schreibmaschinen und „Tippen" zur Frauentätigkeit?
2. Gab es vor und nach der Entwicklung von QWERTY zur Computereingabeeinheit alternative Tastaturentwicklungen?
3. Läßt sich im Zusammenhang mit der Ausbreitung des Computers so etwas wie eine Art Geschlechtsumwandlung der Tastatur und der Tastaturarbeit feststellen?

Wie alles begann: Maschineschreiben als sportlicher Wettbewerb für Stenographen

Wenn man die ersten Anfänge mitrechnet, dann umfaßt die Geschichte der Schreibmaschine ungefähr einen Zeitraum von zweihundertsiebzig Jahren. Die Geschichte der QWERTY-Tastatur ist jedoch nicht ganz so alt. Nachdem die Tastaturen der ersten Schreibmaschinen kreisförmig angeordnet waren oder sich an der Klaviatur orientierten oder auch wie die Stachel eines Igels nach oben abstanden, baute 1867 der Amerikaner Christopher Latham Sholes zusammen mit seinen Partnern den Prototypen einer Schreibmaschine mit einer vierreihigen Tastatur.

Zunächst hatte Sholes die Buchstaben alphabetisch angeordnet. Dann veränderte er diese Anordnung und plazierte die am häufigsten gebrauchten Buchstaben in den Bereich der kräftigsten Finger (Baggenstos 1977, S.130). Aufgrund der mechanischen Konstruktion verfingen sich nun die Typenhebel. Sholes änderte die Buchstabenanordnung ein weiteres Mal und ordnete die Tasten so an, daß die häufig gebrauchten Buchstaben möglichst weit voneinander entfernt lagen, so daß sich die Typenhebel dieser Tasten nicht mehr verhaken konnten. Damit war aufgrund mechanischer Zwänge die Schreibmaschine mit der QWERTY-Tastatur geboren: Ein Schreibmaschinenmodell mit Typenhebel, rechteckiger Tastatur und QWERTY-Buchstabenbelegung, welches zum branchenweiten Vorbild für alle folgenden Schreib-Maschinen wurde.

In diesen Zeitraum, das heißt ab 1870, begann auch der Prozeß, an dessen Ende die Feminisierung der Schreibmaschine und des Maschineschreibens stand. Erhebungen in Großbritannien und den USA zeigten, daß bis Mitte des 19. Jahrhunderts Büroarbeit nahezu reine Männerarbeit war. 1851 wurden in Großbritannien 15 weibliche und 11.755 männliche kaufmännische Angestellte gezählt und in der amerikanischen Stadt Boston betrug im Jahre 1860 der Anteil weiblicher Büroangestellter gerade einmal zwei Prozent (Lüsebrink 1993, S.82).

Für Deutschland zeigte Ida Kisker am Beispiel Leipzigs auf, daß erst ab 1890 auch Frauen stärker in die Angestelltenberufe eindrangen. 1895 gab es in Leipzig mehr als 13.000 männliche Büroangestellte gegenüber knapp 700 weiblichen. Dies veränderte sich dann Jahr um Jahr. 1895 betrug der Anteil weiblicher Büroangestellter an der Gesamtzahl 5,8 Prozent, 1907 dagegen bereits 15,9 Prozent. Dennoch kann man für diesen Zeitraum noch nicht von der Schreibmaschinenarbeit als Frauenarbeit sprechen, denn „Frauen wurden für Vertrauensposten, Buchhaltung und Kasse, selten für mechanische Schreibarbeiten verwandt." (Kisker 1911, S.11)

Die Schreibmaschine wurde seit ca. 1895 in Leipzig zwar verstärkt eingesetzt, aber zu diesem Zeitpunkt schrieb fast keine der 722 Leipziger Kontoristinnen Maschine und auch 1911 bildeten die Stenotypistinnen den kleineren Teil der im Büro arbeitenden Frauen (Kisker 1911, S.20).

Als 1874 die ersten Schreibmaschinen industriell hergestellt wurden, gab es weder einen Markt für dieses neue Produkt, geschweige denn Personen, die diese Maschine bedienen konnten. Fast zehn Jahre mühte man sich bei der amerikanischen Firma Remington ab, um einen Markt für dieses neue technische Produkt zu erschließen. Aus diesem Grunde verwendeten die Hersteller große Anstrengungen auf Werbekampagnen. Dabei ließen sich zwei Strategien identifizieren. Die eine bestand darin, das Produkt attraktiv zu machen und dessen Akzeptanz zu steigern, indem Frauen die Maschinen schmückten und deren einfache Bedienung deutlich machen sollten (Holtgrewe 1989; Lamberty 1991). In der zweiten parallel dazu verlaufenden Strategie wurden speziell die damaligen professionellen Schreiber, die Stenographen, umworben.

Mit dem Argument, daß das Schreiben auf einer Maschine die Schreibgeschwindigkeit erhöhen würde, versuchten die Hersteller, ihr neues Produkt diesem Kundenkreis schmackhaft zu machen. Diese Zielgruppe war jedoch nicht davon angetan, sich beruflich für das Maschineschreiben zu begeistern. In der Regel waren Stenographen sehr begehrte Fachkräfte, die entsprechend gut verdienten. Das Maschineschreiben war aber wesentlich schlechter bezahlt und deshalb für die in Stenographie ausgebildeten Gerichtsreporter, Handlungsgehilfen oder Gerichtsstenographen wenig attraktiv. Um diese Gruppen dennoch für das Maschineschreiben zu gewinnen, schrieben die Hersteller Wettbewerbe im Schnellschreiben aus. Besonders intensiv betrieb die Firma Underwood diese Strategie. Hier richtete man eine Art Rennstall ein und gewann eine Meisterschaft nach der anderen (Pirker 1962, S.41). Diejenigen, die mit Schirmmützen auf dem Kopf um den Titel des schnellsten Schreibmaschinenschreibers der Welt konkurrierten, waren in erster Linie männliche Stenographen. Die „alberne Schnellschreiberei" (Christiane Lamberty 1991, S.85) wurde zu einer Art Stenographen-Sport.

Man könnte die sportliche Leidenschaft der Schnellschreiber als eine der vielen netten Geschichten aus den Anfängen der Schreibmaschinen abhaken, wenn diese nicht zu äußerst folgenreichen Entscheidungen beigetragen hätte, denn: „Die Stenographen, ihre Zeitschriften und Verbände wurden die wichtigste Kraft bei der Einführung der Schreibmaschine, und dies nicht nur in den Vereinigten Staaten." (Pirker 1962, S.39)

Die Folgen bestanden dabei nicht nur in der Popularisierung dieser neuen Maschine und der Ausbreitung des 10-Finger-Systems, sondern auch in der Festschreibung der seinerzeit nach rein mechanischen Gesichtspunkten konstruierten Tastatur. Es waren nämlich die wettschreibenden Stenographen, die „den Schreibmaschinenproduzenten bereits 1888 die Remington-Zeichenfolge mit vierreihiger Tastenanordnung als Norm vorschlugen". (Pirker 1962, S.40) Der Grund: Bei den Schnellschreibwettbewerben sollten gleiche Bedingungen hergestellt werden. Angesichts der zur damaligen Zeit noch existierenden Vielfalt an unterschiedlichen Schreibmaschinenmodellen mußte, um in den Schnellschreibwettbewerben Vergleichbarkeit herzustellen, eine verbindliche Norm für das Eingabeelement geschaffen werden. So kam es, daß männlicher Spieltrieb einen wesentlichen Einfluß auf die Festschreibung einer ergonomisch schlechten technischen Lösung hatte, die von Entwicklern aufgrund mechanischer Probleme entwickelt worden war.

Frauen und Maschinenschreiben

Wie bereits angedeutet, gab es von den Herstellern neben der Werbestrategie Schnellschreibwettbewerbe, eine weitere, um den Verkauf von Schreibmaschinen anzukurbeln. Im Zentrum dieser zweiten Maßnahmen wurde ganz bewußt mit der Auslösung erotischer Assoziationen gearbeitet.

„Das Bureau und das Geschäftsleben, in dem nebeneinander beide Geschlechter berufstätig sind, legt erotische Sachverhalte nahe. [...] Diese erotische Stimmungslage wird etwa benutzt, um für eine Schreibmaschine Reklame zu machen.“ (Guhs 1924, S.108, zit. nach: Lamberty 1991, S.113)

Dementsprechend lassen sich eine Fülle von Anzeigen, Plakaten und Schreibmaschinenabbildungen finden, in denen neben dem technischen Produkt eine oder mehrere attraktive Frauen zu sehen sind. In renommierten Großstadthotels richteten Schreibmaschinenfirmen Schreibdienste für Geschäftsreisende ein, wo die Maschinen von hübschen Frauen bedient wurden. Frauen waren es auch, die auf den Bürgersteigen vor den Generalvertretungen der Hersteller auf dessen Schreibmaschinen schrieben und für sie Werbung machten. Da die Vorführdamen auf den Maschinen eingearbeitet waren und sie perfekt beherrschten, wurden sie beim Kauf von Schreibmaschinen häufig gleich mit übernommen.
In diesem Prozeß wurden Schreibmaschinen und Frauen im steigenden Maße als eine Einheit gedacht.

„Noch bevor Schreibmaschinen überhaupt in nennenswertem Umfang in den Büros eingesetzt wurden, begegnete uns bereits die Einheit von Frau und Schreibmaschine. Noch bevor Frauen real als Maschinenbedienerinnen arbeiteten, sind sie schon selbst zur Maschine und ist die Maschine zur Metapher geworden – für die Rationalisierung des Schreibens im Büro.“ (Hoffmann 1985, S.170)

Selbst der Charakter der Schnellschreibwettbewerbe änderte sich, als weibliche Schreibkräfte verstärkt daran teilnahmen. Die Schnelligkeit verlor und statt dessen gewannen Kriterien wie korrekte und fehlerfreie Rechtschreibung sowie eine saubere Tastaturbedienung an Bedeutung. Ab 1908 galt das Wettschreiben neben der Werbung für die verschiedenen Maschinentypen als Möglichkeit, die Qualifikation der Stenotypistinnen und Stenotypisten zu demonstrieren (Lamberty 1991, S.86).

1905 war auch die männliche Dominanz auf dem Gebiet des Wettschreibens durchbrochen worden: In den Jahren 1905 bis 1910 gewann die Wettschreiberin der Firma Underwood alle wichtigen amerikanischen und europäischen Wettbewerbe. Sie wurde *die* Werbeträgerin für Underwood-Schreibmaschinen und trug dazu bei, das Image der Schreibmaschine als einer von Frauen zu bedienenden Maschine zu festigen (Segelken 1991, S.204).
Als Frauen als Bedienerinnen von Schreibmaschinen „entdeckt" wurden, waren die Entscheidungen über die Gestalt der Tastatur bereits getroffen. Die Branche hatte sich darüber verständigt, daß das Eingabemedium für eine Schreibmaschine eine rechteckige Form haben sollte und die Buchstabenbelegung so auszusehen habe, wie sie 1888 von den Stenographen empfohlen worden war. Davon abweichende Lösungen hatten keine Chance mehr. Dabei existierten zum damaligen Zeitpunkt durchaus Alternativen zur Typenhebelkonstruktion, die ja die technische Legitimation für die Entscheidung zur QWERTY-Tastatur war. Durch eine Konstruktion, bei der die Buchstaben nicht auf einzelne Hebel montiert gewesen wären, hätte das Problem der sich verhakenden Typenhebel gelöst werden können. So eine Prototype hatte zum Beispiel der erste Entwickler der deutschen AEG Olympia Schreibmaschinen 1903 in Berlin entworfen. Obwohl selbst der zur Prüfung des Modells herangezogene Gutachter einräumte, daß die Remington-Tastatur mit der amerikanischen Buchstabenbelegung für die deutsche Sprache sehr unpraktisch sei, verwarfen die leitenden Herren der AEG das Modell mit dem Argument, „dass die grosse Macht der auf der Remington-Tastatur eingewöhnten Masse ein geschäftliches Hindernis für die Einführung jeder neuen Tastatur" sei (Hackmann 1903). Das geschah 1903; von einer auf den Gebrauch der QWERTY-Tastatur eingewöhnten Masse konnte nicht gesprochen werden.
So kam es, daß ein Tastatur-Layout zum Standard erklärt wurde, welches ursprünglich der Schnellschreibleidenschaft und dem Spieltrieb der Stenographen geschuldet war und eine anfänglich geschlechtslose technische Entwicklung mit Weiblichkeit verschmolz. Da im Zuge der quantitativen Ausweitung der Büro- und Verwaltungarbeit immer mehr Frauen und auch ausschließlich Frauen an Schreibmaschinen arbeiteten, bekam die Einheit von Frauen und Schreibmaschinen auch ihre materielle Basis.

QWERTY und nichts anderes!

Wenn man sich vergegenwärtigt, daß eine auf kurzzeitiges Wettschreiben getrimmte technische Lösung umstandslos auf alltäglichen Dauergebrauch übertragen wird, dann ist die andauernde Kritik an der schlechten Ergonomie nicht weiter verwunderlich. So muß beispielsweise der linke Zeigefinger bei sechs Stunden Schreibarbeit auf der QWERTY-Tastatur eine Strecke von vierzig Kilometern überwinden (Der Tagesspiegel 3.2.1995). Da sich viele der gebräuchlicheren Zeichen im äußeren Tastaturbereich befinden, werden zudem die kleinen und schwächeren Finger übermäßig beansprucht. Die meist ungeschicktere linke Hand wird zu sechzig Prozent strapaziert. Auch bedeuten die rechteckige Form der Tastatur und die parallel angeordneten Tastenreihen eine für Arme, Hände und Finger unnatürliche Zwangshaltung (Potosnak 1988, S.477; Montgomery 1982; Baggenstos 1977). Diese Kritik führte dazu, daß immer wieder Alternativen zur QWERTY-Tastatur entwikkelt wurden.

Rolf Stümpel beschreibt eine Tastatur von Klaczko aus dem Jahr 1909: Klaczko legte in die unterste Zeile seiner vierreihigen Tastatur die Buchstaben, die zu 70 Prozent genutzt, in die höherliegende die Buchstaben, die zu 25 Prozent, und in die nächste Zeile die Buchstaben, die zu 5 Prozent gebraucht werden. In der obersten Reihe und an den Rändern siedelte Klaczko die Buchstaben, Symbole und Zahlen an, die nur selten benötigt werden. Die Klaczko-Tastatur wurde von keinem Hersteller verwertet (Stümpel 1985).

Ähnlich ging es Fritz Meidner, der 1925 eine von ihm entwickelte Tastaturform patentieren ließ. Er verlegte die Umschalttasten vom Rand der Tastatur in die Mitte und vereinte sie zu einer Taste. Meidners Ziel war es, die kleinen Finger von der Umschalt-Arbeit zu befreien. Statt dessen sollte bei seiner Tastatur der Daumen als stärkster Finger diese Arbeit leisten. Die Borsig-Werke, die damals die „Rheinmetall"-Schreibmaschinen herstellten, versuchten ihre Maschinen mit Meidners Tastatur zu verkaufen, nahmen sie aber sehr schnell wieder vom Markt (Baggenstos 1977, S.134).

Aufgrund der Erkenntnis, daß die rechteckige, in vier Reihen gepreßte Tastatur eine ermüdende und ungesunde Handhaltung zur Folge hat, versuchte Klockenberg 1926, dieses Problem durch eine „Zweiteilung der Tastatur in zwei Halbtastaturen" zu lösen. Dadurch müssen die Hände beim Schreiben nicht mehr nach innen verdreht werden, und auch Arme und Schultern werden entlastet. 1934 bot die Firma Rheinmetall eine Maschine mit zwei Halbtastaturen als Sonderanfertigung zum ersten Mal an (Guggenbühl/Krueger 1992). Aber auch diese Variante wurde kein Erfolg.

Auch Levasseurs Hochfeld, das in der Mitte des zweiten Weltkrieges, 1943, entwickelt wurde, hatte keine Chance. Diese Tastatur beruhte auf zehn Forderungen Levasseurs an eine „ideale" Tastatur. Praktisch wurde Levasseurs Hochfeld nach 1945 nicht weiter erprobt: Die beiden Prototypen gingen während des Krieges verloren (Stümpel 1985).

Eine andere Variante schlug Ende der fünfziger Jahre Friedrich Wolf-Beckert aus Berlin vor. Adolf Muther schließlich verband Meidners zentrale Umschalttaste mit einer verbesserten Anordnung der Tasten, die wiederum auf der Arbeit Wolf-Beckerts basierte. Interessant ist bei dieser Tastatur, daß die Umschalttaste die Tastatur in zwei Hälften teilt und die beiden Hälften angewinkelt angelegt wurden. Alle Vokale sind auf der rechten Tastaturhälfte angesiedelt; alle wichtigen Konsonanten auf der linken.

Baggenstos verknüpfte 1977 die Tastaturen von Meidner, Wolf-Beckert und Muther mit einer Entwicklung aus dem Jahr 1857 von Samuel William Francis aus New York und schuf die Baggenstos-Tastatur. Francis hatte eine Tastatur ohne Großbuchstaben entwickelt. Ein Großbuchstabe wurde durch ein spezielles Zeichen markiert. Baggenstos selbst sah für die Umsetzung seines Vorschlags große Schwierigkeiten voraus, meinte jedoch:

> „Das Entscheidende aber wäre – dies sei nochmals wiederholt – die heutige Schreibmaschine mit ihrer technischen Vollkommenheit endlich auch mit einer Tastatur auszurüsten, durch welche alle Vorteile dieser Perfektion voll ausgenützt werden könnten, sowohl hinsichtlich einfacher Bedienung wie maximaler Leistung." (Baggenstos 1985, S.136)

Die wohl bekannteste Alternative zur QWERTY-Tastatur dürfte das Simplified-Keyboard von August Dvorak sein. Er ließ es 1936 in den USA patentieren. Dvorak arrangierte das Alphabet so auf der Tastatur, daß die meistbenutzten Buchstaben in der zweiten Tastenreihe, der sogenannten Grundlinie, angesiedelt sind. Anstelle von ASDF und JKLÖ einer deutschen QWERTY-Tastatur werden bei Dvorak die Buchstaben AOEU und HTNS in der Handgrundhaltung erreicht. Auffällig ist, daß bei seiner Tastatur die linke Hand alle Vokale bedient, die sich in der Grundlinie befinden.

Mit den Buchstaben der Grundlinie können bei Dvorak 3.000 englische Wörter gebildet werden – zum Vergleich: Bei QWERTY sind es nur 50 Wörter (Der Spiegel, Nr.43 1973, S.197). Dvorak selbst rechnete aus, daß 70 Prozent des Schreibens in dieser Tastenreihe stattfinde. Dadurch würde der Weg, den die Finger an einem Acht-Stunden-Tag über die Tasten wandern, um 90 Prozent verkürzt werden (Potosnak, 1988: 477). Beim Simplified-Keyboard wird die rechte Hand mehr benutzt als die linke – im Gegensatz zu QWERTY. Außerdem verteilte Dvorak die Vokale und die häufig benutzten Konsonan-

ten auf beide Seiten der Tastatur, so daß sich das DSK sowohl für zweihändiges Schreiben und als auch für das 10-Finger-System eignete (Potosnak 1988, S.477; Montgomery 1982, S.13; Baggenstos 1977, S.132).
Die hier angeführten Beispiele für gescheiterte Alternativen zur QWERTY-Tastatur zeigen die Bemühungen, die Tastatur zu reformieren. Sie zeigen aber auch, wie stabil die um die Jahrhundertwende zwischen einem Teil der Herstellungs- und einem Teil der Anwendungsseite getroffene Übereinkunft in der Frage der Tastaturgestaltung war. Keine konnte durchgesetzt werden, geschweige denn QWERTY verdrängen oder deren Dominanz schwächen.

Mit dem Computer bricht eine neue Ära an, nicht nur für QWERTY

Als Beginn des PC-Zeitalters wird das Jahr 1975 angesehen. Vorangegangen war Anfang der siebziger Jahre die Entwicklung des Mikroprozessors. 1976 wurden noch nicht einmal hunderttausend PCs verkauft, und die Käufer rekrutierten sich auch nicht aus dem von den Herstellern angestrebten breiten Kreis von Privatleuten. Ähnlich wie die Stenographen in den Anfängen der Schreibmaschine ihren Spiel- und Sporttrieb auslebten, so galt auch der PC als das Spielzeug einer verrückten Hippie-Generation (Drüke 1992, S.88).
Das Blatt wendete sich, als 1981 IBM in das PC-Geschäft einstieg und nach zwei Jahren die Marktführerschaft übernahm. Mittlerweile war der Branche auch deutlich geworden, daß der private Sektor nicht die erwartete Bedeutung als Absatzmarkt erfüllte und man begann, PCs als vielseitigst einsetzbare Maschine populär zu machen. Als Einfallstor für den Sektor Büroarbeit fungierte dabei die computerunterstützte Textverarbeitung.

„Der enorme Erfolg des Personal Computers in den Vereinigten Staaten und später in Europa seit Beginn der achtziger Jahre kam nicht zuletzt über seinen Gebrauch als Textverarbeitungssystem zustande.“ (Blick durch die Wirtschaft, 8.11.1991)

Forciert wurde die Verwendung des PC im Rahmen von Büroarbeit auch dadurch, daß die den Markt dominierenden IBM-PCs mit den bereits seit vielen Jahren in den Firmen installierten IBM-Datenverarbeitungsanlagen kompatibel waren. Nun konnten die verschiedensten, bisher getrennt zu erledigenden Arbeitsvorgänge zusammengefügt werden. So waren nicht nur die wichtigen Märkte für den PC-Verkauf gefunden, sondern auch die Integration von Daten- und Textverarbeitung und von Datenverarbeitung und Datenüberwachung möglich geworden (Gottschall 1990).

Einmal eingeführt breitete sich der PC als neues Arbeitsmittel rasant aus. In zwei im Abstand von zwei Jahren erfolgten Untersuchungen über die Ausweitung programmgesteuerter Arbeitsmittel kommt das Institut für Arbeitsmarkt- und Berufsforschung der Bundesanstalt für Arbeit 1985 zu dem Ergebnis:

„Fast jeder vierte abhängig beschäftigte deutsche Erwerbstätige verwendet ab und zu programmgesteuerte Arbeitsmittel. Beinahe ein Drittel davon (8% aller abhängig beschäftigten Deutschen) benutzt sogar überwiegend programmgesteuerte Arbeitsmittel; 1979 waren dies noch 5%." (Kling/Troll 1985, S.1)

Einen fixen Bestandteil dieser neuen programmgesteuerten Arbeitsmittel stellt die QWERTY-Tastatur dar. QWERTY hängt nun nicht mehr ausschließlich an Schreibmaschinen, sondern ist zur Mensch-Maschine-Schnittstelle des Computers geworden. Einer Maschine, die mit allem anderen, nur nicht mit Frauen zusammengedacht wird. In der frühen Computerszene galt es geradezu als blasphemisch, Computer zum Schreiben zu benutzen (Hofmann 1994, S.130).

Männersache Computer

Obwohl die Frauendomäne Textverarbeitung ein zentraler Hebel war, über den die Einführung der PCs in die Bürowelt erfolgte, werden Computer nicht mit Weiblichkeit assoziiert. Auch wenn aus Untersuchungen des Instituts für Arbeitsmarkt- und Berufsforschung hervorgeht, daß nahezu gleich viele Frauen wie Männer mit programmgesteuerten Arbeitsmitteln arbeiten (Kling/Troll 1985, S.6), werden nicht beide Geschlechter, sondern Männer mit Computern verbunden. Auch bei der Entstehung der Schreibmaschine erfolgte die geschlechtliche Zuweisung, obwohl die Realität dafür noch gar keine Grundlage bot. Ähnlich wie die Feminisierung der Schreibmaschine ist auch die Verbindung des Computers mit Männlichkeit das Ergebnis eines sozialen und kulturellen Prozesses.

Trotz des defizitären Wissens über die Bedeutung von Frauen in der Geschichte des Computers ist dennoch bekannt, daß in den vierziger und frühen fünfziger Jahren die ersten elektronischen Rechner von Frauen programmiert wurden. In ihrer Untersuchung über den Anteil von Frauen an der Computergeschichte und -arbeit greift Ute Hoffmann (1987) das ENIAC-Projekt auf. Der ENIAC gilt als erster elektronischer Computer und wurde in den vierziger Jahren in den USA konstruiert, um schneller die Flugbahnen von Geschossen berechnen zu können. Die Personen, die die ballistischen Tabellen mit Hilfe des ENIACs errechneten, waren in der Regel Frauen.

In den USA gab es seinerzeit viele Frauen, die eine mathematisch-naturwissenschaftliche Ausbildung hatten. In den Computerlabors boten sich nun diesen Frauen vergleichsweise qualifizierte Arbeitsplätze. Da außerdem infolge des Kriegseinsatzes männliche Arbeitskräfte rar waren, wurden Frauen die ersten Programmiererinnen, ehe sie dann in den fünfziger Jahren, als die Computerarbeit immer stärker berufliche Konturen erhielt und auch die Männer wieder als Arbeitskräfte verstärkt zur Verfügung standen, aus diesem Feld verdrängt wurden (Hoffmann 1987, S.75; Becker-Schmidt 1992).
Mit der Besetzung der Programmieraufgaben durch Männer wurde ein wichtiges Steinchen in das Mosaik eingesetzt, das die Verbindung von Männlichkeit und Computer festigte. Die Anfänge dazu waren bereits dadurch gemacht worden, daß die ersten Einsatzorte das Militär und die Naturwissenschaft waren: beides Orte männlicher Lebenswelten und Kulturen. Dieses und der Umstand, daß die Hardware dieser neuen Maschine aus einer weiteren Männerdomäne stammte, nämlich der Elektrotechnik, trug ebenfalls dazu bei, den Computer und die Computerarbeit zu einem Teil der männlichen Welt werden zu lassen. Obwohl diese neue Maschine ja nicht nur aus Hardware, sondern auch aus Software bestand und die Wurzeln der Softwareprogrammierung in der nicht ganz ausschließlich männlichen Welt der Mathematik zu suchen sind, dominierte die männliche Orientierung.

„Die Computertechnologie [...] als eine vollkommen neue Art der Technologie hatte [...] das Potential, das alte Muster zu durchbrechen. [...] Schließlich stimmt das Bild der neuen elektronischen Computertechnologie mit dem der Weiblichkeit überein, da es sich um eine saubere, sitzende Tätigkeit handelt, die Routinetätigkeit beinhaltet und Genauigkeit und gute Tippfertigkeit erfordert. Aber neuere Untersuchungen des Geschlechtsunterschiedes im Zugang zu Computern in der Schule, beim Spiel und zu Hause weisen darauf hin, daß unsere Kultur Computer bereits als in erster Linie männliche Geräte definiert hat." (Wajcman 1994, S.182)

Als ein weiteres Mosaiksteinchen auf dem Weg der Vermännlichung der Computertechnik kann eine in erster Linie explizit Männer ansprechende Stellenausschreibungspraxis für computernahe Arbeitsplätze angeführt werden (Hoffmann 1987, S.136). Aber auch die auf die Bedürfnisse, Wünsche und Phantasien von männlichen Jugendlichen zugeschnittenen zum Kauf angebotenen Computerspiele gehören dazu (Ritter 1994, S.22).
So kam und kommt eines zum anderen und das Ergebnis besteht darin, daß trotz der Mitwirkung von Frauen in den Anfängen des Computerzeitalters, obwohl nahezu gleichviele Frauen wie Männer an computergestützten Arbeitsmitteln tätig sind und auch der Einstieg der PCs über die Frauendomäne Textverarbeitung erfolgte, der Computer eine männliche Technik wurde. Im

Hinblick auf die Mensch-Maschine-Schnittstelle QWERTY-Tastatur bedeutet das, daß diese nun nicht mehr Teil der mit Weiblichkeit par excellence verbundenen Schreibtechnik ist, sondern Teil des mit Männlichkeit assoziierten Computers. Und genau diese Verwandlung korrespondiert mit einem Prozeß, der als die Abkehr von der ergonomisch schlechten QWERTY-Tastatur gedeutet werden kann.

Die Kategorie Geschlecht – unverzichtbar in der Technikforschung

Dieser Aufsatz ist nicht der erste Versuch, das Beispiel QWERTY-Tastatur heranzuziehen, um die „Verriegelung" (Ortmann 1994) oder „Schließung" (Dierkes/Knie 1994) einmal getroffener sozialer Übereinkünfte in Hinblick auf die Gestaltung einer technischen Lösung zu belegen. Im Groben lassen sich in der wissenschaftlichen Diskussion drei Ansätze unterscheiden, mit denen versucht wird, den Erfolg einer Technik und die Mißerfolge alternativer Ansätze zu erklären. Eine immer wiederkehrende Argumentation besteht darin, daß gesagt wird, die Bedienenden verweigern sich gegenüber Neuerungen. Desweiteren heißt es, daß der Markt versagt habe und nicht das beste zum Sieger gekürt habe, sondern das Erstbeste, das gerade kam. Die dritte Begründung geht davon aus, daß es wirklich die beste Technik war.
Gerade im Zusammenhang mit der Dvorak-Tastatur, der immerhin drei der vier bekanntesten Studien bescheinigen, daß auf ihr eine höhere Schreibgeschwindigkeit erzielt werden kann als auf der QWERTY-Tastatur, wird die These vom Marktversagen vertreten.
Aufgrund des hier skizzenartig vorgestellten Materials läßt sich jedoch festhalten, daß die QWERTY-Tastatur um die Jahrhundertwende ganz wesentlich durch die übereinstimmende Interessenlage von Schreibmaschinenherstellern und wettschreibenden Stenographen festgeschrieben wurde. Dieser Standard wurde auch dann beibehalten, als sich die Einsatzbedingungen gravierend geändert hatten. Als der Glanz der Wettbewerbe verblaßt war und das Maschineschreiben zur wenig spektakulären, dafür aber umso mühsameren alltäglichen schlechtbezahlten Frauenarbeit wurde, fehlte den Herstellenden das Interesse, eine dafür besser geeignete Tastatur zu konstruieren. Trotz der nicht abreißenden Kritik und diversen alternativen Tastaturentwicklungen blieb der auf dem Stenographenkongreß von 1888 ausgesprochene Normierungsvorschlag ungebrochen gültig. Erst im Zusammenhang mit der Verbreitung des Computers gerät die Tastatur wieder in den Blick der Hersteller und

führt zu der Entwicklung ergonomisch geeigneterer Eingabetechnik. Das Entscheidende in diesem Prozeß ist, daß der Computer, anders als die Schreibmaschine, eine mit Männlichkeit assoziierte Technik ist.
Dem Geschlechterverhältnis ist also eine wesentliche Rolle bei der Entwicklung, Durchsetzung, Stabilisierung und Brechung technischer Lösungen beizumessen. Viel zu wenig wurde dieses bisher in der Technikforschung anerkannt (Fenner 1994). Wenn man aber wirklich daran interessiert ist, die Triebkräfte der Technikentwicklung zu identifizieren, dann gehört die Kategorie Geschlecht als analytisches Instrument zwingend einbezogen. Jeder Versuch, Verhältnisse erklären zu wollen und dabei ein zentrales gesellschaftliches Strukturmerkmal zu ignorieren, bleibt sonst defizitär und damit nur eingeschränkt aussagekräftig und verallgemeinerbar.

Anmerkungen

1 Dieser Artikel entstand im Rahmen des Projektes „Technikgenese in organisatorischen Kontexten", das im Rahmen des vom BMFT geförderten Verbundes Sozialwissenschaftliche Technikforschung am Wissenschaftszentrum Berlin für Sozialforschung (WZB) sowie am Institut für Soziologie der TU Berlin bearbeitet wird.

2 Die Bezeichnung QWERTZ- oder QWERTY-Tastatur leitet sich ab aus den sechs ersten Typen der obersten Buchstabenreihe im Tastenfeld. In Deutschland wurde dabei das Y gegen das Z ausgetauscht. Im folgenden wird die Bezeichnung QWERTY-Tastatur verwendet.

3 In einer früheren Untersuchung standen bereits die Auswirkungen eines diskriminierenden Frauenleitbildes in den Vorstellungen von Schreibmaschinenmachern auf die von ihnen konstruierten Maschinen im Mittelpunkt (Helmers/Buhr 1992; Buhr/Helmers 1993).

Literatur

Baggenstos, August (1977): Von der Bilderschrift zur Schreibmaschine. Zürich/ Herrliberg

Becker-Schmidt, Regina (1992): Verdrängung, Rationalisierung, Ideologie. In: Knapp, Gudrun-Axeli / Wetterer, Angelika (Hrsg.): TraditionenBrüche. Entwicklungen feministischer Theorie. Freiburg

Buhr, Regina (1993): Neue Männer braucht das Land!? Wissenschaftszentrum Berlin, discussion papers, FS II 93-109. Berlin

– / Helmers, Sabine (1993): Unternehmenskultur und betriebliche Frauenpolitik. In: Sozialökonomische Beiträge, H. 7. Hamburg

Dierkes, Meinolf / Knie, Andreas (1994): Geräte und ihr Sinn. Technikgenese im institutionellen Geflecht mächtiger Verständigungen. In: Zapf, Wolfgang / Dierkes, Meinolf (Hrsg.): Institutionenvergleich und Institutionendynamik. Berlin

Drüke, Helmut (1992): PC's made in Europe – ein Auslaufmodell? Berlin

Fenner, Brigitte (1994): Technik in Wissenschaft und Politik. In: Fenner, Brigitte (Hrsg.): Technikfolgenabschätzung heute – Akzeptanzsteuerung oder Technikgestaltung? Marburg

Gottschall, Karin (1990): Frauenarbeit und Bürorationalisierung. Frankfurt a.M./ New York

Guggenbühl, Urs / Krüger, Helmut (1992): Neue Zürcher Zeitung. Zürich

Hackmann, W. (1903): Gutachten über die neue A.E.G.-Schreibmaschine vom 20.6.1903. In: Akte 466. Thüringisches Landeshauptarchiv Weimar

Helmers, Sabine / Buhr, Regina (1992): Der Sieg des Geistes über die Körperlichkeit – Ein Pyrrhussieg. Wissenschaftszentrum Berlin, discussion papers, FS II 92-110. Berlin

Hoffmann, Ute (1985): Die wundervolle Schreibmaschine. Frauenarbeit in der Bank bis 1933. In: Hoffmann, Ute (Hrsg.): Geldwelt. München

– (1987): Computerfrauen. München

Hofmann, Jeanette (1994): Two versions of the same: the text editor and the automatic letter writer as contrasting conceptions of digital writing. In: Adam, A. (Hrsg.): Women, Work and Computerization

Holtgrewe, Ursula (1989): Schreib-Dienst. Marburg

Kisker, Ida (1911): Die Frauenarbeit in den Kontoren einer Großstadt. Tübingen

Knie, Andreas (1991): ‚Generierung' und ‚Härtung' technischen Wissens: Die Entstehung der mechanischen Schreibmaschine. In: Technikgeschichte, Band 58, Nr.2. Berlin

– / Buhr, Regina / Hass, Marion (1992): Auf der Suche nach den strategischen Orten der Technikgestaltung: Die Schreibmaschinen-Entwicklung der Mercedes-Büromaschinen-Werke-AG zwischen den Jahren 1907 und 1940. Wissenschaftszentrum Berlin, discussion papers, FS II 92-101. Berlin

Kling, Meinrad / Troll, Lothar (1985): Die Expansion programmgesteuerter Arbeitsmittel. In: Materialien aus der Arbeitsmarkt- und Berufsforschung des Instituts für Arbeitsmarkt und Berufsforschung der Bundesanstalt für Arbeit. Nürnberg

Lamberty, Christiane (1991): Die Einführung einer technischen Neuheit – Reklame für die Schreibmaschine in Deutschland 1890-1930. Magisterarbeit am Institut für Neuere Geschichte der Technischen Universität Berlin. Berlin

Lüsebrink, Karin (1993): Büro via Fabrik. Berlin

Montgomery, Edward B. (1982): Bringing Manual Input into the 20th Century: New Keyboard Concepts. In: Computer, H. 3, März 1982

Niehaus, Ursula (1982): Berufsstand weiblich. Berlin

Ortmann, Günther (1994): Dark Stars. Institutionelles Vergessen in der Industriesoziologie? In: Beckenbach, Nils / van Treek, Werner (Hrsg.): Umbrüche gesellschaftlicher Arbeit. Soziale Welt, Sonderband 9. Göttingen

Pirker, Theo (1962): Büro und Maschine. Basel

Potosnak, Kathleen M. (1988): Keys and Keyboards. In: Helander, M. (Hrsg.): Handbook of Human-Computer Interaction

Ritter, Martina (1994): Computer oder Stöckelschuh? Frankfurt a.M./New York

Stümpel, Rolf (1985): Der Kampf um die ideale Tastatur. In: Vom Sekretär zur Sekretärin. Ausstellungskatalog zur gleichnamigen Austellung, 29.3. bis 9.6.1985 im Gutenberg-Museum. Mainz

Segelken, Sabine (1991): Stenographie und Schreibmaschine. In: texte zur ökonomischen forschung und lehre. Bad Salzdetfurth

Wajcman, Judy (1994): Technik und Geschlecht. Die feministische Technikdebatte. Frankfurt a.M./New York

Brigitte Aulenbacher

Technische Sachzwänge und rationale Entscheidungen

Die androzentrische Modernisierung industrieller Produktion

Der Beitrag befaßt sich mit der Entwicklung von Geschlechterungleichheit in industriellen Rationalisierungsprozessen und fragt insbesondere nach der Rolle, die Technik hierbei spielt. Er beginnt mit einem Blick auf den Zusammenhang von Rationalisierungs- und Geschlechterarrangements. Die Frage, welche Bedeutung Technik in Rationalisierungsprozessen und im Geschlechterverhältnis hat, wird dann anhand verschiedener Stationen ihrer wissenschaftlichen Reflexion behandelt. Abschließend wird am Beispiel der Produktionsmodernisierung untersucht, wie Geschlechterungleichheit auch auf „technischem" Wege reorganisiert wird.

Industrielle Rationalisierungs- und Geschlechterarrangements im Umbruch?

Seit nunmehr zwei Jahrzehnten sind wir ZeitzeugInnen eines anhaltenden Umbruchs der Industriegesellschaft. Mit dem Taylorismus-Fordismus geht eine bedeutende Rationalisierungsepoche ihrem Ende entgegen. Ihre industriellen und gesellschaftlichen Arrangements brechen auf und werden ausgehöhlt. Neue Arrangements entstehen. Sie fußen auf den Ergebnissen und Erfahrungen tayloristisch-fordistischer Rationalisierung, brechen mit ihnen oder führen sie in veränderter Form fort. Hierbei werden auch alte und neue Mechanismen der Selektion und Hierarchisierung wirksam. Sie weisen Menschen, sortiert nach Geschlecht, Ethnie, Alter, Qualifikation, Leistungsfähigkeit, Mobilität, sektoraler und regionaler Zugehörigkeit, ungleiche Plätze in der aufziehenden industriellen Moderne zu (vgl. Hradil 1994, S.37-73).

Das Geschlechterverhältnis kann als ein durchgängiges Strukturierungsprinzip dieser Prozesse begriffen werden. Einerseits ist es der kapitalistischen Gesellschaftsformation als Vergesellschaftungsprinzip historisch und aktuell vorausgesetzt: Im Geschlechterverhältnis wurden und werden generative und alltägliche Reproduktionsleistungen erbracht, die für die Herausbildung und Entwicklung dieser Geschellschaft notwendig sind, die sie marktvermittelt aber nicht erbringen kann. Ebenfalls in der geschlechterungleichen Vergesellschaftung von Arbeit und Sexualität begründet ist das Geschlechterverhältnis andererseits als Strukturierungsprinzip in die kapitalistische „Wirtschafts- und Bevölkerungsweise“ (Beer) eingelassen, wirkt es strukturbildend hinsichtlich der „Produktionsverhältnisse“ und der „Produktivkräfte“ dieser „Produktionsweise“. Wenn sich nun die Dynamik gesellschaftlicher Entwicklung daraus entfaltet, daß „Produktionsverhältnisse“ und „Produktivkräfte“ zeitweilig in Widerspruch zueinander geraten und neu aufeinander abgestimmt werden, dann wird somit auch das Geschlechterverhältnis reorganisiert (vgl. Beer 1990, S.86ff., S.120ff.).
Ein Element, das diese Dynamik gesellschaftlicher Entwicklung mit in Gang setzt und aufrechterhält, ist die industrielle Rationalisierung. Auch ihr sind Vergesellschaftungen im Geschlechterverhältnis vorausgesetzt. So basiert die Logik der Rationalisierung, ihre bloß formale Rationalität, auf der Trennung und komplementär-hierarchischen Organisation von Produktion und Reproduktion im Geschlechterverhältnis. Solche Mechanismen der Selektion und Hierarchisierung von gesellschaftlichen Bereichen sind der Rationalisierung aber nicht nur vorausgesetzt, sondern auch eigen. Zwar abstrahiert ihr Grundprinzip, mit weniger Aufwand mehr Effizienz zu erreichen, von gesellschaftlichen Bereichen und Verhältnissen. Aber das, was als Effizienz, und das, was als Aufwand zu begreifen ist, kann nur an dem jeweils einen Zweck bemessen werden, der erreicht werden soll. Folglich setzt Rationalisierung die Selektion und Hierarchisierung von Zwecken voraus. Empirisch geht damit aber wiederum die Selektion und Hierarchisierung von gesellschaftlichen Bereichen und Menschen einher, bei der sich die Rationalisierung bestehende Ungleichheiten nicht nur zwischen den Geschlechtern zunutze macht. (vgl. Siegel 1993, S.363-396; Aulenbacher/Siegel 1993, S.73ff.)
Prozesse industrieller Rationalisierung dienen der Effektivierung des Zusammenspiels von Produktionsverhältnissen und Produktivkräften, nämlich von markt- und produktionsökonomischen Bedingungen, technischer Entwicklung, Arbeitsteilung und Menschen. Damit richten sie sich aber auch auf das Geschlechterverhältnis, das diese strukturiert und sich in ihnen empirisch ausdrückt. Es wird im Rationalisierungsprozeß neu formiert. Umgekehrt struktu-

riert Geschlecht, verborgen hinter der Rationalität der Rationalisierung und ihrem abstrakten Grundprinzip, mit weniger Aufwand mehr Effizienz zu erreichen, das Rationalisierungsgeschehen. (vgl. Aulenbacher 1995, S.124ff.)
Nun suggeriert diese Argumentation eine rationalisierungskonforme Gradlinigkeit gesellschaftlicher Entwicklung nicht zuletzt deshalb, weil sie aus der Perspektive der Rationalisierung entfaltet ist. Aber die industrielle Rationalisierung hat sich nicht „naturwüchsig" herausgebildet. Sie ist Ergebnis eines gesellschaftlichen Prozesses, an dem Menschen mit ungleicher Definitionsmacht im Geschlechterverhältnis beteiligt waren. Auch handelt es sich bei Rationalisierung um Aushandlungsprozesse, in denen Zwecke, Ziele und Methoden, aber auch das, was als Effizienz gesteigert, und das, was als Aufwand verringert werden soll, dem gesellschaftlichen Entwicklungsstand gemäß immer wieder redefiniert werden müssen. Damit beziehen sich Rationalisierungsprozesse aber ebenfalls auf den gesellschaftlich erreichten Status quo im Geschlechterverhältnis. Als Kehrseite ihrer ungleichen Vergesellschaftung sind die Geschlechter auch hier mit ungleicher Definitionsmacht ausgestattet.
Die Erosion tayloristisch-fordistischer Rationalisierungsarrangements, so zeigt sich im aktuellen industriellen Umbruch, berührt auch die bisherigen Geschlechterarrangements, indem Differenzierungen und Hierarchisierungen im Geschlechterverhältnis „flexibel" an neue gesellschaftliche Erfordernisse und Bedingungen angepaßt werden. Zugleich bleibt das Geschlechterverhältnis dadurch als Vergesellschaftungs- und Strukturierungsprinzip im vorgenannten Sinne „stabil" (Gottschall 1995, S.144). Wie dieser Prozeß ausgeht, ob bisherige Geschlechterungleichheiten in seinem Verlauf abgebaut werden (können) oder ob sie sogar noch verschärft werden, läßt sich, weil Rationalisierungsprozesse Aushandlungsprozesse sind, aus der Perspektive der Rationalisierung nicht vorhersagen. Hierbei erweist sich „rationales" Handeln als ein von subjektiven Momenten durchzogenes, situationsgebundenes Abwägen und Entscheiden, kommen andere als „rationale" Orientierungen zum Tragen und kann letztlich auch die Rationalität industrieller Rationalisierung selbst zur Diskussion gestellt werden. Was momentane Tendenzen anbelangt, so verdient der industrielle Umbruch diese Bezeichnung jedoch in erster Linie deshalb, weil tayloristisch-fordistische Rationalisierungsarrangements aufgebrochen sind, aber kaum deshalb, weil sich ein Bruch mit der Logik und dem Grundprinzip von Rationalisierung abzeichnet (vgl. Siegel 1995, S.175-195; Minssen 1992, S.73ff.). Und auch hinsichtlich der Geschlechterungleichheit deuten sich eher Kontinuitäten als Brüche an. Um die „technischen" Gründe hierfür geht es im weiteren.

Technik in industriellen Rationalisierungsprozessen ...

Vor allem die Technikforschung, die sich zu Beginn der 80er Jahre aus der Industriesoziologie und aus der Wissenschaftsforschung heraus etabliert hat, hat eine neue Betrachtungsweise von Technik vorgeschlagen (vgl. Rammert 1992, S.62-89). Anders als die Industriesoziologie näherte sie sich dem Problem Technik nicht von den Technikfolgen, sondern von der Technikgenese her. Der Erkenntnis der Technikforschung, daß „Technik als sozialer Prozeß" zu begreifen ist, geht u.a. eine Auseinandersetzung mit technikdeterministischen Annahmen damaliger industriesoziologischer Rationalisierungsforschung voraus. Hier wurde Technik implizit als gesellschaftlich exogener Faktor behandelt, der sozialen Wandel im allgemeinen und arbeitsorganisatorische Entscheidungen und Maßnahmen im konkreten im Sinne eines technischen Sachzwangs determiniere (vgl. Lutz 1987, S.34-52). Im Unterschied dazu ging die Technikforschung explizit davon aus, daß Technik nicht Ergebnis eines eigenlogischen, anderen als gesellschaftlichen „Gesetzlichkeiten" folgenden Prozesses ist. Die Gesellschaftlichkeit von Technik betonend wurde sie folglich auch nicht als Sachzwang angesehen, sondern vielmehr als gesellschaftlich veränderbar begriffen. Phänomene, die in der Industriesoziologie gängigerweise als Folgen oder Auswirkungen von Technik interpretiert worden waren, sind der Technik in dieser Sichtweise nicht äußerlich. Sie werden teilweise bereits in der Technikentwicklung zugrundegelegt (vgl. Hack 1986, S.106-116), wenngleich auch nicht vorhergesehene oder nicht beabsichtigte Folgen auftreten können (vgl. Joerges 1989, S.44-89; Rammert 1990, S.333-350).

Der Perspektivenwechsel von den Technikfolgen zur Technikgenese wurde in der Industriesoziologie zwar wahr-, aber kaum aufgenommen. Dies mag daran gelegen haben, daß die Abschaffung technikdeterministischer Interpretationen und en passant der technischen Sachzwänge nur teilweise im Einklang mit der empirischen Realität im industriesoziologischen Feld stand. Dort prägte Technik das Rationalisierungsgeschehen, wenngleich sie es vielleicht nicht determinierte, und war, wenngleich sie gesellschaftlich hervorgebracht und somit grundsätzlich veränderbar ist, verändernden Eingriffen vielfach entzogen (vgl. Bieber 1995, S.231-247).

Eine teilweise Abkehr von technikdeterministischen Interpretationen ist in der Industriesoziologie empirisch begründet erfolgt. So wird heute angesichts des fortschreitenden industriellen Umbruchs festgestellt, daß mit der Erosion tayloristisch- fordistischer Rationalisierungsarrangements alte Arbeitsteilungen innerhalb von und zwischen Betrieben und Unternehmen hinfällig wer-

den und neue, vielfältige technisch-organisatorische Arrangements an ihre Stelle treten können. In den neuen Prozessen „systemischer Rationalisierung" (Altmann u.a. 1986, S.191-207) werden Abläufe und Arbeitsteilungen inner- und zwischenbetrieblich reorganisiert, Grenzen zwischen Betrieb und Umfeld neu gezogen, indem z.B. Marktmechanismen und/oder technische Vernetzungen bislang intern organisierte Abläufe ersetzen, und es findet sich je nach Voraussetzungen in der „industriellen Mischstruktur" eine Vielzahl verschiedener technisch-organisatorischer Lösungen (Wittke 1990, S.23-41). An die Stelle des alten deterministischen Denkens und der alten technischen Sachzwänge tritt dann, wenn es sich um neue Techniken und vor allem die multifunktional einsetzbaren Informations- und Kommunikationstechnologien handelt, eine Betrachtung von Technik als „elastischem Potential" (vgl. Altmann u.a. 1986, S.193). Kontinuität zur vorherigen industriesoziologischen Reflexion von Technik zeigt sich darin, daß der Frage danach, welche Sachzwänge in den alten und welche Elastizitäten in den neuen Techniken angelegt sind, wenig Aufmerksamkeit zuteil wird.
Hier wiederum schlagen, auf den ersten Blick ironisch anmutend, Arbeiten der Technikforschung vor, die Kritik am Technikdeterminismus zu relativieren und sie mit der Beachtung der Technikgeneseprozesse zugleich ernst(er) zu nehmen (vgl. Bieber 1995, S.233).[1] So wird darauf hingewiesen, daß die heute verfügbare Technik in dreifacher Weise durch die tayloristisch- fordistische Rationalisierung geprägt ist: Erstens seien die Arbeitszerlegung, die horizontale und vertikale Arbeitsteilung, die Standardisierung von Abläufen und die mit diesen Rationalisierungsmethoden verbundenen Vorstellungen, wie die Entäußerung menschlichen Arbeitsvermögens zu steuern und zu kontrollieren sei, in die Gestalt von Technik eingeflossen. Zweitens orientierte sich die Objektivierung menschlichen Wissens in Technik an der Zielsetzung, den Produktionsprozeß vom ProduzentInnenwissen unabhängig zu machen und menschliche Produktivitätspotentiale durch technische Lösungen zu ersetzen. Drittens seien denkbare Alternativen zu den beiden erstgenannten Punkten nicht weiterverfolgt worden. (vgl. Brödner 1985; Williams 1988) Letzteres heißt dann auch, daß die eingeschlagenen technischen Entwicklungspfade jenseits der ihnen eingeschriebenen Rationalität bisheriger industrieller Rationalisierung nur schwer veränderbar sind. Denn mit ihnen geht auch eine Konstruktion technischen Wissens und technischer Artefakte einher, angesichts derer Alternativen dann teilweise nicht mehr machbar sind oder erst völlig neu entwickelt werden müßten (vgl. Brödner 1985, S.61ff.). Dem steht jedoch, abgesehen vom Stand technischen Wissens, entgegen, daß sich auch die Entwicklung von der alten tayloristisch- fordistischen zur neu-

en flexiblen Technik weniger als Bruch mit dem bisherigen Status quo, sondern als modifizierende Weiterentwicklung existierender Technik und technisch-organisatorischer Arrangements vollzieht (vgl. Fleck 1988; Berger 1991, S.159ff.).

... und im industriellen Geschlechterverhältnis

An das Plädoyer für eine neue „deterministischere" Reflexion von Technik anschließend ist zudem bedenkenswert, daß sich die alte wie die neue Technik in ungleicher Weise auf die Beschäftigungssituation von Männern und Frauen „ausgewirkt" hat und „auswirkt". Es stellt sich nun die Frage, inwiefern dies nicht nur der geschlechterungleichen Definitionsmacht in Rationalisierungsprozessen geschuldet ist, sondern inwiefern die Weichen hierfür auch im Verlauf technischer Entwicklung gestellt wurden und wie das eine mit dem anderen zusammenhängt. Hier ist vorrangig von solchen Arbeiten Aufschluß zu erwarten, die sich, angeregt durch die feministische Technikdebatte oder durch den Perspektivwechsel von den Technikfolgen zur Technikgenese in der Technikforschung, mit der Vergeschlechtlichung von Technik befassen. Sie zeigen vor allem historisch-rekonstruktiv, daß Technik selbst im Geschlechterverhältnis geprägt ist. Vier Momente, die sich kontext-, zeit- und technikspezifisch je anders ausdrücken können, erscheinen mir auch für die heutige Situation bedeutsam.
Das grundlegende Moment ist die gesellschaftliche Definition von Technik. Sie ist insofern selektiv, als sie mit einem verengten Begriff von Produktivität verbunden ist. In ihm wird die Produktivität der Produktion zur gesellschaftlichen Produktivität und wird technische Entwicklung, wie sie in diesem Bereich zur Produktivitätssteigerung hervorgebracht wird, zum technischen, aber auch gesellschaftlichen Fortschritt schlechthin.[2] Zugleich sind diese Definition von Produktivität und die mit ihr verbundene Gleichsetzung von technischem mit gesellschaftlichem Fortschritt angesichts der geschlechterungleichen Vergesellschaftung von Menschen in Produktion und Reproduktion androzentrisch. Das, was demzufolge als produktiv oder fortschrittlich gilt, ist eher Männern zugewiesen und zugeordnet. Frauen(arbeits)bereiche hingegen hinken, da sie nach diesem Maßstab unproduktiv oder rückständig sind, dem hier gemeinten technischen Fortschritt hinterher (vgl. Cockburn 1988, S.17ff.; Aulenbacher 1993, S.22ff.).[3]
Das zweite Moment betrifft Prozesse technischer Entwicklung. Es zeigt sich, daß Männer ihre gesellschaftliche Vormachtstellung auch in eine höhere

Definitionsmacht, wenngleich nicht unbedingt des einzelnen, hinsichtlich technischer Entwicklung umzusetzen vermochten. Hierbei ist der Zugang zu formalisiertem technischen Wissen, aber vor allem auch zu Erfahrungswissen zentral (vgl. Wajcman 1991, S.21). Er wird u.a. durch die am männlichen Lebensmodell orientierte Konstruktion wissenschaftlich-technischer Berufe und Professionen für Frauen beschnitten (vgl. Wetterer 1992).[4] Die Berufe und Professionen, aber auch die Technik selbst bleiben auf diese Weise Männerdomänen. Wie sehr dies der Technik eigen ist, zeigt sich an der androzentrischen Konstruktion technischen Wissens. Selbst dann, wenn Frauen an Prozessen der Technikentwicklung in größerem Ausmaß beteiligt wären und wenn sie „Geschlecht als produktive Ressource" (Sorensen 1992, S.5-31) im Sinne der Redefinition von Produktivität und Fortschritt nutzen wollten, träfen sie auf einen Stand von Forschung und Technik, der hierfür keine Begriffe oder Verfahrensweisen bietet und dessen Androzentrismus sich zugleich hinter vermeintlich sachlichen, eben technischen Tatsachen und Kriterien verbirgt.
Das dritte Moment bezieht sich auf die geschlechterungleiche Vergesellschaftung von (Lohn)Arbeitskraft. So wurde die potentielle Verfügbarkeit männlicher oder weiblicher Arbeitskräfte in rationalisierungskonformer Weise, nämlich im Sinne des Abwägens von Effizienz und Aufwand, und vermittelt über gesellschaftliche Konstrukte wie Qualifikation, Lohn etc., die das Ergebnis vormaliger geschlechterungleicher Regulierung von Erwerbsarbeit sind, bereits in der frühen Phase industrieller Rationalisierung in der Technikentwicklung antizipiert. Die Vergeschlechtlichung von Tätigkeiten und Berufen in Technisierungsprozessen ist zum Teil hier zugrundegelegt, während es den Anschein hat, als zögen technische Sachzwänge, nämlich eine nachgerade bezwingende Kompatibilität der jeweiligen Technik mit dem Einsatz männlicher oder weiblicher Arbeitskraft, diese „Folgen" nach sich. Allerdings sind Entscheidungen über technische Entwicklungspfade nicht nur Aushandlungsprozessen zwischen Kapital und Arbeit, sondern auch den tieferliegenden Prozessen zwischen den Geschlechtern geschuldet. So richtete sich beispielsweise Widerstand von Männern im Falle des rationalisierungskonformen Eindringens weiblicher (billigerer) Konkurrenz in ihre Bereiche weniger, als dies bei „technisch" herbeigeführten Stratifikationseffekten unter Männern der Fall war (vgl. Noble 1985, S.109-124), auf die Abwehr von Rationalisierungsmaßnahmen. Er drückte sich vielmehr im Ausschluß von Frauen aus Verbänden und von technischer Kompetenz aus. Beides sicherte Männern ihre Beschäftigungsbereiche, bewahrte ihre Berufe vor ideeller und materieller Abwertung durch den Einzug von Frauen, verlieh damit ihrer Vormachtstellung in Produktion und Reproduktion Nachdruck,

ermöglichte ihnen aufgrund ihres exklusiven Zugangs zu technischer Kompetenz Auseinandersetzungen um die einzuschlagenden technischen Entwicklungspfade und hat ebenfalls die Gestalt technischer Artefakte geprägt (vgl. Cockburn 1985, S.125-146; Zachmann 1992, S.66-75).
Viertens und alle drei vorherigen Momente durchziehend ist die Identifizierung von Technik mit Männlichkeit zu nennen. Dabei liegt weder das, was als Technik und gar als avancierte Technik, noch das, was als männlich und gar an der Spitze des technischen und damit gesellschaftlichen Fortschritts stehend gilt, für alle Zeiten fest. Vielmehr wird Technik immer wieder als männliche, nämlich mit Weiblichkeit nicht zu vereinbarende und Frauen ausgrenzende Kultur redefiniert (vgl. Wajcman 1991, S.137ff.; Roloff 1993, S.59ff.). Hierbei erweisen sich die Technik und die mit ihr identifizierte Männlichkeit zwar als zeit- und kontextspezifisch äußerst flexibel in ihren Inhalten, aber als stabil hinsichtlich der Gleichsetzung von technischem mit gesellschaftlichem Fortschritt und Männlichkeit.
Der Frage nach der Bedeutung von Technik in Rationalisierungsprozessen und im Geschlechterverhältnis soll nun abschließend am Beispiel der Produktionsmodernisierung nachgegangen werden.

Die androzentrische Modernisierung industrieller Produktion

In der Industriesoziologie bezieht sich der Begriff Produktionsmodernisierung auf Rationalisierungsprozesse in der industriellen Fertigung. In ihnen werden bisherige Produktionsstrukturen, Formen des Arbeitskrafteinsatzes und die politische Regulierung von Erwerbsarbeit gemäß neuer ökonomischer und weiterer gesellschaftlicher Erfordernisse und Bedingungen reorganisiert. Dies geschieht in branchen- und betriebsspezifisch höchst unterschiedlicher Weise. Ferner wird in diesen Prozessen darüber entschieden, welches zukunftsträchtige, nämlich die neuen Anforderungen bewältigende Produktionsbereiche sein werden bzw. welche Segmente als nicht oder nur bedingt modernisierungsfähig auf der Strecke bleiben. Und nicht zuletzt entscheidet sich, wer zu dem einen und wer zu dem anderen Segment gehören wird (vgl. Pries/Schmidt/Trinczek 1990; Matthies u.a.1994, S.49ff.).
Solche Mechanismen der Selektion und Hierarchisierung sind der Rationalisierung zwar grundsätzlich eigen. Wie sie aussehen, hängt aber von den gewachsenen Strukturen und dem industriepolitischen Kontext ab, vor deren Hintergrund sie sich herausbilden.

Was den industriepolitischen Kontext anbelangt, sind seit den 70er Jahren, als der industrielle Umbruch begonnen hat, erhebliche Veränderungen eingetreten. Damals stand die Umgestaltung von Industriearbeit – eingebettet in sozial- und bildungspolitische Reformen und unter den Sonderbedingungen des Programms zur Humanisierung des Arbeitslebens – zur Diskussion. Die Produktionsmodernisierung der 90er Jahre findet unter Bedingungen einer anhaltenden wirtschaftlichen Rezession mit verschärfter, innovations-orientierter Konkurrenz um Absatzmärkte statt. Sie vollzieht sich ferner vor dem Hintergrund vorangeschrittenen sozialstrukturellen Wandels und begleitet von neuen sozialen Ungleichheiten angesichts hoher Arbeitslosigkeit und der Rücknahme abmildernder sozialpolitischer Maßnahmen (vgl. ebd.; Nickel 1995, S.24ff.). Zwar werden im aktuellen Rationalisierungsgeschehen Maßnahmen der 70er Jahre wie Gruppenarbeits- und Partizipationskonzepte aufgegriffen und sogar breiter eingeführt. Allerdings geht es dabei heute um die Suche nach neuen Formen rationalisierungskonformer leistungspolitischer Regulierung von Arbeit, deren „Humanisierungspotential“ ungewiß ist (vgl. Seitz 1993, S.32ff.). Umgekehrt spielen Gesichtspunkte wie die Aufwertung unattraktiver Beschäftigungsbereiche in auch peripheren Sektoren, die damals wirtschaftlichen Problemen, beispielsweise der Arbeitskräfteknappheit, aber auch „Humanisierungszielen“, etwa dem Abbau von Belastungen industrieller Arbeit, geschuldet waren, ebenso wie solche Beschäftigungsbereiche selbst und damit auch klassische Felder industrieller Frauenarbeit heute noch weniger als damals eine Rolle. Sie wurden entweder zwischenzeitlich „wegrationalisiert“ oder sie werden von der Produktionsmodernisierung unter neuen Vorzeichen erfaßt. Denn diese schließt auch an die technikorientierte Modernisierungspolitik der 80er Jahre an. Vor dem Hintergrund der gewachsenen industriellen Strukturen und der sie prägenden tayloristisch-fordistischen Vergesellschaftung der Geschlechter (vgl. Aulenbacher 1995) wurden in jener Dekade auch „technisch“ die Weichen für einen androzentrischen Weg in die industrielle Moderne gestellt. Denn ebenso wie die Modernisierung industrieller Produktion sich nicht nur auf eine branchen- und betriebsspezifisch ausdifferenzierte, sondern auch auf eine im Geschlechterverhältnis ausgeprägte Industrielandschaft bezieht, galt dies auch für die in den 70er und 80er Jahren beschrittenen Wege. So zielten bereits Arbeitsstrukturierungsmaßnahmen, aber vor allem technische Flexibilisierungskonzepte vorrangig auf die technisch avanciertesten, wirtschaftlich bedeutendsten Kernsektoren, die auch heute im Zentrum der Produktionsmodernisierung stehen, wenngleich sie damals wie heute auf arbeitsintensive Niedrigtechnologiebereiche und periphere Sektoren ausgestrahlt haben bzw. ausstrahlen. Damit verliefen bzw. verlaufen sie auch entlang geschlechtsspezifischer und -hierarchischer Trennungslinien. Die in den 80er Jahren beschrittenen Wege automatisierter Produktion und technisch gestützter Produktionsflexibilisierung stießen hierbei unbeabsichtigt zweifach an Grenzen. Niedrigtechnologiebereiche, periphere Branchen und arbeitsintensive Produktionssegmente mit vergleichsweise billigen, interessenvertretungsschwachen, oft weiblichen Arbeitskräften wurden zwar von technikzentrierten Rationalisierungsbestrebungen erfaßt. Diese wurden aber nur reduziert umgesetzt, da sich hier kapitalintensive Maßnahmen kaum lohnten, andererseits aber Wege technischer Flexibilisierung gegen die gewachsenen Produktionsstrukturen und somit mit hohen Aufwänden erst zu entwickeln gewesen wären. In den Hochtechnologiebereichen, wirtschaftlichen Kernsektoren und bei vergleichsweise teurer, interessenvertretungsstarker, meist männlicher Arbeitskraft haben sich Grenzen in anderer Weise gezeigt. Zwar wurde der beabsichtigte Abbau von Routinetätigkeiten im Segment un- und angelernter Frauen- und Männerarbeit erreicht. Aber auf der anderen Seite haben sich hochkomplexe und störanfällige Produktionsabläufe herausgebildet, die auf die umfassende Nutzung menschlichen Produktivitätspotentials angewiesen sind. Wenn nun heute Elemente arbeitsorganisatorischer Rationalisierung, die in den 70er Jahren modellhaft erprobt worden waren, bedeutsamer werden, so heißt das zwar, daß damit auch die technikzentrierten Konzepte der 80er Jahre, die Visionen und Umsetzungsversuche der „mannlosen Fabrik" (Brödner 1985, S.119), abgelöst werden. Es bedeutet aber nicht, daß Prozesse der Produktionsmodernisierung hinter den erreichten Stand der Technisierung zurückfallen. Vielmehr sollen Maßnahmen arbeitsorganisatorischer Rationalisierung die umfassende, rationalisierungskonforme Einbeziehung menschlicher Produktivitätspotentiale vor allem dort gewährleisten, wo sie zu einem effizienteren Einsatz neuer Technik beitragen und deren Rationalisierungspotential ausschöpfen helfen (vgl. Frerichs 1992, S.254ff.).

Werden also heute Möglichkeiten gesucht, das Zusammenspiel von Technik, Arbeitsorganisation und Menschen hinsichtlich des Übergangs von standardisierter Massenproduktion zu flexibler Fertigung neu auszutarieren, so bezieht sich dies in erster Linie auf die für die Regulierung komplexer, technisch gestützter Produktionsabläufe wichtigen Bereiche von Industriearbeit. Dabei handelt es sich vor allem um direkt und indirekt produktive Tätigkeiten von Facharbeitern, Meistern, Arbeitsvorbereitern, Instandhaltungsfachleuten, neuen wissenschaftlich-technischen Dienstleistern und damit nahezu ausschließlich von Männern. Hier stehen die bisherigen tayloristisch-fordistischen Rationalisierungsmethoden wie die Arbeitszerlegung, die horizonta-

le und vertikale Arbeitsteilung und die Enteignung des ProduzentInnenwissens zugunsten seiner Vergegenständlichung in Technik oder seines Transfers ins Management neu zur Diskussion. Eingebunden in flexible Formen der Technisierung kann dies mit einem weitreichenden Neuzuschnitt industrieller Arbeit einhergehen, der sich durch Integration von Aufgaben, Funktionen und Qualifikationsanforderungen in horizontaler und vertikaler Sicht auszeichnet (vgl. Seitz 1993, S.43ff.). Dabei bilden die tayloristisch-fordistisch geprägte Technik und der Stand technischen Wissens auch Barrieren arbeitsorganisatorischer Veränderung. Denn die vormalige Orientierung, den Produktionsprozeß durch „technisch" festgelegte Arbeitsteilungen, Entscheidungs- und Kontrollstrukturen vom Wissen und Können der Menschen unabhängig zu machen, hat Wege zu integrativen Aufgabenzuschnitten, dezentralisierter Kompetenzverteilung und selbstregulierter Arbeit, die nun in den neuen Arbeitsformen den umfassenden Zugriff auf menschliche Ressourcen gewährleisten sollen, verbaut. Diese Barrieren abzubauen wird dann notwendig, wenn Beschäftigtenpartizipation an der Auslegung von Technik und Arbeitsorganisation und an technischer Innovation aus ökonomischen wie arbeitspolitischen Gründen erforderlich ist (vgl. Lehner/Schmid 1992, S.26ff.). In diesem Falle und keineswegs durchgängig rechtfertigen „rationale", nämlich Effizienz und Aufwand ins „richtige" Verhältnis setzende Entscheidungen die Abschaffung technischer Sachzwänge zugunsten neuer technischer Entwicklungen sowie die erheblichen Umstellungsaufwände.
Zwar ist Frauen vereinzelt und verbunden mit prekären Arbeitssituationen der Einzug in diese Männerdomänen gelungen (vgl. Ostendorf 1996, S.44-55), aber im wesentlichen können Männer die modernisierungswichtigen und -fähigen und damit aussichtsreichen Beschäftigungsbereiche für sich behaupten. Technische Kompetenz ist hierbei, auch im modernen Gewand der persönlich-fachlichen Befähigung zur Beteiligung an technisch avancierter industrieller Produktion und zu ihrer Regulierung, nach wie vor ein zentrales Selektions- und Hierarchisierungskriterium im Rationali-sierungsprozeß und im Geschlechterverhältnis. So verfügen Frauen zwar heute über ein hohes Qualifikationsniveau, aber dies bezieht sich nahezu unverändert auf „Frauenberufe" (vgl. Gottschall 1995, S.130ff.). Jene technisch-gewerblichen und wissenschaftlich-technischen Qualifikationen, die für Prozesse der Produktionsmodernisierung bedeutsam sind, konnten nicht zuletzt über sozio-kulturelle Konstruktionen von Männlichkeit rund um die Technik gegenüber Frauen abgeschottet werden (vgl. Roloff 1993, S.51ff.). Gerade vor dem Hintergrund der 70er und 80er Jahre mit rechtlicher Gleichstellung, Bildungsreform, Frauenförderung, Modellversuchen zu Frauen in Männerberufen, hat es

heute aus der Sicht der Produktionsmodernisierung den Anschein, daß Frauen schlichtweg das Falsche gelernt haben. Ihr Ausschluß mangels der „richtigen" Qualifikationen ist leistungspolitisch legitimierter denn je.
Da neue markt- und produktionsökonomische Anforderungen inzwischen nahezu alle Branchen und Betriebe erfaßt haben und auch dann Probleme aufwerfen, wenn versucht wird, sie unverändert mit tayloristisch-fordistischen Methoden zu bewältigen, strahlen die in den Zentren der Produktionsmodernisierung verhandelten Lösungen auf weitere Bereiche der Un- und Angelerntenarbeit in diesen Kernsektoren, auf periphere Branchen und Niedrigtechnologiebereiche und damit ebenfalls auf Bereiche von Männerbeschäftigung, aber auch von qualifizierter und unqualifizierter Frauenarbeit aus. Dort, wo es sich von den Produktionsstrukturen her um das alte Fließband als Metapher für die starre Verkettung von Technik, Arbeitsorganisation und Arbeitskrafteinsatz und um un- und angelernte Arbeitskräfte handelt, kommen neue Arbeitsformen aber nur reduziert zur Geltung. Sie verbleiben, was die vertikale und horizontale Integration von Aufgaben, Funktionen und Qualifikationen, neue Kommunikations- und Kooperationsformen und die Aktivierung menschlicher Produktivitätspotentiale anbelangt, letztlich im Horizont tayloristisch-fordistischer Rationalisierung. Technik erweist sich auch hier als strukturierendes, allerdings eben nicht flexibilisierendes Element der Produktionsabläufe (vgl. Seitz 1993, S.46ff.).
Hinsichtlich der Abmilderung oder Verschärfung von Geschlechterungleichheit zeigen sich nun dort, wo Männer- und Frauenarbeit von Prozessen der Produktionsmodernisierung erfaßt wird, widersprüchliche Tendenzen. So finden sich dann, wenn auch aufgrund der ungleichen Definitionsmacht von Männern und Frauen im Rationalisierungsprozeß eine rationalisierungskonforme technisch-organisatorische Lösung gewählt wurde, ausschließlich Facharbeiter und qualifiziert angelernte Männer in den neuen technisch „hochwertigen", aussichtsreichen Beschäftigungssegmenten. Un- und angelernten Frauen wird aufgrund der Qualifizierungsaufwände und der von Männern ausgehenden Risiken für den Betriebsfrieden, wenn Maßnahmen gegen die Geschlechterhierarchie konzipiert würden, der Anschluß an diese Bereiche verwehrt. Damit wird die Ungleichheit der Geschlechter aktuell, aber auch perspektivisch verschärft. Denn die Frauenarbeitsplätze alten Zuschnitts, ausgerichtet auf die standardisierte Massenproduktion tayloristisch-fordistischer Prägung, werden in der industriellen Moderne, weil sie den neuen Anforderungen der kundenorientierten, variantenreichen, innovativen und flexiblen Fertigung nicht adäquat sind, mit deren Verbreitung tendenziell überflüssig (vgl. Rothe 1993, S.71-93). Oder sie finden sich in den Segmen-

ten standardisierter Massenproduktion wieder, die marktvermittelt und/oder technisch gestützt in die nationalen und internationalen Hinterhöfe des modernen Unternehmens ausgelagert werden und in denen die nachgerade bezwingende Kompatibilität der alten tayloristisch- fordistisch geprägten Technik mit dem Einsatz billiger, interessenvertretungsschwacher, oft weiblicher Arbeitskraft wieder greift. Dort, wo mit der tayloristisch-fordistischen auch die geschlechtsspezifische und -hierarchische Arbeitsteilung dysfunktional wird, können auch Arrangements – rationalisierungskonform und frauenpolitisch durchgesetzt – herausgebildet werden, die im Vergleich zu ihren vorherigen Qualifizierungs-, Verdienst- und Aufstiegschancen für Frauen vorteilig sind. Denn die Integration von Frauen- und Männerarbeit erfordert ihre (formale) Gleichbehandlung und mildert Ungleichheit ab. Wenn aber mit dem Neuzuschnitt von Frauenarbeit die vertikale Arbeitsteilung hinsichtlich technischer Kompetenzen berührt wird, dann können Männer das „Eindringen" von Frauen in ihre Beschäftigungsbereiche auch hier „erfolgreich" verhindern (vgl. Goldmann 1995, S.209-229). Beide Tendenzen zeigen, daß in der Tat die arbeitsorganisatorische Komponente von Rationalisierung bedeutsamer wird. Allerdings treten damit teilweise anstelle der alten technischen Sachzwänge rationalisierungskonforme und „irrationale" Versuche, männliche Suprematie durch Technik zu sichern, wieder neu auf die Tagesordnung.

Ob nun neue technisch-organisatorische Arrangements und Partizipationsformen in den Zentren der Produktionsmodernisierung und zugleich der Männerbeschäftigung ausschließlich rationalisierungskonform sein werden, ist in zweifacher Hinsicht fraglich. Erstens geht mit den Modernisierungsprozessen eine „Bestenauslese" der persönlich wie fachlich geeignetesten Arbeitskräfte einher, die auch unter Männern Stratifizierungseffekte und Verdrängungskonkurrenzen erzeugt und von Verweigerungshaltungen und Abwehrversuchen begleitet wird (vgl. Eichener 1993, S.49-84). Zweitens sind Prozesse der Produktionsmodernisierung aufgrund der Komplexität und Störanfälligkeit der Produktionsabläufe und verbunden mit der Definition neuer Rationalisierungsziele und -methoden von Ungewißheit und Unsicherheit gekennzeichnet. Je nach Wichtigkeit der „kontrollierten Unsicherheitszone", Restriktivität der Arbeitsbedingungen und subjektiven Ressourcen können hier auch Partizipationschancen im emanzipatorischen Sinne entstehen. So können neue sozio-kulturelle Werthaltungen in Überlappung mit oder in Konkurrenz zu alten Werten geltend gemacht und können auch Arbeits- und Lebensinteressen in mehr oder minder rationalisierungskonformer Weise neu austariert werden (vgl. Frerichs 1992, S.252-274). Hierbei deuten sich, zumindest in der Rationalisierungsdebatte und durch Managementkonzepte, gewerkschaftliche Umorientierungen, Marktanforderungen, sozio-kulturelle Werthaltungen oder sozialstrukturellen Wandel induziert, Tendenzen an, auch in anderer Hinsicht neue Wege zu gehen. So sind beispielsweise die „Sozial- und Umweltverträglichkeit“ von Produktionsverfahren und Produkten oder die Neu-Regulierung von Industriearbeit vor dem Hintergrund veränderter Lebensverhältnisse und -ansprüche Bestandteil von Auseinandersetzungen, in denen auch das Wachstums-, Prosperitäts- und Fortschrittsmodell der vergangenen Rationalisierungsepoche neuen Definitionen von Fortschritt Platz macht. Das androzentrische Verständnis von Produktivität und die Gleichsetzung von technischem mit gesellschaftlichem Fortschritt und beider mit Männlichkeit scheint aber in eine neue Runde zu gehen. Denn es sind, wenn überhaupt, die Arbeits- und Lebensinteressen und sozio-kulturellen Werthaltungen von Männern, die qua technischer Kompetenz und Stellung im Produktionsprozeß in der Aushandlung neuer Rationalisierungsarrangements zum Tragen kommen. Aus den alten und neuen Leitindustrien der neuen Rationalisierungsmuster und damit gleichzeitig auch aus der hieraus hervorgehenden Debatte um die Produktionsmodernisierung sind Frauen weitgehend ausgeschlossen. Ihre Arbeitsplätze liegen hinter den „Partizipationsbarrieren“ (Frerichs 1991, S.260ff.), deren größte das Geschlecht als konstitutives Element industrieller Rationalisierung sein dürfte.

Anmerkungen

1 Dies bezieht sich beispielsweise darauf, daß Entscheidungen über den Technikeinsatz bereits in marktvermittelten Konstellationen der Technikgenese fallen oder in direkten Hersteller-Anwender-Kooperationen vorweggenommen werden, indem Technik auf spezifische Auslegungen hin entwickelt wird (vgl. ebd.; Berger 1991, S.159ff.; Fleck 1988).

2 ‘Produktivitätssteigerung’ im als unproduktiv definierten Bereich gesellschaftlicher Reproduktion wird zwar ebenso mittels technischer Entwicklung angestrebt. Diese aber nimmt ihren Ausgangspunkt nicht in der Eigenlogik der Reproduktion, sondern macht die Produktivität der Produktion zum Maßstab auch der Reproduktion.

3 Und auch die aus ihnen hervorgehenden technischen Entwicklungen fallen, da die Gleichsetzung von technischem mit gesellschaftlichem Fortschritt auf einem verengten und androzentrischen Produktivitätsbegriff basiert, aus der Definition von Technik als Mittel, das eben diese Produktivität steigern helfen soll, heraus. Sie gelten nicht als Technik (vgl. ebd.).

4 Ferner werden Frauen dort, wo sie an technischer Entwicklung beteiligt waren, und wird ihr Anteil an dieser Technik im doppelten Sinne von Rationalisierung, nämlich auch die psychologische Dimension einschließend, verdrängt (vgl. Becker-Schmidt 1992, S.65ff.).

Literatur

Altmann, Norbert u.a. (1986): „Ein 'Neuer Rationalisierungstyp' – neue Anforderungen an die Industriesoziologie". In: Soziale Welt, H. 2/3, S.191-207

Aulenbacher, Brigitte (1993): „Technologieentwicklung und Geschlechterverhältnis". In: Aulenbacher, Brigitte / Goldmann, Monika (Hrsg.): Transformationen im Geschlechterverhältnis. Beiträge zur industriellen und gesellschaftlichen Entwicklung. Frankfurt/New York, S.17-46

– (1995): „Das verborgene Geschlecht der Rationalisierung. Zur Bedeutung von Rationalisierungsleitbildern für die industrielle und technische Entwicklung". In: Aulenbacher, Brigitte / Siegel, Tilla (Hrsg.): Diese Welt wird völlig anders sein. Denkmuster der Rationalisierung. Pfaffenweiler, S.121-138

Aulenbacher, Brigitte / Siegel, Tilla (1993): „Industrielle Entwicklung, soziale Differenzierung, Reorganisation des Geschlechterverhältnisses". In: Frerichs, Petra / Steinrücke, Margareta (Hrsg.): Soziale Ungleichheit und Geschlechterverhältnisse. Opladen, S.65-98

Becker-Schmidt, Regina (1992): „Verdrängung Rationalisierung Ideologie. Geschlechterdifferenz und Unbewußtes, Geschlechterverhältnis und Gesellschaft". In: Knapp, Gudrun-Axeli / Wetterer, Angelika (Hrsg.): TraditionenBrüche. Entwicklungen feministischer Theorie. Freiburg, S.65-113

Beer, Ursula (1990): Geschlecht, Struktur, Geschichte. Soziale Konstituierung des Geschlechterverhältnisses. Frankfurt/New York

Berger, Peter (1991): Gestaltete Technik. Die Genese der Informationstechnik als Basis einer politischen Gestaltungsstrategie. Frankfurt/New York

Bieber, Daniel (1995): „Der diskrete Charme des technologischen Determinismus. Zur Bedeutung von Technikmärkten für die industrielle Rationalisierung". In: Aulenbacher, Brigitte / Siegel, Tilla (Hrsg.): Diese Welt wird völlig anders sein. Denkmuster der Rationalisierung. Pfaffenweiler, S.231-247

Cockburn, Cynthia (1985): „The Material of Male Power". In: MacKenzie, Donald, Wajcman, Judy (Hrsg.): The Social Shaping of Technology. How the Refrigerator got it Hum. Philadelphia, S.125-146

– (1988): Die Herrschaftsmaschine. Geschlechterverhältnisse und technisches Knowhow. Berlin/Hamburg

Eichener, Volker (1993): „Chancen und Risiken anthropozentrischer Produktionssysteme als Herausforderung an ihre Gestaltung". In: von Bandemer, Stephan / Eichener, Volker / Hilbert, Josef / Schmidt, Josef (Hrsg.): Anthropozentrische Produktionssysteme. Die Neuorganisation der Fabrik zwischen 'Lean Production' und 'Sozialverträglichkeit'. Opladen, S.49-84

Fleck, James (1992): Innovation during Implementation: Configurations and CAPM. PICT Working Paper No. 37. Edinburgh

Frerichs, Joke (1992): „Partizipation und Macht im Betrieb". In: Daheim, Hansjürgen / Heid, Helmut / Krahn, Karl (Hrsg.): Soziale Chancen. Forschungen zum Wandel der Arbeitsgesellschaft. Frankfurt/New York, S.252-274

Goldmann, Monika (1995): „Industrielle Rationalisierung als Geschlechterpolitik. Neue Perspektiven für Frauen durch Organisationsentwicklung und Arbeitsgestaltung im Betrieb". In: Aulenbacher, Brigitte / Siegel, Tilla (Hrsg.): Diese Welt wird völlig anders sein. Denkmuster der Rationalisierung. Pfaffenweiler, S.209-229

Gottschall, Karin (1995): „Geschlechterverhältnis und Arbeitsmarktsegregation". In: Becker-Schmidt, Regina / Knapp, Gudrun-Axeli (Hrsg.): Das Geschlechterverhältnis als Gegenstand der Sozialwissenschaften. Frankfurt/New York

Hack, Lothar (1986): „Macht schafft Tatsachen. Technologieentwicklung als sozialer Prozeß". In: Hildebrandt, Eckart / Schmidt, Eberhard / Sperling, Hans Joachim (Hrsg.): High Tech Down. Kritisches Gewerkschaftsjahrbuch 1986/ 87. Berlin, S.106-116

Hradil, Stefan (1994): „Soziale Schichtung und Arbeitssituation". In: Geißler, Rainer (Hrsg.): Soziale Schichtung und Lebenschancen in Deutschland. Stuttgart, S.37-73

Joerges, Bernward (1989): „Soziologie und Maschinerie. Vorschläge zu einer 'realistischen' Techniksoziologie". In: Weingart, Peter (Hrsg.): Technik als sozialer Prozeß. Frankfurt a.M., S.44-89

Lehner, Franz / Schmid, Josef (1992): „Industrielle Wettbewerbsfähigkeit und flexible Produktionssysteme – Zukunftschancen der Fabrik". In: Lehner, Franz / Schmid, Josef (Hrsg.): Technik Arbeit Betrieb Gesellschaft. Beiträge der Industriesoziologie und Organisationsforschung. Opladen, S.13-28

Lutz, Burkart (1987): „Das Ende des Technikdeterminismus und die Folgen". In: Lutz, Burkart (Hrsg.): Technik und sozialer Wandel. Verhandlungen des 23. Deutschen Soziologentages in Hamburg 1986. Frankfurt/New York, S.34-52

Matthies, Hildegard / Mückenberger, Ulrich / Offe, Claus / Peter, Edgar / Raasch, Sybille (1994): Arbeit 2000. Anforderungen an eine Neugestaltung der Arbeitswelt. Reinbek b. Hamburg

Minssen, Heiner (1992): Die Rationalität von Rationalisierung. Betrieblicher Wandel und die Industriesoziologie. Stuttgart

Nickel, Hildegard Maria (1995): „Frauen im Umbruch der Gesellschaft. Die zweifache Transformation in Deutschland und ihre ambivalenten Folgen". In: Bundeszentrale für politische Bildung (Hrsg.): Aus Politik und Zeitgeschichte. Beilage zur Wochenzeitung Das Parlament, B 36-37/95. Bonn, S.23-33

Noble, David (1985): „Social Choice in Machine Design: The Case of Automatically Controlled Machine Tools". In: MacKenzie, Donald / Wajcman, Judy (Hrsg.): The Social Shaping of Technology. How the Refrigerator got its Hum. Philadelphia, S.109-124

Ostendorf, Helga (1996): „Wandel der Tätigkeitsstrukturen und der Arbeitsorganisation. Chancen und Risiken für Frauen in Männerberufen". In: WSI-Mitteilungen 1/1996, S.44-55

Pries, Ludger / Schmidt, Rudi / Trinczek, Rainer (1990): Entwicklungspfade von Industriearbeit. Chancen und Risiken betrieblicher Produktionsmodernisierung. Opladen

Rammert, Werner (1990): „Plädoyer für eine Technikgeneseforschung. Von den Folgen der Technik zur sozialen Dynamik technischer Entwicklungen". In: Biervert, Bernd / Monse, Kurt (Hrsg.): Wandel durch Technik? Institution, Organisation, Alltag. Opladen, S.333-350

– (1992): „Research on the Generation and Development of Technology: The State of the Art in Germany“. In: Dierkes, Meinolf / Hoffmann, Ute (Hrsg.): New Technology at the Outset. Social Forces in the Shaping of Technological Innovations. Frankfurt/New York, S.62-89

Roloff, Christine (1993): „Weiblichkeit und Männlichkeit im Feld der Technik. Zum Erwerb technischer Kompetenz“. In: Aulenbacher, Brigitte / Goldmann, Monika (Hrsg.): Transformationen im Geschlechterverhältnis. Beiträge zur industriellen und gesellschaftlichen Entwicklung. Frankfurt/New York, S.47-70

Rothe, Isabel (1993): „Arbeitsgestaltung als Perspektive auch für Frauen? Einführung von Gruppenarbeit im CIM-Umfeld“. In: Aulenbacher, Brigitte / Goldmann, Monika (Hrsg.): Transformationen im Geschlechterverhältnis. Beiträge zur industriellen und gesellschaftlichen Entwicklung. Frankfurt/New York, S.71-93

Seitz, Dieter (1993): „Gruppenarbeit in der Produktion. Ein Beitrag zur Systematisierung von Entwicklungsstand und -perspektiven“. In: Binkelmann, Peter / Braczyk, Hans-Joachim / Seltz, Rüdiger (Hrsg.): Entwicklung der Gruppenarbeit in Deutschland. Stand und Perspektiven. Frankfurt/New York, S.32-73

Siegel, Tilla (1993): „Das ist nur rational. Ein Essay zur Logik der sozialen Rationalisierung“. In: Reese, Dagmar u.a. (Hrsg.): Rationale Beziehungen? Geschlechterverhältnisse im Rationalisierungsprozeß. Frankfurt a.M., S.363- 396

– (1995): „Schlank und flexibel in die Zukunft? Überlegungen zum Verhältnis von industrieller Rationalisierung und gesellschaftlichem Umbruch“. In: Aulenbacher, Brigitte / Siegel, Tilla (Hrsg.): Diese Welt wird völlig anders sein. Denkmuster der Rationalisierung. Pfaffenweiler, S.175-195

Sorensen, Knut H. (1992): „Towards a Feminized Technology? Gendered Values in the Construction of Technology“. In: Social Studies of Science, S.5-31

Wetterer, Angelika (Hg.) (1992): Profession und Geschlecht. Über die Marginalität von Frauen in hochqualifizierten Berufen. Frankfurt/New York

Wajcman, Judy (1991): Feminism Confronts Technology. Cambridge

Williams, Robin (1988): The Development of Models of Technology and Work Organisation with Information and Communications Technologies. Edinburgh PICT Working Paper No.4. Edinburgh

Wittke, Volker (1990): „Systemische Rationalisierung – zur Analyse aktueller Umbruchprozesse in der industriellen Produktion“. In: Bergstermann, Jörg / Brandherm-Böhmker, Ruth (Hrsg.): Systemische Rationalisierung als sozialer Prozeß. Bonn, S.23-41

Zachmann, Karin (1992): „Männerarbeit in Frauenberufen. Zur Wechselwirkung von Maschinisierung und geschlechtsspezifischer Arbeitsteilung in der Textilindustrie“. In: Hurrle, Gerd / Jelich, Franz-Josef / Seitz, Jürgen (Hrsg.): Technik – Kultur – Arbeit. Geschichte und Zukunft der industriellen Arbeit, Bd.2. Marburg, S.66-75

Bettina Schmitt

Frauenerwerbsarbeit und Informationstechnologie – Bringt die Informationsgesellschaft den Frauen die Emanzipation?

Bringt die Informationsgesellschaft den Frauen die Emanzipation? Um sich dieser – etwas provokativ formulierten – Frage nähern zu können, muß zunächst erläutert werden, was im folgenden unter „Informationsgesellschaft" verstanden werden soll.[1]

Ich beziehe mich hier auf die verschiedenen Diskussionen und Theorien des gesellschaftlichen Wandels, in denen es darum geht, wie die modernen, fortgeschrittenen Industriegesellschaften begrifflich zu fassen und unter welches Strukturprinzip sie zu stellen sind; erinnert sei nur an die Theorien der nachindustriellen Gesellschaft (z.B. Bell 1975; Touraine 1972), der Dienstleistungsgesellschaft (Gershuny 1981; Gartner/Riessman 1978) oder eben auch der Informationsgesellschaft (Schaff 1987). Gemeinsam ist allen diesen Theorien, daß sie von einem weit fortgeschrittenen volkswirtschaftlichen Tertiarisierungsprozeß in modernen Gesellschaften ausgehen und daß sie dieser Tertiarisierung bzw. dem tertiären Sektor eine entscheidende, die Gesellschaft strukturierende Relevanz beimessen. In den meisten dieser Theorien wird darüber hinaus Wissenschaft und Technologie, und insbesondere der Informationstechnologie, eine große Bedeutung zugeschrieben. Gleichzeitig wird angenommen, daß sich die Qualität der Arbeit in der nachindustriellen oder Dienstleistungsgesellschaft verändert. Sie werde zu großen Teilen qualifizierte, anspruchsvolle „Kopfarbeit", die überwiegend im Angestelltenverhältnis und gut bezahlt ausgeübt wird.

Ohne auf die oftmals weitreichenden gesellschaftstheoretischen Implikationen dieser verschiedenen Ansätze im einzelnen eingehen zu können, soll im folgenden ein auf den Erwerbsbereich konzentrierter Begriff von Informationsgesellschaft verwendet werden, der dann vor allem zweierlei besagt:

1. Unsere Gesellschaft ist durch weit fortgeschrittene Tertiarisierung gekennzeichnet, welche in den letzten Jahrzehnten zu nicht geringen Veränderungen der Arbeit wie auch in der Struktur der Beschäftigung geführt hat.
2. Informations- (und Kommunikations-)technologien spielen im Erwerbsbereich, insbesondere auch in tertiären Tätigkeitsfeldern eine zunehmend wichtige und unverzichtbare Rolle. Auch dies zieht Veränderungen der Arbeit und der Beschäftigungsstruktur nach sich. Ebenso gewinnt die Wissenschaft von den neuen Informationstechnologien, die Informatik, an Bedeutung.
Diese Prozesse, die sich in den fortgeschrittenen westlichen Industriegesellschaften seit etwa zwei bis drei Jahrzehnten verstärkt beobachten lassen, hatten und haben auch Auswirkungen auf die Erwerbsarbeitschancen von Frauen, die, das impliziert die Frage nach der Emanzipation, noch nicht die gleichen sind wie die der Männer. In den genannten Theorien der tertiären Gesellschaft kommt jedoch die Frage nach der Frauenerwerbsarbeit oder generell nach dem Geschlechterverhältnis nicht vor. Im folgenden Beitrag soll daher gefragt werden, inwieweit Tertiarisierung (1.), und insbesondere Entwicklung und Einsatz der neuen Informationstechnologien, die Chancen von Frauen im Erwerbsleben verändert haben. Dabei werden Frauen sowohl als Benutzerinnen (2.) wie auch als Gestalterinnen (3.) der neuen Technologie betrachtet.

Frauenerwerbsarbeit und Tertiarisierung

In den meisten westlichen Industrieländern haben Frauen, bezogen auf die Entwicklung ihrer Teilnahme am Erwerbsleben, in den vergangenen zwei Jahrzehnten vom gesamtwirtschaftlichen Strukturwandel profitiert. Die Zunahme der Frauenerwerbstätigkeit seit Beginn der 70er Jahre ist dabei vor allem auf die Expansion des Dienstleistungssektors sowie von Dienstleistungstätigkeiten auch in anderen Wirtschaftsbereichen, z.B. in den Verwaltungsabteilungen der Industrie, zurückzuführen. Im Zuge dieser Entwicklung ist es den Frauen nicht nur gelungen, ihre Erwerbsbeteiligung quantitativ auszuweiten, sondern auch in für sie neue, qualifizierte Tätigkeitsfelder vorzudringen.
Aussagen wie diese findet man in nahezu allen neueren Veröffentlichungen zur Frauenerwerbsarbeit. Sie sind in dieser Allgemeinheit zweifellos zutreffend, verlangen aber nach Differenzierungen, und zwar nach Ländern ebenso wie nach einzelnen Branchen, Berufen und Tätigkeitsfeldern. Ich werde mich in meinen Ausführungen auf die Bundesrepublik Deutschland (genauer auf

die frühere BRD und ab 1990 auf die alten Bundesländer) beziehen und hier innerhalb des tertiären Sektors einen Schwerpunkt auf den Bereich der kaufmännisch-administrativen Tätigkeiten in Büro und Verwaltung legen. (In der DDR war die Entwicklung aufgrund der Unterschiede im Wirtschafts- und Gesellschaftssystem anders als in den westlichen Ländern verlaufen. Diese Unterschiede wirken z.T. noch nach. Sie werden seit 1990 durch die Strukturbrüche in Folge der Vereinigung überlagert, so daß man es, trotz Angleichungstendenzen, weiterhin in West- und Ostdeutschland mit verschiedenen Entwicklungen zu tun hat (vgl. Schmitt 1995).)
Der Frauenanteil an den Erwerbstätigen in der früheren Bundesrepublik war von 36% im Jahr 1970 auf 41% im Jahr 1992 (alte Bundesländer) gestiegen; dem entspricht ein Beschäftigungsgewinn von rund 2,7 Mill. Arbeitsplätzen. Die weibliche Erwerbsquote betrug 1992 in den westlichen Bundesländern 59,5% (*Arbeitsmarktreport für Frauen* 1994, S.19). (In der gesamten Bundesrepublik lag sie, wegen der immer noch deutlich höheren Frauenerwerbsbeteiligung im Osten, bei 62,5% (ebd.)). Diese Zunahme der Frauenerwerbstätigkeit wurde vor allem durch die Expansion des Beschäftigungsvolumens im Dienstleistungssektor ermöglicht. Allein zwischen 1982 und 1991 betrug die Beschäftigungszunahme von Frauen im tertiären Sektor 29% gegenüber 17% bei den Männern. In den alten Bundesländern waren 1991 nach den Ergebnissen des Mikrozensus rund 8 Millionen oder 71% aller weiblichen Erwerbstätigen (ohne Auszubildende) im tertiären Sektor beschäftigt (*Arbeitsmarktreport für Frauen* 1994, S.45).
Gegenüber anderen Beschäftigungsbereichen konnte der Dienstleistungssektor, und insbesondere wiederum der Bereich der kaufmännisch-administrativen Tätigkeiten, in den letzten Jahrzehnten immer als ein relativ günstiges und krisensicheres Arbeitsfeld für Frauen gelten. Dies zeigen auch neuere Daten zur Arbeitsmarktentwicklung, die belegen, daß Frauen während der konjunkturellen Krise der letzten Jahre nur unterdurchschnittlich vom Anstieg der Arbeitslosigkeit betroffen waren, was auf ihre hohe Konzentration im tertiären Sektor zurückgeführt wird. In den „Organisations-, Verwaltungs- und Büroberufen“ war die Beschäftigung zwischen 1991 und 1994 sogar nochmals leicht angestiegen, wenngleich ein deutliches Abbremsen der Expansion zu beobachten ist und andererseits auch die Arbeitslosigkeit ansteigt (*Arbeitsmarktanalyse* 1995). Es sieht so aus, als hätten die Frauen einmal erkämpftes Terrain bisher einigermaßen behaupten können, auch wenn weitere Zuwächse gegenwärtig nicht wahrscheinlich sind. Mittelfristig können ihre Arbeitsplätze jedoch auch in einigen Branchen und Bereichen des Dienstleistungssektors durch Rationalisierungsprozesse bedroht sein, die sozialwis-

senschaftliche Studien bereits Mitte der 80er Jahre unter dem Stichwort der „systemischen Rationalisierung“ prognostiziert haben (Baethge/Oberbeck 1986).

Wo aber arbeiten die Frauen in den kaufmännisch-administrativen Bereichen des Dienstleistungssektors und der Industrieverwaltungen, in welchen Berufen, auf welchen betrieblichen Ebenen und zu welchen Arbeitsbedingungen? Ist es ihnen gelungen, die von Daniel Bell und anderen für die Dienstleistungsgesellschaft prognostizierten (hoch-)qualifizierten, anspruchsvollen und gut bezahlten Arbeitsplätze zu erobern?

Von den rund 3,6 Millionen weiblichen Beschäftigten, die nach den Ergebnissen des Mikrozensus von 1993 den „Organisations-, Verwaltungs- und Büroberufen“ zuzuordnen waren, arbeiteten 2,9 Mill. als „Bürokräfte, kaufmännische Angestellte oder Verwaltungsangestellte“; das waren 24,5% aller weiblichen Beschäftigten (alte Bundesländer) (*Statistisches Bundesamt* 1993). Ein großer, wenn auch nicht genau quantifizierbarer Teil der Arbeit von Frauen in den Verwaltungen besteht in Schreibarbeit. Dies gilt, glaubt man den Ergebnissen entsprechender qualitativer Studien, nicht nur für die Bürohilfskräfte, Stenotypistinnen und Maschineschreiberinnen, sondern auch für viele formal höher qualifizierte Bürofachkräfte, die hier unter ihrer Qualifikation eingesetzt sind (vgl. z.B. Stiegler 1994). Daneben sind Frauen aber auch – und zunehmend – als qualifizierte kaufmännische Angestellte auf einer mittleren Ebene beruflicher und betrieblicher Hierarchien tätig (z.B. als Sachbearbeiterinnen, Verwaltungsfachleute oder Referentinnen), wenngleich dieser Umstand in den Erwerbsstatistiken, die die hierarchische Dimension der beruflichen Tätigkeit nicht erfassen, nicht unmittelbar deutlich wird.

Der Autor einer 1989 durchgeführten Studie über Angestellte im Land Bremen, Uli Mix-Ludwig (Mix-Ludwig 1994), vertritt die interessante These, daß gerade von dem mittleren Segment qualifizierter weiblicher Angestelltentätigkeit ein Aufbrechen geschlechtsspezifischer Diskriminierungen ausgehen könnte. Er stützt diese Hoffnung auf ein Ergebnis seiner Befragung, wonach sich in der Gruppe der jungen, unter 30jährigen kaufmännischen Sachbearbeiter und Sachbearbeiterinnen so gut wie keine Einkommensunterschiede zwischen den Geschlechtern mehr feststellen ließen. Bei gleicher Qualifikation und gleichem Berufsverlauf stiegen die Chancen der Frauen, entsprechende Einkommen und betriebliche Positionen wie ihre männlichen Kollegen zu erreichen.

Dieser optimistischen Sicht widersprechen jedoch die Ergebnisse anderer Studien: Sigrid Damm-Rüger (Damm-Rüger 1991, 1992) hat anhand einer Auswertung von Daten zum Berufsverlauf junger kaufmännischer Angestellter gezeigt, daß auch bei gleicher Qualifikation und ansonsten gleichen Voraussetzungen sich schon beim Berufseinstieg bzw. in den ersten Berufsjahren geschlechtsspezifische Unterschiede im Berufsverlauf einstellen können, die in der Folge sehr schnell zu einem Zurückbleiben der jungen Frauen hinsichtlich Einkommen und beruflicher Stellung führen. Damm-Rüger erklärt diese Differenzen vor allem mit unterschiedlichem Personaleinsatz, unterschiedlicher Aufgabenzuweisung und Forderung der jungen Männer und Frauen durch ihre Vorgesetzten, welche sich wiederum an traditionellen geschlechtsstereotypen Rollenbildern orientierten, andererseits aber auch mit einer weniger einseitig auf Karriere festgelegten Lebensplanung der jungen Frauen selbst. Diese Studie stützt sich auf Daten aus einer Erhebung aus den Jahren 1985/86. Ihre Ergebnisse werden jedoch durch weitere, auch aktuellere Studien bestätigt (vgl. Damm-Rüger 1992), die die optimistische Perspektive von Mix-Ludwig als zumindest verfrüht erscheinen lassen.

Informationstechnologie und Frauenerwerbsarbeit

Die Einführung neuer Informations- und Kommunikationstechnologien in den Büros und Verwaltungen seit der ersten Hälfte der 80er Jahre und die damit einhergehenden Reorganisationsmaßnahmen von Arbeit hatten auf seiten der Frauen, der sozialwissenschaftlichen Frauenforschung wie der Gewerkschaften sowohl Hoffnungen als auch Befürchtungen hervorgerufen.
Mit den IuK-Technologien waren neue Technologien erstmals in typische Arbeitsbereiche von Frauen sowie in gemischtgeschlechtliche Arbeitsfelder im Angestelltenbereich vorgedrungen. Mit ihrem Einsatz verbunden waren Veränderungen in der Arbeitsorganisation, die in einer Studie des *Sozialwissenschaftlichen Forschungsinstituts* in Göttingen, *SOFI*, von 1986 unter dem Begriff der „systemischen Rationalisierung" zusammengefaßt worden waren (Baethge/Oberbeck 1986). Dabei handelt es sich um Strategien einer technisch unterstützten, alle Bereiche eines Betriebs bzw. einer Verwaltung umfassenden („systemischen") Integration von Aufgaben, die zu einer Erweiterung und Höherqualifizierung der Tätigkeiten z.B. von SachbearbeiterInnen führt. Auf der anderen Seite verbleiben noch eine Reihe von relativ unattraktiven Arbeitsplätzen in Routinebereichen, die aber zunehmender Technisierung und damit starkem Rationalisierungsdruck ausgesetzt sind.
In diesem Zusammenhang hatte man gehofft, daß die neuen, anspruchsvolleren Arbeitsplätze auch für (fachlich wie technisch) qualifizierte Frauen zugänglich sein könnten. Gleichzeitig sollten auch weniger qualifizierte

Frauenarbeitsplätze, z.B. in den Schreib- und Routinebereichen, durch Aufgabenanreicherung aufgewertet werden; die Diskussionen zum gewerkschaftlichen Konzept der „qualifizierten Mischarbeit“ (vgl. z.B. Stiegler 1994) sind in diesem Kontext zu verorten. Um eine befürchtete massenhafte Verdrängung von Frauen aus den Büros zu verhindern, wurde überlegt, wie der Zugang von Frauen zur Computertechnologie gefördert werden könnte. Damit erhielten auch die Diskussionen um „Frauen und Technik“ einen neuen Fokus, die zuvor (in der Bundesrepublik seit Ende der 70er Jahre) vor allem im Zusammenhang mit den Modellversuchen zur Integration von Mädchen in gewerblich-technische Berufe geführt worden waren (z.B. Brandes u.a. 1986; *Frauenforschung* 1987; zu den Modellversuchen z.B. Stiegler 1985).
Anfang der 90er Jahre zieht Monika Goldmann eine nüchterne Bilanz der bisherigen Enwicklung, die – so ihre Kernaussage – keine entscheidenden Veränderungen bezüglich der geschlechtsspezifischen Trennlinien gebracht hat:
„Weder haben sich Verelendungsszenarien, nach denen Frauen breite Dequalifizierung und das Abgedrängtwerden in ungeschützte Beschäftigung erleben sollten [...] bewahrheitet, noch haben sich Hoffnungen auf völlig neue berufliche Entwicklungs- und Aufstiegschancen realisiert. Der Routinebereich hat sich in den letzten Jahren zwar verringert, ist jedoch keinesfalls ganz verschwunden [...] und Frauen sind nach wie vor nicht in nennenswertem Umfang in höhere Führungspositionen vorgedrungen.“ (Goldmann 1993, S.133) Dies bedeute jedoch nicht, daß in den neuen Technologien nicht flexible Gestaltungspotentiale lägen, die für neue, weniger nach Geschlecht segregierende Formen der Arbeitsorganisation genutzt werden könnten. Nach Ansicht von Goldmann (u.a.) gilt dies gerade auch für Organisationskonzepte, die aktuell unter Begriffen wie „Gruppenarbeit“ oder „lean management“ diskutiert werden. Deutlich geworden ist aber auch – so ein weiteres durchgängiges Ergebnis einschlägiger Studien – die begrenzte Reichweite solcher Konzepte: Diese müssen offensichtlich ergänzt werden durch bewußte personalpolitische Strategien, die explizit auf eine Förderung von Frauen zielen und die die Umsetzung von egalitären Konzepten auch in der alltäglichen Praxis begleiten. Geschieht dies nicht, so stellen sich geschlechtshierarchische Segregierungen auch bei veränderter Arbeitsorganisation – oft „unter der Hand“ – wieder neu her.
Goldmann zitiert an anderer Stelle ein Beispiel aus dem Bankengewerbe, wo sich im Zuge von Veränderungen der Arbeitsorganisation und des Einsatzes neuer Technologien unterschiedliche Arbeitsfelder von Männern und Frauen auf gleichem Qualifikationsniveau herausgebildet haben. Während die Ver-

ringerung des Routineanteils an den Tätigkeiten den Frauen zunächst Chancen bot, anspruchsvollere Aufgabenbereiche zu übernehmen, haben die Ausweitung von Kundenberatung einerseits und das Entstehen neuer, technikabhängiger Routinetätigkeiten andererseits neue geschlechtsspezifische Trennlinien hervorgebracht. Männliche Kollegen neigten dazu, unliebsame Arbeiten auf die Frauen abzuwälzen, während sie selber z.B. die karrierefördernden Beratungs- und Verhandlungstätigkeiten übernahmen. Goldmann u.a. sprechen von einem „Zusammenwirken patriarchaler Verhaltensweisen männlicher Kollegen (und Vorgesetzter, B.S.) und dem Sichfügen der Frauen“ (Goldmann u.a. 1993, S.42), das jenseits formaler Strukturen Arbeitsteilungen zuungunsten von Frauen (re)produzierte. „Bemerkenswert“, so Goldmann, „ist, daß diese Entwicklung letztlich unabhängig von der Auslegung des technischen Systems verlief“ (Goldmann 1993, S.129-30).
An der mangelnden Bereitschaft oder Fähigkeit der Frauen, sich auf die neuen Technologien einzulassen, scheint es jedenfalls nicht zu liegen, wenn diese die in den IuK-Technologien liegenden Möglichkeiten zur Verbesserung und Aufwertung ihrer Arbeitssituation nicht nutzen können. So berichten viele Frauen, daß sie sich selbst (programm-)technische Fertigkeiten angeeignet haben, um die Technologien in ihrem Arbeitsbereich besser und kreativer einsetzen zu können. Wenn die Frauen dennoch Schwierigkeiten mit den Bürotechnologien haben, so liegt dies vielmehr häufig an mangelhafter Qualifizierung und Einführung sowie auch daran, daß sie an dem Prozeß der Technikgestaltung selbst nicht beteiligt worden sind (vgl. Winker 1995).
Die Technologie alleine scheint jedenfalls nicht geeignet, als Motor zum Aufbrechen geschlechtsspezifischer Trennlinien zu dienen. Aber auch zu ihrer Verfestigung trägt sie nur im Verbund mit Strukturen der Arbeitsorganisation und mit subjektiven (z.B. personalpolitischen oder „Besitzstand wahrenden“) Strategien und Interessen bei.

Frauen als Gestalterinnen von Informationstechnologie

Die Frage nach dem Verhältnis von Frauenerwerbsarbeit und Informationstechnologie, nach den mit der Informationstechnologie verbundenen Chancen und damit möglichen Veränderungen im Geschlechterverhältnis kann jedoch auch von einer anderen Seite her gestellt werden: Frauen sind nicht nur Benutzerinnen, sondern auch Gestalterinnen der neuen Technik.
In diesem Zusammenhang wurden anfangs große Hoffnungen in die Wissenschaft der Informationsverarbeitung, die Informatik, gesetzt. Während Frau-

en in den klassischen, traditionell als „männlich" typisierten Ingenieurwissenschaften wie vor allem Maschinenbau und Elektrotechnik nur in sehr geringem Umfang Fuß fassen konnten – die Frauenanteile in den entsprechenden Studiengängen liegen bis heute nur bei 2-4% –, erschien die junge Disziplin Informatik als Chance für Frauen, Zugang zu hochqualifizierten technischen Berufstätigkeiten zu gewinnen.
Dafür sprach eine Reihe von Gründen: Zum einen hatten sich die gesellschaftlichen Rahmenbedingungen für Ausbildung und Berufstätigkeit von Frauen seit der Zeit der Entstehung der alten Ingenieurwissenschaften verändert. Anders als im 19. Jahrhundert waren Frauen Ende der 1960er Jahre, als in der Bundesrepublik die ersten Informatik-Studiengänge eingerichtet wurden, zum Studium selbstverständlich zugelassen und wurden gerade im Zeichen von Bildungsexpansion und -reform auch ausdrücklich dazu ermutigt. Darüberhinaus ging die Phase der Bildungsreform mit gesellschaftlichen Tendenzen der Demokratisierung und Emanzipation einher, von denen auch die Frauen profitierten. Erwerbstätigkeit wird heute von den Frauen zunehmend selbstverständlich in die eigene Lebensplanung einbezogen, wobei immer mehr Frauen auch Ansprüche auf Teilhabe an qualifizierter und hochqualifizierter Berufsarbeit geltend machen.
Zudem war Informatik selbst zu Beginn ihrer Entwicklung noch unbelastet von überkommenen, „männlich" geprägten Traditionen und festgefügten Strukturen. Es existierten weder ein klares Berufsbild noch genaue inhaltliche Vorstellungen über diese neue Disziplin, so daß sie in sozialer wie inhaltlicher Hinsicht als relativ offen gelten konnte. Insbesondere bestand anfangs noch keine Identifikation als Ingenieurwissenschaft (die allerdings auch heute noch nicht unumstritten ist; darauf werde ich noch zurückkommen).
Diese Faktoren nährten die Hoffnung, daß die neue Disziplin auch für Frauen attraktiv und offen sein könnte. Bestärkt wurden diese Hoffnungen anfangs durch die positive Entwicklung der Frauenanteile in den Studiengängen, die im Verlauf der 70er Jahre auf Werte bis um 17% stiegen (*Statistisches Bundesamt* o.J.). Die gute Arbeitsmarktlage und die große Nachfrage nach Fachkräften boten darüber hinaus allen Informatikabsolventen, unabhängig vom Geschlecht, günstige Berufschancen.
Jene anfänglich optimistische Einschätzung der Chancen von Frauen kann jedoch seit einiger Zeit nicht mehr umstandslos aufrechterhalten werden: Seit 1983 sind die Frauenanteile in den Informatikstudiengängen in der Bundesrepublik wieder rückläufig, sie lagen nach den offiziellen Statistiken im WS 1991/92 bei 13,4% und im WS 1992/93 bei 13,1% (*Statistisches Bundesamt* o.J.).[2] An einer Reihe von Hochschulen ist der Rückgang der Frauenanteile

noch sehr viel stärker ausgeprägt. Und berufstätige Informatikerinnen berichten zwar von guten Chancen beim Berufseinstieg, aber nur bedingt von Chancengleichheit in ihrem weiteren Berufsverlauf. Vielmehr gibt es auch hier deutliche geschlechtsspezifische Differenzen hinsichtlich Einkommen und betrieblicher Position. Und schließlich sind Frauen auch im Berufsfeld Informatik/Datenverarbeitung, nachdem die Spitze des Nachfrage-Booms überschritten und die Konjunktur abgeflaut ist, stärker als Männer von Arbeitslosigkeit betroffen (Schmitt 1993; Dostal 1991). Daneben deuten sich auch in der Informatik innerberufliche Differenzierungen von Tätigkeitsgebieten an, die, in Verbindung mit geschlechtsstereotypen Zuordnungen, dazu geeignet sind, Frauen in die weniger prestige- und karriereträchtigen Bereiche des Berufsfeldes abzudrängen. Interessanterweise sind diese Bereiche dann wieder jene, die als am wenigsten „technisch" gelten, so daß sich der Gegensatz von „Frauen und Technik" (scheinbar) in anderer Form reproduziert.

In meiner Dissertation (Schmitt 1993) hatte ich mich mit den Chancen von Frauen in der Informatik unter dem Blickwinkel von Professionalisierungsprozessen und deren möglichen Auswirkungen auf geschlechtsspezifische Strukturierungen und Typisierungen beschäftigt. In diesem Zusammenhang hatte ich Vertreterinnen und Vertreter der Profession u.a. nach typischen, bevorzugten Arbeits- und Einsatzgebieten von Frauen gefragt. Die Antworten auf diese Fragen ergaben durchgängig ein Muster, das in auffälliger Weise mit gängigen Geschlechtsstereotypen korreliert: Danach arbeiteten Frauen häufig dort, wo es um Kommunikation und Kontakt zu Menschen geht, „da Frauen ja, sei es nun angeboren oder umwelt- und gesellschaftsbedingt, in der Regel besser mit Menschen umgehen können". Ebenso seien sie oft in den Anwendungsbereichen der Informatik zu finden, da ihnen der Brückenschlag zu anderen Arbeitsbereichen und Denkrichtungen leichter falle. Dagegen würden „rein technische Fächer" – darin waren sich viele der Befragten einig – von den Frauen „nicht so gerne gemocht" (vgl. Schmitt 1993).

Diese Aussagen beruhen, was auch durchgängig betont wurde, auf subjektiven Einschätzungen der Befragten, nicht auf systematischen Beobachtungen oder Erhebungen. Sie bewegen sich also auf der Ebene symbolischer Zuschreibungen, können als solche jedoch – indem sie z.B. bei Einstellungsverfahren eine Rolle spielen – auf die tatsächliche Arbeitsrealität von Frauen zurückwirken.

Auch wenn die den Frauen hier zugeschriebenen Eigenschaften, wie soziale und kommunikative Kompetenzen, zunächst positiv bewertet und für die Arbeit von InformatikerInnen für wichtig erachtet werden, sind solche Zuordnungen nicht unproblematisch. Brisant werden sie in Verbindung mit einer

innerhalb der Informatik zu beobachtenden Entwicklung, die darauf abzielt, Informatik als „anerkannte Ingenieurwissenschaft" zu etablieren und ihren Anspruch auf Professionalität (allein) auf technisch-wissenschaftliche Kompetenz zu stützen. Hier werden die techniknahen Bereiche der Disziplin zur eigentlichen „Kerninformatik" erklärt, während die – eher den Frauen zugeschriebenen – Rand- und Anwendungsgebiete in der professionellen Hierarchie eine Abwertung erfahren.
Dieser Prozeß verläuft jedoch nicht eindeutig und widerspruchsfrei. So gibt es in der gegenwärtigen Selbstverständnisdiskussion des Faches auch eine Richtung, die Informatik gerade nicht auf eine klassische Ingenieurdisziplin reduziert sehen will und statt dessen für eine inhaltliche Offenheit des Faches, unter Einbezug interdisziplinärer Aspekte, plädiert. Allerdings scheint mir auch deutlich geworden zu sein, daß eine inhaltliche Offenheit des Fachgebietes eine zwar notwendige – oder zumindest förderliche –, aber keineswegs hinreichende Bedingung für die Integration von Frauen bedeutet. Vielmehr muß auch hier eine bewußte Politik der Einbeziehung und Förderung von Frauen hinzukommen, was wiederum eine aktive Einmischung der Fachfrauen selbst voraussetzt.

Resümee und offene Fragen

Wir haben gesehen, daß Frauen in zentralen Erwerbsfeldern der modernen Gesellschaft noch immer nicht die gleichen beruflichen Chancen wie ihre männlichen Kollegen haben. Geschlechtshierarchische Segregierungen und Benachteiligungen stellen sich vielmehr auf vielen Ebenen und in vielfältiger Form immer wieder neu her. Die Informationstechnologie und die mit ihrem Einsatz verbundenen Veränderungen der Arbeitsorganisation in den Betrieben und Verwaltungen haben bisher nicht in großem Umfang zu einer Anreicherung und Aufwertung von Frauenarbeitsplätzen geführt – trotz ursprünglich anderslautender Hoffnungen und obwohl die Frauen selbst den neuen Technologien mehrheitlich aufgeschlossen gegenüberstehen und gelernt haben, kompetent damit umzugehen. Auf der anderen Seite hat auch die Informatik die in sie gesetzte Hoffnung, Frauen Zugang zu technischen Professionen zu schaffen, nur begrenzt und nur um den Preis neuer innerberuflicher Differenzierungen erfüllt.
Bisher beobachten wir also eine Wiederkehr bekannter Muster der Benachteiligung von Frauen im Erwerbsleben. Ich möchte nun allerdings die These vertreten, daß es neben diesen bekannten Mustern in einigen der in meinem

Beitrag angesprochenen Bereiche auch Brüche und Modifikationen in der Reproduktion des Geschlechterverhältnisses gibt, die schließlich doch zu einem zumindest partiellen Aufweichen alter Trennlinien führen könnten.
Solche Bruchstellen sehe ich vor allem da, wo im Zusammenhang mit Informatik/Informationstechnologie in diskursiven Prozessen versucht wird, die altbekannte Entgegensetzung von Frauen und Technik neu zu etablieren. In der Informatik dienen diese Diskurse auf der Ebene symbolischer Zuordnungen dazu, die Abwesenheit von Frauen aus den „eigentlichen Kernbereichen" der Profession zu legitimieren. Diese Strategie stößt jedoch aus mehreren Gründen auf Schwierigkeiten: Zum einen ist immer noch wenig bekannt, in welchen Bereichen der Informatik die Frauen tatsächlich arbeiten und auf welche Weise sie zu ihren Arbeitsgebieten gekommen sind. Falls es tatsächlich eine Übereinstimmung von Stereotyp und Realität geben sollte – ist diese dann eher auf die Interessen der Frauen oder auf Personaleinsatzstrategien von Vorgesetzten zurückzuführen?
Vor allem aber ist es gerade in der Informatik, bzw. mit Bezug auf die Informationstechnologien schwierig zu bestimmen, was „Technik" eigentlich ist. Die neuen Technologien unterscheiden sich in so vieler Hinsicht von der klassischen Maschinerie, daß eine klare Identifikation als Technik ebenso problematisch ist wie die Zuordnung zu gängigen Stereotypen von Männlichkeit und Weiblichkeit. Wenn die Maschine selbst – wie es D. Janshen einmal formuliert hat – eine „Kommunikationsmaschine" ist, was bleibt dann von der Entgegensetzung von Maschine/Technik = männlich versus Kommunikation = weiblich (Janshen 1986, S.290)? Auf jeden Fall verliert mit der Informationstechnik der Faktor der schweren körperlichen Arbeit, der für das Berufsbild des Ingenieurs ursprünglich so zentral war, an Bedeutung.
Weitere Unstimmigkeiten hinsichtlich geschlechtsstereotyper Zuordnungen zeigen sich im Zusammenhang mit der Diskussion um (angebliche) frauenspezifische Zugangsweisen zum Computer oder um den „weiblichen Programmierstil". So ordnen die Autorinnen des Instituts Frau und Gesellschaft den Frauen einen planvollen, anwendungsorientierten, weniger spielerischen und technik-faszinierten Umgang mit dem Computer zu (*Frauenforschung* 1987), während Sherry Turkle den „sanften", „weiblichen" Programmierstil gerade als spielerisch, kreativ, intuitiv und wenig regelorientiert beschreibt (Turkle 1986).
Gängige geschlechtsstereotype Zuschreibungen geraten also ins Wanken, werden unscharf. Wir wissen in der Frauenforschung inzwischen, daß die inhaltliche Zuordnung von Eigenschaften oder Arbeitsbereichen zu den Geschlechtern historisch stets höchst variabel war, während sich die Struktur der

Geschlechterhierarchie immer erhalten hat. Insofern können die angedeuteten Brüche in den Legitimationsmustern für geschlechtsspezifische Ungleichheiten noch keinen Anlaß für allzu große Hoffnungen geben. Andererseits werden diese Unstimmigkeiten auf der symbolischen Ebene jedoch begleitet von bestimmten strukturellen Veränderungen in der Arbeit selbst. Im Zusammenspiel dieser Faktoren könnte dann doch – so meine Vermutung – ein Ausgangspunkt dafür liegen, die beruflichen Chancen von Frauen im Zusammenhang mit der Informationstechnologie zu verbessern, auch wenn eine Aufhebung der Geschlechterhierarchie (noch) nicht zu erhoffen ist.
In dem oben angesprochenen mittleren Segment qualifizierter Angestelltentätigkeiten, gerade im kaufmännisch-administrativen Bereich, in Verwaltungen und Banken, arbeiten zunehmend mehr Frauen und setzen dabei selbstverständlich auch die neuen Techniken ein. Auf der anderen Seite arbeitet heute schon der größte Teil der Informatikerinnen und Informatiker nicht mehr bei Herstellern oder in technischen Entwicklungsbereichen, sondern direkt in den Anwendungsfeldern der Informationstechnologie; Dostal (1991) spricht von knapp 70%, mit zunehmender Tendenz. Es wird vermutet, obwohl es dafür keine eindeutigen statistischen Belege gibt, daß von den Frauen ein noch größerer Prozentsatz in bzw. für Anwendungsunternehmen, vor allem im Dienstleistungssektor, arbeitet. Darüber hinaus steigt nach Projektionen des *Instituts für Arbeitsmarkt- und Berufsforschung, IAB,* auch der Prozentsatz jener Beschäftigten an, die über sog. „Computer-Mischqualifikationen" verfügen.[3] Diese Entwicklung widerspricht in gewisser Weise der professionspolitischen Strategie, Informatik auf ihren technischen „Kern" zu konzentrieren. Vielmehr deutet sich eine Verwischung der Grenze zwischen informationstechnologischer Entwicklung und Anwendung an, die auch qualifizierten Frauen neue Chancen eröffnen könnte – andererseits freilich auch Raum gibt für vielfältige neue geschlechtshierarchische Segregierungen.

Anmerkungen

1 Der folgende Beitrag ist die überarbeitete und etwas gekürzte Fassung eines Vortrags, den ich am 3.4.1995 am Institut für Höhere Studien in Wien gehalten habe.

2 Neuere Zahlen liegen leider nicht vor. Die StudentInnenstatistik des Statistischen Bundesamtes umfaßt seit dem WS 1992/93 Zahlen für Gesamt-Deutschland, ohne diese jedoch getrennt für die alten und neuen Bundesländer auszuweisen, was den diachronen Vergleich etwas problematisch macht.

3 Im Jahr 2000 sollen 20% der Beschäftigten über Computer-Mischqualifikationen verfügen, gegenüber 1,5% in 1970. Der Bedarf an Computer-Kernqualifikationen steigt dagegen nur von 0,5 auf 4% (Dostal 1991).

Literatur

Arbeitsmarktanalyse 1994 (1995): ANBA, Sonderheft Mai 95

Arbeitsmarktreport für Frauen (1994): Berufliche Bildung und Beschäftigung von Frauen, Situation und Tendenzen. Beilage zu ANBA, H.1/94

Baethge, Martin / Oberbeck, Herbert (1986): Zukunft der Angestellten. Neue Technologien und berufliche Perspektiven in Büro und Verwaltung. Frankfurt/ New York

Bell, Daniel (1975): Die nachindustrielle Gesellschaft. Frankfurt/New York

Brandes, Uta / Schiersmann, Christiane / Brigitte (1986): Frauen, Männer und Computer. Hamburg

Damm-Rüger, Sigrid (1991): Gleichgebildet und auch gleichgestellt? Ein empirischer Vergleich der Berufssituation und des Berufserfolges junger Frauen und Männer in qualifizierten Angestelltenberufen des kaufmännisch- verwaltenden Bereichs. In: BWP, H.1/91, S.11-16

– (1992): Die Frauen im Kommen? Steigende Ausbildungsbeteiligung – geschlechtsabhängige Berufszuweisung, Ausbildungsqualität und Berufseinmündung. In: Dies. (Hrsg.): Frauen – Ausbildung – Beruf. Berlin, S.35-51

Dostal, Werner (1991): Computerberufe im Aufwind. MatAB 5/91

Frauenforschung (1987): Frauen und neue Technologien. H.1+2/87

Gartner, Alan / Riessman, Frank (1978): Der aktive Konsument in der Dienstleistungsgesellschaft. Zur politischen Ökonomie des tertiären Sektors. Frankfurt a.M.

Gershuny, Jonathan (1981): Die Ökonomie der nachindustriellen Gesellschaft. Produktion und Verbrauch von Dienstleistungen. Frankfurt/New York

Goldmann, Monika (1993): Organisationsentwicklung als Geschlechterpolitik. Neue Organisations- und Managementkonzepte im Dienstleistungsbereich. In: Aulenbacher, Brigitte / Goldmann, Monika (Hrsg.): Transformationen im Geschlechterverhältnis. Frankfurt/New York, S.115-137

– / Meschkutat, Bärbel / Tenbensel, Bernd (1993): Präventive Frauenförderung bei technisch-organisatorischen Veränderungen. Weiterbildung, Personaleinsatz, Arbeitsgestaltung (SoTech Materialien und Berichte Bd. 36). Opladen

Janshen, Doris (1986): Frauen und Technik – Facetten einer schwierigen Beziehung. In: Hausen, Karin / Nowotny, Helga (Hrsg.): Wie männlich ist die Wissenschaft? Frankfurt a.M., S.279-292

Mix-Ludwig, Uli (1994): Angestellte: Alte Strukturen und neue Trends zur Auflösung der geschlechtsspezifischen Spaltung des Arbeitsmarktes. In: WSI- Mitteilungen 12/94, S.762-770

Schaff, Adam (1987): Wohin führt der Weg? Überleben in der Informationsgesellschaft. München

Schmitt, Bettina (1993): Neue Wege – alte Barrieren. Beteiligungschancen von Frauen in der Informatik. Berlin

–, unter Mitarbeit von Trautwein-Kalms, Gudrun (1995): Frauen in Büro und Verwaltung. Strukturdaten, Erwerbssituation und Arbeitsbedingungen in den 90er Jahren (Hans-Böckler-Stiftung Manuskripte 170). Düsseldorf

Statistisches Bundesamt (1993): Fachserie 1, Reihe 4.1.2: Beruf, Ausbildung und Arbeitsbedingungen der Erwerbstätigen (Ergebnisse des Mikrozensus)

– (o.J.): Fachserie 11, Reihe 4.1 : Studenten an Hochschulen (verschiedene Jahrgänge)

Stiegler, Barbara (1985): Blaumann über der Schürze. Über die Chancen für Frauen in technischen Berufen. Bonn

– (1994): Weder Verantwortung noch Selbständigkeit – Das Beispiel Frauenarbeit in Schreibdiensten und Sekretariaten. In: Winter, Regine (Hrsg.): Frauen verdienen mehr. Berlin, S.197-212

Touraine, Alain (1972): Die postindustrielle Gesellschaft. Frankfurt a.M.

Turkle, Sherry (1986): Die Wunschmaschine. Der Computer als zweites Ich. Reinbek bei Hamburg

Winker, Gabriele (1995): Büro. Computer. Geschlechterhierarchie. Frauenförderliche Arbeitsgestaltung im Schreibbereich. Opladen

Margot Poppenhusen

Noch lange nicht selbstverständlich
Frauen in gewerblich-technischen Berufen

Ende der 70er Jahre startete die Bundesregierung ein Programm zur Erschließung und Öffnung von männerdominierten Berufen für Mädchen und junge Frauen. Dazu gehörten alle Berufe, in denen der Frauenanteil in der Ausbildung im Jahre 1977 unter 20% betrug, das waren damals insgesamt 186 von 430 anerkannten Ausbildungsberufen des dualen Berufsbildungssystems. Darunter befanden sich z.B. Bäcker/in, Konditor/in, Schriftsetzer/in, Gärtner/in oder Tischler/in, Maler/in und Lackierer/in, Kraftfahrzeugmechaniker/in, Vermessungstechniker/in. In zahlreichen Modellversuchen und Forschungsprojekten zur Berufsorientierung in Schulen, zur Ausbildung in Betrieben und schließlich zum Übergang von der Ausbildung in den Beruf wurden Maßnahmen entwickelt und überprüft, durch die das allzu eng gefaßte Berufsspektrum von Frauen erweitert werden sollte.
Etwa ein Viertel dieser Berufe hat kaum oder nur am Rande etwas mit Technik zu tun (wie z.B. Gärtner/in, Tierwirt/in, Raumausstatter/in, Handschuhmacher/in); ebenfalls ein Viertel sind eher *Exoten*berufe mit unter 50 Auszubildenden in der ganzen Bundesrepublik (z.B. Holzblasinstrumentenmacher/in, Zinngießer/in, Edelsteinschleifer/in, Emailleschriftenmaler/in). Aber bei der großen Mehrheit dieser männerdominierten Berufe spielt Technik in Form von Bedienung, Gebrauch, Wartung, Konstruktion oder Produktion von Maschinen, Maschinenteilen und maschinellem Werkzeug eine wesentliche Rolle oder steht ganz im Mittelpunkt der Tätigkeit, allen voran in den handwerklichen und industriellen Metall- und Elektroberufen. Die Bemühungen, Frauen den Zugang zu letzteren zu öffnen, wurden zweifellos am meisten öffentlich und nicht selten mit skeptischem Interesse verfolgt; denn hier ging es an den Kern der männlichen Technikdominanz mit den am besten bezahlten Facharbeiterstellen. Hier erreichte der Anteil von Frauen 1977 insgesamt kaum 0,5%, im einzelnen allenfalls 5%.

In der öffentlichen Debatte um diese Maßnahmen und Programme verlagerte sich im Laufe der Zeit nicht nur mehrmals der Schwerpunkt, sondern die Debattierenden verfolgten je eigene politische oder wirtschaftliche Interessen und nahmen dementsprechend die Wirklichkeit der Frauen in diesen Berufen oft nur zum Teil zur Kenntnis. Das lag und liegt sicher auch daran, daß diese Wirklichkeit durchaus widersprüchlich ist und sich aus den Ergebnissen der Modellprojekte ebenso Erfolge ablesen lassen wie Hürden sichtbar werden, die sich den Frauen immer wieder entgegenstellen. Die Bemühungen, die Wirklichkeit im Sinne der Frauen zu verändern und nicht nur die Frauen dieser Wirklichkeit anzupassen, blieben vergleichsweise bescheiden, so daß man sich des Eindrucks nicht erwehren kann, daß es um die Interessen der Frauen oft erst in zweiter Linie ging.
Zu Beginn der Maßnahmen 1978 waren Jugendliche und unter ihnen vor allem die Mädchen von hoher Arbeitslosigkeit betroffen. Die Öffnung von geschlechtsuntypischen Ausbildungsberufen für junge Frauen sollte für die einen – insbesondere die BildungspolitikerInnen – ganz allgemein die Jugendarbeitslosigkeit mindern; ein kleiner Teil der Frauenbewegung sah hier eine Möglichkeit, der Benachteiligung von Frauen entgegenzuwirken und Chancengleichheit zu fördern. Anfang der 80er Jahre rückte kurzfristig in der öffentlichen Diskussion die Emanzipation der Frauen durch ihr offensichtliches Vorrücken in Männerdomänen in den Vordergrund: Die einen sahen darin einen Erfolg auf dem Wege zur Gleichberechtigung, andere – wiederum aus ganz verschiedenen Gründen – fürchteten eine „Vermännlichung" von Frauen, die ihrem Wesen nicht entspräche und sie folglich auch nicht glücklicher machen könne. In Teilen der Frauenbewegung und Frauenforschung erhoben sich schließlich im Zusammenhang mit der Differenzdebatte zunehmend Bedenken gegen die Förderung von Frauen in Männerberufen, sie wollten lieber die Frauenberufe aufgewertet sehen.
In der zweiten Hälfte der 80er Jahre, als Wirtschaftswachstum und demographische Entwicklung Industrie und Handwerk um ihren Nachwuchs fürchten ließen, wurde vor allem von Wirtschaft und Politik mit dem drohenden Facharbeitskräftemangel argumentiert, der die technologische Entwicklung der Bundesrepublik ernsthaft gefährde. In der zunehmenden Berufsorientierung der Frauen und ihrem steigenden Ausbildungsniveau erkannte man ein willkommenes, viel zu wenig genutztes Qualifikationspotential, um dieser Misere abzuhelfen. Mit Beginn der wirtschaftlichen Rezession Anfang der 90er Jahre und dem dramatischen Abbau von Arbeitsplätzen insbesondere im verarbeitenden Gewerbe rückten diese Argumente mehr und mehr in den Hintergrund. Die von Bund und Ländern geförderten Programme zur Erschlie-

ßung von gewerblich-technischen Berufen für Frauen liefen aus und neue wurden kaum mehr aufgelegt (Vgl. hierzu: Alt/Wolf/Arndt 1988, S.190 ff.; Ostendorf 1994, S.754).

Auffällig ist, daß die Diskussion um Frauen in gewerblich- technischen Berufen sowohl in der Frauenbewegung wie auch in der Frauenforschung nach meinem Eindruck eher am Rande stattfand, obwohl eine nicht unbeträchtliche Zahl von Frauen in der Begleitforschung zu den zahlreichen Projekten tätig war. Der main stream der feministischen Technikdebatte (z.B. Becker u.a. 1989; vgl. hierzu auch: Wajcman 1994) beschäftigt sich eher mit zweifellos auch interessanten und wichtigen Themen wie dem Verhältnis der Geschlechter in der Technikgeschichte, es wird Kritik geübt an der „männlichen" Verwertung von Naturwissenschaft und Technik, nach neuen Sichtweisen für Architektur und Stadtplanung gesucht, die Situation der Frauen in der Informatik und den Ingenieurwissenschaften erforscht und analysiert etc. – kurz: Das Ganze wird aus einem akademischen Blickwinkel betrachtet (so auch die Beiträge in diesem Bande) und weniger aus dem der Niederungen der Wirklichkeit von Frauen in der Männerwelt der Werkbänke und Maschinen. Hierauf soll im folgenden die Aufmerksamkeit gelenkt werden.

Vorausschicken möchte ich eine Zusammenfassung der wesentlichsten Ergebnisse der Programme zur Förderung von Frauen in männerdominierten bzw. gewerblich-technischen Berufen, die ansatzweise ein Licht auf die Gründe für Erfolge und Mißerfolge werfen soll.

Übersicht über die Ergebnisse der Maßnahmen und Programme

Ende der 70er Jahre konnten Zweifel an der Befähigung von Frauen für gewerblich-technische Berufe meistens mit allgemeiner Zustimmung rechnen. Die Modellversuche des Bundes und der Länder haben jedenfalls erreicht, daß heute diese Zweifel leiser geworden sind, denn sie haben eine Reihe von Vorurteilen gewissermaßen regierungsamtlich und mit Beteiligung der Wirtschaft widerlegt. Viele Frauen haben inzwischen erfolgreich die anspruchsvolle Ausbildung z.B. in den Metall- und Elektroberufen bestanden, nicht selten sogar mit besseren Prüfungsergebnissen als die männlichen Mitprüflinge. Sie sind als Facharbeiterinnen mit ihrem Beruf zufrieden, vor allem wenn sie qualifikationsgerecht eingestellt werden, was bei ihnen allerdings seltener der Fall ist als bei den jungen Männern. Und viele Betriebe schätzen die Verbesserungen des Betriebsklimas und der Kundenbetreuung, seit Frau-

en mitarbeiten. Erfolge sind also durchaus zu verzeichnen, wenn auch nicht überall in dem von manchen erhofften Ausmaße.
Die Zahl der Frauen in den männlich dominierten Ausbildungsberufen des dualen Berufsbildungssystems stieg von 1977 bis 1991 langsam, aber stetig an. Von den ursprünglich 186 Berufen mit einem Frauenanteil unter 20% haben inzwischen 54 einen Anteil von über 25% Frauen (vgl. Charberny/ Schade 1993). Allerdings ist die Entwicklung in diesen Berufen sehr unterschiedlich gewesen:

Frauen in männlich dominierten Ausbildungsberufen

	1977			1991		
Beruf	**insges.**	**weibl.**	**v.H.**	**insges.**	**weibl.**	**v.H.**
Gärtner/in	12.411	2.453	19,8	13.249	5.261	39,7
Schriftsetzer/in	2.297	281	12,2	3.091	1.802	58,3
Konditor/in	7.289	1.411	19,4	6.161	3.828	62,1
Bäcker/in	21.190	484	2,3	14.767	3.439	23,3
Tischler/in	33.234	422	1,3	32.632	3.434	10,5
Maler/in, Lackierer/in	30.312	343	1,1	24.155	2.639	10,9
Zwischensumme	106.733	5.394	5,1	94.055	20.403	21,7
Metallberufe*	319.677	427	0,1	296.563	7.988	2,7
Elektroberufe*	115.057	534	0,5	135.224	4.474	3,3
andere Männerberufe	117.982	6.606	5,6	111.624	23.935	21,4
insgesamt	659.398	12.965	2,0	637.466	56.800	8,9

* Berufe mit einer Ausbildungsdauer von mindestens drei Jahren und höchstens 5 v.H. Frauenanteil 1977

Quelle: Chaberny, A./Schade, H.-J.: Frauen dringen nur langsam in die Berufswelt der Männer vor. IAB Kurzbericht 4/1993; Ostendorf, H. 1994, S.754

Offensichtlich haben sich vor allem jene Berufe den Mädchen geöffnet, die in Hinsicht auf Arbeitsbedingungen, Entlohnung, Zukunfts- und Aufstiegschancen vergleichsweise unattraktiv geworden sind und von Jungen deshalb seltener gewählt werden, wie z.B. Bäcker[1] und Konditor, wo zunehmend in industrieller Fließbandarbeit produziert wird. Mehr als die Hälfte der Ausbildungsplätze besetzten Frauen 1991 auch dort, wo der technologische Wandel einen Beruf, wie z.B. den Schriftsatz, durch den Einsatz von Computern in einem Ausmaße verändert hat, daß eine ehemals hochdotierte und geachtete handwerklich-technischeTätigkeit für Jungen inzwischen kaum mehr Anreize bietet, als jeder EDV-Arbeitsplatz. Eine Rolle spielen zudem die Kosten der Ausbildung: Dort, wo sie gering ausfallen, geht man offensichtlich eher das „Risiko“ ein, Mädchen auszubilden (vgl. die Hinweise bei Ostendorf 1994, S.755).

Die von Frauen vergleichsweise gerne gewählten handwerklichen Ausbildungsberufe Tischler/in und Maler/in, Lackierer/in verzeichnen seit ein paar Jahren einen merklichen Rückgang, sicher nicht zuletzt, weil der Übergang von der Ausbildung zum Beruf sich hier als besonders problematisch erwiesen hat. So hatten z.B. im Arbeitsamtsbezirk Kassel 1987-1989 die Frauen bei der Ausbildung zum Tischlerhandwerk bereits um die 20% erreicht; seit 1990 pendelt ihr Anteil zwischen 9% und 13,5%.

In den Metall- und Elektroberufen, in denen Frauen immer noch Seltenheitswert haben, läßt sich zudem ein auffälliger Unterschied zwischen Handwerk und Industrie feststellen (vgl. auch Ostendorf 1994, S.755). In den kleineren, traditionellen Handwerksbetrieben mit etwa 5-50 Mitarbeiter/innen hat sich der Frauenanteil im technischen Bereich nur geringfügig erhöht; im Arbeitsamtsbezirk Kassel z.B. wurde 1991 mit insgesamt 2,0% ein Spitzenwert erreicht, der seither ständig gesunken ist und 1994 wieder unter 1,0% liegt. In der Industrie hingegen wurden 1990 bundesweit – bei einem Schnitt von über 4% – zum Teil zwischen 5% und 10% Frauen in technischen Berufen ausgebildet. In Kassel liegt dieser Schnitt zwischen 1990 und 1994 sogar bei 10,0%, wobei es allerdings überwiegend dem Engagement eines regionalen Großbetriebes zu verdanken ist, daß dieser Anteil in den letzten Jahren nicht – wie andernorts üblich – gesunken ist.

Der seit 1990 zu beobachtende leichte Rückgang des Anteils von Frauen in männerdominierten und gewerblich-technischen Ausbildungsberufen hat sicherlich auch demographische Gründe, die sich vor allem an den absoluten Zahlen zeigen. Ein weiterer Grund ist in dem dramatischen Abbau von Arbeits- wie Ausbildungsplätzen im verarbeitenden Gewerbe zu sehen, wo der verschärfte Konkurrenzdruck sich zu Ungunsten der Frauen auswirkt, die ohnehin meist nur mit einem besseren Schulabschluß, als die Jungen ihn vorweisen konnten, Zugang zu den technischen Ausbildungsplätzen fanden. Zu bedenken ist auch, daß nach dem Auslaufen der Modellprojekte die damals massive Werbung um Frauen für gewerblich-technische Berufe fast gänzlich eingestellt wurde. Denkbar wäre, daß es „sich 'rumgesprochen hat“, daß Frauen in diesen Berufen mit erhöhtem Arbeitslosigkeitsrisiko und einge-

schränkten Chancen bei der Fort- und Weiterbildung rechnen müssen; denkbar ebenfalls, daß die Erfahrung, sich einer Männerwelt anpassen zu müssen, die ihrerseits kaum Bereitschaft zeigt, ihre eigenen Defizite zu reflektieren oder gar Konsequenzen zur Veränderung daraus zu ziehen, die Frauen wieder zu mehr Zurückhaltung veranlaßt; denkbar schließlich auch, daß durch all dies beeinflußt sich derzeit eine Tendenz zum Rückzug in traditionell weibliche Berufsfelder durchsetzt. Das muß aber noch lange nicht ein prinzipiell rückläufiges Interesse von jungen Frauen an technischen Berufen bedeuten, sondern wäre vielmehr Ergebnis eines schwindenden staatlichen oder öffentlichen Interesses daran (vgl. hierzu Morschhäuser 1993, S.18-21). Genauere Untersuchungen darüber liegen meines Wissens bislang nicht vor.
Eine IBM-Jugendstudie, die Ende 1995 veröffentlicht wurde und in der nach Traumberufen gefragt wurde, hat festgestellt, „daß es wieder eine klare Rollenverteilung bei den Berufswünschen der Jugendlichen gibt. [...] Bei den Mädchen sind technische Berufe mittlerweile völlig out.“ (Die Zeit 22.12.1995) Dazu muß allerdings angemerkt werden, daß sich die Hit-Liste der von weiblichen Auszubildenden de facto am stärksten besetzten Ausbildungsberufe seit Beginn der Maßnahmen nicht wesentlich verändert hat: Unter den 20 am stärksten von Frauen besetzten Berufen des dualen Berufsbildungssystems – in ihnen arbeiten immerhin 73,5% aller weiblichen Auszubildenden – läßt sich im Jahre 1990 nur die Technische Zeichnerin dem Technikbereich zuordnen. Alles andere sind Frauenberufe, darunter vor allem Verkauf, Friseurin, Floristin und Hauswirtschafterin, alle Arten von -gehilfinnen natürlich, oder sogenannte Mischberufe wie Industrie- und Bankkauffrauen, Groß- und Einzelhandelskauffrauen (vgl. Bundesministerium für Frauen und Jugend 1992, S.26). Nach letzten Meldungen ist das auch 1995 weitgehend so geblieben (Brigitte 14/1995, S.60, Quelle: Statistisches Bundesamt). Das heißt, die öffentliche Debatte hat wohl manchmal den Eindruck provoziert, daß Frauen bereits in breiter Front Männerberufe erobert hätten. Davon aber kann trotz aller Bemühungen und trotz gewisser Erfolge wahrhaftig nicht die Rede sein.

Pionierinnen auf fremdem Terrain – Facharbeiterinnen in einem Industriebetrieb

Technische Kompetenz zu haben, gehört immer noch in erster Linie zum männlichen Selbstbild. Technische Berufe sind wie kaum andere nach männlichen Lebensbedingungen strukturiert und von männlichen Verhaltenswei-

sen geprägt. Sie verlangen den „ganzen Mann“ durchs ganze Berufsleben, möglichst Tag und Nacht, denn es wird im Schichtdienst produziert; die Familie darf „ihn“ da nicht aufhalten, am besten: Man bemerkt sie gar nicht. In diese Welt treten Frauen ein als eine Minderheit, folglich als etwas Besonderes und letztlich nach wie vor als Fremde. Daß bei ihnen die Familienorientierung irgendwann doch vor dem Interesse am Beruf steht, wird stillschweigend angenommen und damit auch, daß sie nie die gleiche Zugehörigkeit zu dieser Welt entwickeln können. Sie stehen unter einem doppelten Druck zur Anpassung und Bewährung: Sie müssen nicht nur beweisen, daß sie männlichen Leistungs- und Arbeitsstandards genügen – und zwar möglichst in überdurchschnittlichem Maße –, es wird zugleich kritisch darauf geachtet, daß sie dabei ihre „Weiblichkeit“ nicht verlieren – wodurch sie von der Männerwelt immer in einer gewissen Distanz gehalten werden können. Das ist ein Balanceakt, bei dem nachzuvollziehen ist, daß ihn nicht jede Frau gerne auf sich nimmt bzw. dauerhaft durchhält.
Die aus dieser Situation sich ergebenden widersprüchlichen Erfahrungen und ambivalenten Bewältigungsstrategien von Frauen möchte ich an einigen Beispielen vor allem von Facharbeiterinnen in der Metall- und Elektroindustrie deutlich machen. Ich beziehe mich dabei in erster Linie auf eine nicht veröffentlichte Fallstudie von Christel Kumbruck *Gewerblich-technisch ausgebildete Frauen in einem Großbetrieb*, die 1990/91 im Rahmen der Begleitforschung zum Praxisforschungsprojekt *Frauenoffensive – Junge Frauen in gewerblich-technische Berufe!*[2] in Kassel erstellt wurde. Grundlage der Fallstudie sind biographische Interviews mit Facharbeiterinnen in einem Großbetrieb der Automobilbranche. Ich denke, sie geben Hinweise, warum unter anderem trotz langjähriger Förderung Frauen doch nicht scharenweise gewerblich-technische Berufe ergriffen haben.

In der Ausbildung

Gleich zu Beginn ihrer Ausbildung erfahren die jungen Frauen, daß sie in eine Welt eintreten, in der sie eigentlich nicht vorgesehen sind – nämlich am Problem der Berufskleidung. Und sie müssen selbst sehen, wie sie damit zurechtkommen:

„Auch mit den Klamotten: das sind Männerhosen, ich sah auch wie ein Kartoffelsack aus. Die weiblichen Auszubildenden sind ja doch etwas zierlicher. Man sollte dann aufschreiben, was für 'ne Kleidergröße man hat. Ich hab 36 und dann hieß es: wir fangen erst bei 40 an. Ja un nun sieh mal zu, wie de das kleiner kriegst. Und dann die Sicherheitsschuhe [...] also das war schon blöd, die fallen ja auch anders aus.“ (Kumbruck o.J., S.25)

Das ist natürlich nicht nur ein ästhetisches Problem, sondern es weist darauf hin, daß eine bestimmte Körpergröße und damit vermutete Kraft bislang als Untergrenze für diese Arbeit galt. Die Frauen merken schnell, daß ihnen hier gerne ein Defizit angehängt wird, das eigentlich in einem höchst unökonomischen, ja gesundheitsschädlichen männlichen Arbeitsstil seine Ursache hat. Eine Frau berichtet, daß vor allem die älteren Gesellen, denen sie in der Ausbildung bei der Arbeit zugeteilt wurde, sich diesbezüglich herablassend äußerten:

„'Ach Mädchen'. Und meinen, man könnte das nicht. Und was die einem alles erzählen, was man nicht kann. Da muß ich lachen. Ja, wirklich, die kommen an, 'Mädchen, nu stell dir mal vor, du mußt jetzt so ein 50 kg-Getriebe heben'. Sage ich: 'Naja und, dann hole ich mir einen Kran'. Gibt's so kleine fahrbare Kräne. Gar kein Problem. Ja, und wenn du ihn nicht stellen kannst, dann muß dir jemand anfassen. Sag ich: 'Oder hebst du das alleine?!' Der Kollege jetzt, ne: 'Ich kann das heben!' Sag ich: 'Bist doch schön blöd. Machst dir deinen Rücken kaputt.'" (Kumbruck o.J., S.34)

Die Behauptung, mehr Körperkraft zu haben, bietet den Männern Gelegenheit, sich als besser geeignet zu beweisen; im Grunde aber ist es ein Zeichen für ein Defizit auf Seiten der Männer, die, um ihr Selbstwertgefühl zu bestätigen, ihre eigene Gesundheit auf Spiel setzen. Ähnliche Erfahrungen veranlassen eine gelernte Werkzeugmacherin zu folgenden Empfehlungen an ihre Geschlechtsgenossinnen:

„Es wäre wünschenswert, wenn viele Frauen erkennen würden, daß sie nicht unbedingt das Verhalten und die Arbeitsmethodik ihrer männlichen Kollegen kopieren müssen. [...] Viele technische Probleme werden auch heute noch nach der 'Hau-drauf-Methode', d.h. unter Einsatz von viel Körperkraft und durch umständliche, ermüdende Arbeitsmethoden gelöst. Die Frauen sollten sich darauf spezialisieren, eine gesunde und intelligente Faulheit zu entwickeln und mit viel Köpfchen den Mangel an Muskeln zu kompensieren." (Hübner/Ostendorf/ Rudolph 1991, S. 243)

Es gehört also nicht nur ein gehöriges Selbstbewußtsein, sondern auch eine zusätzliche Portion pfiffiger Intelligenz dazu, um gegen solche Geringschätzungen Widerstand leisten zu können. Nicht allen gelingt es, der Falle auszuweichen, die in diesen Vorurteilen liegt. Es ist nicht nur Ausdruck von Bequemlichkeit, wenn manch eine mit den Worten „Ich bin doch ein Mädchen, mach du mal", die Jungen die schweren Sachen heben läßt. Sie fügen sich damit Rollen- und Kompetenzzuschreibungen, die Mädchen als defizitär, als für Männerberufe im Grunde ungeeignet ansehen; sie zeigen, daß sie sich geltenden Vorstellungen und Normen anpassen – und haben damit eigentlich schon das halbe Spiel verloren gegeben. Anders im folgenden Beispiel, wo eine junge Frau die Herablassung der immer schon viel erfahreneren jungen Männer auf ihre Weise schließlich ignoriert:

„Als ich das allererste Mal an dieser Bohrmaschine gearbeitet habe, habe ich irgendwie nicht so richtig gewußt, wie ich die nun anschalten soll und mit der Geschwindigkeit einstellen [...] Da haben sich einige echt noch lustig gemacht: So, 'Ah, du kannst das ja nicht. Naja, Mädchen sind da eh ...' Was da so für Sprüche kommen. [...] Wo ich da das zweite Mal war, da haben sie es wieder versucht. Da wußte ich aber genau, wie es geht [...] Und dann habe ich mich gar nicht mehr irre machen lassen. Ich habe mir gesagt: 'Du weißt, wie es geht, und nun machste das und gut. Laß sie reden.' Und dann ging das. Das ging irgendwie mit allen Sachen so. Eine Zeit lang braucht jeder, bis er irgendwas richtig begriffen hat, bis es dann auch funktioniert. Das ist ganz normal, das haben wir alle gebraucht. Das war nur eben der Vorsprung von den Jungen, weil die wahrscheinlich von klein auf gezielt auf so was vorbereitet worden sind. Und bei uns, wir haben echt von Null angefangen [...]. Gut, das mußten wir zwar aufholen. Aber als ich das aufgeholt hatte, war es mir eigentlich egal." (Kumbruck o.J., S.23)

Erschwert wird die Aufholjagd allerdings dadurch, daß die Mädchen nicht nur prinzipiell in der Minderheit, sondern oft als einzelne ins Revier der Männer geraten, die einer solchen Störung häufig dadurch begegnen, daß sie die Eindringlinge einfach links liegen lassen: „Aber auch eben später hin in den Betriebsabteilungen war es eben meistens so, ich war fast immer alleine als Mädchen gewesen. Und habe fast immer den Eindruck gehabt, die nehmen mich nicht für voll." (Kumbruck o.J., S.36) Das verstärkt bei den Frauen das Gefühl der Fremdheit und Unsicherheit, was sich sehr leicht hemmend auf Motivation und Leistung auswirken kann.

Die Gefahr, nicht für voll genommen zu werden, betrifft also nur zum Teil die von den Männern antizipierte mangelnde körperliche Kraft oder technische Kompetenz der Frauen. Manche oft subtilen Angriffe zielen überhaupt nicht auf ihr Können oder Nichtkönnen, sondern sind nichts als sexistische Anmache, mit der die Frauen als Objekt männlicher Gelüste degradiert und versunsichert werden: „Und wenn Du dann irgendwas gemacht hast, und wenn mir dann schon so einer zugeguckt hat, dann konnte ich überhaupt nichts mehr machen. Dann war Schluß bei mir. Dann fing ich an zu zittern." (Kumbruck o.J., S.37)

Technische Handgriffe lassen sich erlernen; soziale Akzeptanz zu erkämpfen, ist dagegen Schwerarbeit. Die Frauen sollen zum einen möglichst aus dem Stand dasselbe leisten wie die Männer, als Frau müssen sie aber ihre eigene Rolle in dieser fremden Welt erst neu definieren und dann mit Standfestigkeit und erheblichem Durchsetzungsvermögen an ihr festhalten, um bestehen zu können:

„Ich bin erst einmal von oben bis unten verdorben worden, weil ich in einer Abteilung war, da war ich so ziemlich die einzige Frau. Da hört man sich also Sprüche an, das ist vom Feinsten. Da fällt einem nichts mehr zu ein, gar nichts. Ich bin das erste halbe Jahr mit einer Bombe rumgelaufen. Aber wirklich. Bis ich dann irgendwann mal gemerkt habe, entweder reagierst du gar nicht drauf oder schlägst mit den gleichen Waffen mal zurück. Und dann haben sie gemerkt, daß sie mit mir keinen leichten Fang gemacht haben. Und das ging dann auch so weit, daß man aufpassen mußte, daß sie einen nicht angrapschen. Das ist so Usus, so kumpelhaft, und da kann man ja mal. Und das habe ich mir von vorneherein verbeten [...]. Und dann haben sie mich erst einmal links liegen lassen. Das fanden sie ganz blöd, weil andere Frauen ließen das mit sich machen. Und ich nicht. Ich habe denen gesagt: 'Wagt es nicht. Ihr kriegt ein paar geschossen – egal wie und wo und wer dabeisteht.' [...] Und irgendwann haben sie die Einstellung irgendwo gut gefunden und haben das auch voll akzeptiert, haben mich in Frieden gelassen. Und ich sage mir, wenn man sich seine eigenen Grenzen absteckt und sagt denen das und die merken, die ist aber nicht verkehrt, daß man auch mit der Pferde stehlen kann, wenn es um andere Dinge geht, dann akzeptieren das auch die Männer. Und das finde ich eigentlich ganz gut." (Kumbruck o.J., S.38)

Zu Beginn hat sie immerhin, um sich Respekt zu verschaffen, zweien „eine fenstern" müssen.
Der einen ist es „*eigentlich* egal", daß sich die Männer über ihre anfängliche Ungeschicklichkeit lustig gemacht haben –, aber *nachdem* sie die Aufholjagd gewonnen hat. Die andere findet es „*eigentlich* ganz gut", wenn die Männer sie schließlich akzeptieren –, aber *nachdem* sie sich gegen deren Anmache heftig hat zur Wehr setzen müssen. Im verräterischen „*eigentlich*" klingt an, daß sie das alles im Grunde gar nicht gut finden, ihnen nur nichts anderes übrig bleibt, als sich irgendwie mit dieser Situation so zu arrangieren, daß sie mit heiler Haut davonkommen. Es läßt sich aus diesen Passagen erahnen, welches Maß an Stehvermögen und innerer Sicherheit dazu gehört, auf solche Weise die eigenen Grenzen zu bestimmen, auf dieser Selbstbestimmung auch gegen anders gerichtete Erwartungen zu beharren – und schließlich dafür sozial nicht isoliert, sondern akzeptiert zu werden.

Beruf und Weiterbildung

Wenn auf diese Weise über alle Hürden hinweg die Ausbildung erfolgreich abgeschlossen wurde und die Frauen sogar vom Betrieb übernommen worden sind, tun sich neue Schwierigkeiten auf. Sowohl Jungen wie Mädchen werden nach der Ausbildung oft erst einmal in der Produktion eingesetzt, d.h. an Förderbändern, bei reiner Stückzahlproduktion – bei nicht ausbildungsadäquaten Tätigkeiten mithin, die im Prinzip auch von angelernten Arbeitskräften durchgeführt werden können. Unterschiedlich ist jedoch die Dauer, bis ein Ausgebildeter oder eine Ausgebildete einen Facharbeitsplatz erhält, sowie die Auswahlmöglichkeit des Arbeitsplatzes.
Letztere ist bei Frauen häufig dadurch eingeschränkt, daß viele Meister meinen, Frauen könnten ja nicht alle Arbeiten machen oder – vor allem im Nacht-

schichtdienst – nicht alleine arbeiten, wegen angeblich höherer Verletzungsgefährdung. Auch hier werden wieder einmal Defizite bei den Frauen angenommen, die nirgendwo bewiesen sind; vielmehr wird für die Männer, die aus der Beherrschung wie der Kontrolle von Technik ihr Selbstwertgefühl beziehen, die Vorstellung unerträglich sein, in so einem Notfall die kostbaren Maschinen allein in der Verantwortung von Frauenhand zu wissen. In den Produktionsabteilungen fühlen sich die jungen Facharbeiterinnen im übrigen genauso wie die Männer unterfordert und empfinden die Arbeit als öde und langweilig. Aber sie erfahren seltener weitere fachliche Anleitung, und wenn es um den Wechsel auf bessere Arbeitsplätze geht, machen das die Männer häufig unter sich aus.

Ein zu langer Einsatz in der Produktion schmälert vor allem die Chancen für Fort- und Weiterbildung, die in allen technischen Berufen, in denen das einmal Erlernte durch den technologischen Innovationsprozeß inzwischen auf jeder Ebene in kürzester Zeit überholt ist, jedoch gleichzeitig unerläßlich ist, wenn die Beschäftigung nicht auf dem Niveau angelernter Arbeit verbleiben soll. Die Arbeit in der Produktion gilt jedoch nicht als Berufserfahrung, die Voraussetzung für jede Fortbildung ist. Um möglichst schnell da wieder herauszukommen, ist eine Förderung von Meistern oder Vorgesetzten und/oder viel Eigeninitiative unabdingbar, die manchmal auch mit einiger Risikobereitschaft verbunden sein muß:

„Die Chancen, wenn man ein Jahr aus der Lehre raus ist, überhaupt eine Weiterbildung zu machen, sind sehr gering. Weil grundsätzlich Berufserfahrung verlangt wird. Und auch beim Techniker, den ich dann gemacht habe, war ein Jahr Berufserfahrung Voraussetzung. Die hab ich aber nicht gehabt und habe trotz alledem angefangen. Und habe eben gehofft, daß ich irgendwie eine Bescheinigung an Land kriege. Frag nicht wie. Ja, und habe dann allerdings Glück gehabt. Nach meinem ersten Jahr Techniker (Ausbildung zum Techniker, M.P.) habe ich eine Facharbeiterstelle bekommen und hatte somit nach der ersten Stufe vom Techniker, das war nach zwei Jahren, ein Jahr Berufserfahrung. Wenn ich das zu dem Zeitpunkt nicht gehabt hätte, hätte mich der Rektor von der Schule weisen müssen, weil ich ohne diese Voraussetzung gar nicht zur Abschlußprüfung zugelassen worden wäre.“ (Kumbruck o.J., S.45)

Es gibt allerdings auch Meister und Kollegen, die die Frauen bei der Arbeit voll akzeptieren und fördern. Welchen Motivationsschub eine Facharbeiterstelle und dazu noch die Anerkennung und Förderung von Kollegen und Vorgesetzten bedeuten kann, bringt eine andere Frau zum Ausdruck:

„Ich muß sagen, ich hab immer unheimlich viel Glück gehabt, ich weiß auch net, da bin ich gleich an ne nagelneue Maschine gekommen mit so Kleinteilen [...] ich bin also schnell akzeptiert worden als Facharbeiterin und die Arbeit hat mir unwahrscheinlich viel Spaß gemacht. [...] ich hatte en Bombenverhältnis zu meinem Vizemeister und auch zum Meister, auch zu den Kollegen und so ... das ging dann halt so weit, daß mich mein Meister zur CNC-Ausbildung (computergesteuerte Werkzeugmaschinen, M.P.) genommen hat." (Kumbruck O.J., S.45/46)

Auffällig ist, daß beide Frauen betonen, daß sie Glück gehabt haben. Daß dieses „Glück" vielleicht auch eine Anerkennung ihrer eigenen Leistung ist, wird nicht erwähnt. Möglicherweise liegt dem die Erfahrung zugrunde, daß Leistung nicht unbedingt ausschlaggebend ist, sondern daß die positive Einstellung der Männer zur Arbeit von Frauen in gewerblich-technischen Berufen wesentlich wichtiger ist – und das ist keineswegs der Normalfall: also Glück. In der Art, wie im zweiten Beispiel hervorgehoben wird, daß die Arbeit „unwahrscheinlich viel Spaß" gemacht hat, schwingt auch etwas Trotz und Rechtfertigung mit gegenüber allen Skeptikern ebenso wie vor sich selbst, daß es richtig war, diesen Beruf zu ergreifen, daß es eben doch möglich ist, daß Frauen in der Männerwelt der Technik sich durchsetzen und Freude an der Arbeit haben können. Genau diese Betonung deutet aber zugleich auf das Wissen um die Sonderstellung hin, um die Schwierigkeiten „in der Fremde", in der diese Frauen immer noch Pionierinnen sind.
Da es an fehlender Technikkompetenz inzwischen vielfach nachgewiesener Maßen nicht liegen kann, haben sich die Argumente dafür, warum Vorgesetzte bei der Förderung von Frauen zur Fort- und Weiterbildung weiterhin deutlich zurückhaltender sind als bei Männern – auch in der Industrie, wo mangelnde Körperkraft relativ leicht durch maschinelle Hilfsmittel ersetzt werden kann –, weitgehend auf ein nach wie vor durchschlagendes Problem reduziert: die Familienplanung:

„Das war so vor zwei Jahren, da fragt der mich dann nach meiner Familienplanung. Und ich mußte ihm versprechen, die nächsten 3-5 Jahre kein Kind zu kriegen, sonst würde es sich für ihn nicht lohnen, mich an der Maschine auszubilden, aber er wollte schon mal 'ner Frau 'ne Chance geben. Und ich mein' er kann sich ja dann auf die Schulter klopfen und sagen 'Ich bin fortschrittlich, ich bilde Frauen aus'." (Kumbruck o.J., S.59)

Mit einer solchen Frage wird nicht nur gesetzlichen Regelungen zuwidergehandelt, sie ist auch herabwürdigend, und in der Aussage der jungen Frau schwingt Empörung über dieses „Gebär-Verbot" mit. Der Meister gibt ihr zu verstehen, daß sich Fortbildung von Frauen im Grunde nicht rechnet und ihre Fortbildung daher ein großzügiges Entgegenkommen seinerseits sei. Nicht jeder fragt die Frauen so direkt nach der Familienplanung, wenn es um die Förderung zur Weiterbildung geht, aber der Pferdefuß kommt meist schnell zum Vorschein:

„Ja, und dann kam er auch auf das Thema Schwangerschaft. Aber um tausend Ecken rum. Dann fing er an mit meinen beiden Lehrkolleginnen, die sind beide noch während der Lehre schwanger geworden. Da sagte ich mit einem mal zu ihm: 'Ach so, Sie meinen die, die beide schwanger geworden sind. Da brauchen Sie bei mir keine Angst zu haben. [...] Ich bin weder verliebt, verlobt noch bin ich verheiratet und noch habe ich vor, in nächster Zeit Kinder zu kriegen.' 'So genau wollt ich das ja gar nicht wissen. Aber, naja ...' Aber da war er wohl etwas perplex, daß ich das so gesagt habe. Aber ich denke mir, warum sollt ich da große Umschweife machen. [...] Ein starkes Stück im Prinzip, aber naja, er wollte es nun mal wissen." (Kumbruck o.J., S.59)

In beiden Beispielen empfinden die Frauen die Frage nach der potentiellen Mutterschaft als Zumutung, ein „starkes Stück im Prinzip", aber sie passen sich dennoch an. Trotzig zwar, spürbar mit unterdrücktem Zorn und im zweiten Beispiel auf eine Weise, die den Vorgesetzten wenigstens kurz in Verlegenheit bringt. Aber selbst diese Reaktion zeigt, daß die Frage von den Frauen immer schon antizipiert wird, womit ihr sozusagen als Gewohnheitsrecht wieder eine gewisse Legitimität zugestanden wird.
Einerseits wird erwartet, daß die Frauen genauso gut arbeiten können wie ein Mann – natürlich ohne zu „vermännlichen"; andererseits wird schon die bloße Möglichkeit von Mutterschaft als derart unvereinbar mit solch einem Beruf angesehen, daß sie den Zugang zu Fort- und Weiterbildung beinahe ausschließt mit dem Argument, das rechne sich nicht für den Betrieb. Deshalb bleiben die Frauen dann häufig auf den nicht ausbildungsadäquaten Arbeitsplätzen in der Produktion hängen, und manch eine verliert dabei schließlich die Motivation für den Beruf.
Es ist ein äußerst ambivalentes Verhalten, das ihnen abverlangt wird und das sie zwischen der sachbezogenen Lust am Beruf, am Umgang mit Technik, und einem ständigen Kampf um soziale Akzeptanz als Frau in einer Männerwelt hin- und herzieht. Um da zu bestehen, müssen sie individuell eine konsequente Strategie entwickeln und durchsetzen, – etwa so wie jene Frau, die sich nicht alles gefallen ließ, dafür aber riskierte, daß sie erst einmal links liegengelassen wurde, bis die Männer sie doch wieder akzeptierten. Ein solcher Beruf in der Männerwelt der Technik erfordert von den Frauen weit mehr soziale als körperliche Schwerarbeit.
Ohne Unterstützung durch ihr Umfeld, insbesondere von Meistern und Vorgesetzten, wäre das dennoch kaum lange mit Erfolg durchzuhalten. Es verlangt auch von den Männern Einstellungsänderungen, die Bereitschaft, letztlich die soziale Struktur der Männerbetriebe kritisch zu überprüfen und ihren Teil zu deren Veränderung beizutragen. Alle Untersuchungen über Frauen in Männerbetrieben kommen u.a. zu dem Ergebnis, daß es ganz entscheidend von der sozialen Aufgeschlossenheit der Unternehmensleitung, der Meister und Vorgesetzten abhängt, ob die Integration von Facharbeiterinnen in den Betrieb gelingt.[3] Es gibt durchaus schon Betriebe, in denen Frauen an Werk-

bank und Maschinen zum alltäglichen Erscheinungsbild gehören, auch wenn sie noch in der Minderheit sind. Und diese Minderheit von Frauen und Betrieben stellt die zweifellos immer noch wirksamen Vorstellungen von gewerblich-technischen Berufen als Männerarbeit durch ihre bloße Existenz zumindest in Frage. Von einer Normalität, wie sie im Wunsch einer Tischlerin zum Ausdruck kommt: „Daß es irgendwann mal selbstverständlich ist – und nicht mehr Frauen im *Männerberuf* heißt." (Hübner/Ostendorf/Rudolph 1991, S.246) ist das noch meilenweit entfernt. Aber vielleicht gewinnen diese Pionierinnen, fast unbemerkt von der feministischen Technikdebatte, hier und da (vor Ort) mehr Terrain auf technischen Berufsfeldern, als theoretische Analysen der Machtverhältnisse ihnen zuzubilligen bereit sind.

Anmerkungen

1 Nach einer dpa-Meldung erhalten im Handwerk Bäckergesellen den niedrigsten Bruttostundenlohn mit 21,18 DM und haben mit durchschnittlich 41,1 Stunden die längste Wochenarbeitszeit. (s. taz 17.1.1996)

2 Das Praxisforschungsprojekt „Frauenoffensive – Junge Frauen in gewerblich-technische Berufe!" war eines der ganz späten Modellprojekte im Rahmen der von Bund und Land – in diesem Falle dem Land Hessen – geförderten Programme. Es fand von 1988-1991 in Kassel statt, hatte den Schwerpunkt Berufsorientierung in der Sekundarstufe I der allgemeinbildenden Schulen in enger Zusammenarbeit mit lokalen Betrieben. Träger war die Stadt Kassel.

3 Eine sehr differenzierte und facettenreiche Untersuchung hierzu bietet das Buch von Martina Morschhäuser (1991): Frauen in Männerdomänen. Wege zur Integration von Facharbeiterinnen im Betrieb.

Literatur

Alt, Christel / Wolf, Brigitte / Arndt, Herbert (1988): Thesen zur Erschließung gewerblich-technischer Ausbildungsberufe. Materialien zur Diskussion von Möglichkeiten und Grenzen einer Ausweitung des Berufsspektrums für junge Frauen in der Praxis. Berlin und Bonn (Bundesinstitut für Berufsbildung, Heft 98)

Becker, Dietmar / Becker-Schmidt, Regina / Knapp, Gudrun-Axeli / Wacker, Ali (1989): Zeitbilder der Technik. Essays zur Geschichte von Arbeit und Technologie. Bonn

Bundesminister für Bildung und Wissenschaft (Hrsg.) (1989): Frauen in technischen Berufen. Dokumentation einer Fachtagung. Bad Honnef

– (Hrsg.) (1991): Gewerblich-technisch ausgebildete Frauen. Zwei Untersuchungen zu Berufsübergang und Berufsverläufen in Niedersachsen und Berlin. Bad Honnef

Bundesministerium für Frauen und Jugend (Hrsg.) (1992): Frauen in der Bundesrepublik Deutschland. Bonn

Chaberny, Annelore / Schade, Hans Joachim (1993): Frauen dringen nur langsam in die Berufswelt der Männer vor. IAB Kurzbericht Nr.4/1993

Handwerkskammer Trier (1994): Frauen im Handwerk – Ausbildung und Beruf aus der Sicht von Gesellinnen. Trier

Hellmann, Ulrike / Schiersmann, Christiane (1991): Berufsübergang und berufliche Situation gewerblich-technisch ausgebildeter Frauen. In: Bundesminister für Bildung und Wissenschaft (Hrsg.): Gewerblich- technisch ausgebildete Frauen. Zwei Untersuchungen zu Berufsübergang und Berufsverläufen in Niedersachsen und Berlin. Bad Honnef, S.1-220

Hübner, Sabine / Ostendorf, Helga / Rudolph, Hedwig (1991): Stolpersteine, Sprungbretter, Höhenflüge – Facetten von Berufsverläufen gewerblich-technisch qualifizierter Frauen in Berlin. In: Bundesminister für Bildung und Wissenschaft (Hrsg.): Gewerblich-technisch ausgebildete Frauen. Zwei Untersuchungen zu Berufsübergang und Berufsverläufen in Niedersachsen und Berlin. Bad Honnef, S.222-264

Kumbruck, Christel (o.J.): Gewerblich-technisch ausgebildete Frauen in einem Großbetrieb. Fallstudie. Kassel (MS)

Morschhäuser, Martina (1993): Frauen in Männerdomänen. Wege zur Integration von Facharbeiterinnen im Betrieb. Köln

Ostendorf, Helga (1994): Öffnung von Männerberufen für Frauen – Erfolgreiche oder symbolische Politik? In: WSI Mitteilungen 12/1994, S.752-762

Rudolph, Hedwig (1989): Junge Frauen in atypischen Berufen. Zur Konzeption der Projektreihe. In: Bundesminister für Bildung und Wissenschaft (Hrsg.) (1989): Frauen in technischen Berufen. Dokumentation einer Fachtagung. Bad Honnef, S.9-14

Wajcman, Judy (1994): Technik und Geschlecht. Die feministische Technikdebatte. Frankfurt a.M./New York

IV. Techniknutzung – Frauenbewegung – Frauenpolitik

Doreen Westphal

Belgrad – Moskau – Washington – Berlin
Frauen Ost-West On-Line

Im Januar 1996 existiert das On-Line-Projekt des Network of East-West Women (NEWW) ein Jahr. Das Zentrum für Interdisziplinäre Frauenforschung (ZiF) an der Humboldt-Universität zu Berlin (HUB) ist seit März 1995 dabei. Durch unsere Universitätsanbindung boten wir im ZiF technisch und finanziell günstige Voraussetzungen für die Einrichtung eines Stützpunktes zur elektronischen Kommunikation. Zudem verfügen wir über weitreichende Kontakte zu Frauenprojekten und einzelnen Frauen, die von unserer Mitgliedschaft im NEWW und der elektronischen Vernetzung mit ihm profitieren könnten.
Dieser Beitrag ist zum einen eine Vorstellung des NEWW und zum anderen der Erfahrungsbericht über ein knappes Jahr elektronischen Miteinanders von Frauen aus vier Kontinenten.
Das Network of East-West Women wurde im Juni 1991 in Dubrovnik von 75 Frauen aus Bulgarien, der Tschechoslowakei, der früheren DDR, Großbritannien, Ungarn, Polen, Kanada, Rumänien, Jugoslawien und den USA gegründet, nachdem bereits ein Jahr zuvor eine erste Konzeption zu einem Ost-West Frauennetzwerk vorgelegen hatte. Der Austausch von Informationen übereinander, die Ermöglichung von Kontakten zwischen West-Ost- und Ost-Ost-Frauen und die Beobachtung und Begleitung des Transformationsprozesses im ehemaligen Ostblock waren Gründungsmotive. Zu den 75 Gründerinnen sind im Laufe der viereinhalb Jahre des Bestehens des NEWW ca. 750 weitere Frauen als Mitglieder und Interessentinnen hinzugekommen. Sie kommen, neben den bereits erwähnten Ländern, aus Albanien, Aserbaidschan, Belorußland, Kroatien, Estland, Kirgisien, Litauen, Lettland, Mazedonien, Rußland, Serbien, Slowenien, der Slowakei, der Ukraine, Australien, Österreich, Frankreich und Israel.
Die NEWW-Mitglieder verstehen sich als emanzipationsorientierte Gruppierung und haben deshalb eine Art normativen Kodex entwickelt, der die Grundlage ihrer Zusammenarbeit darstellt. Sie fühlen sich verpflichtet:

- der Bedeutung der vollständigen und gleichberechtigten Beteiligung von Frauen an allen Aspekten der Zivilgesellschaft;
- dem Recht der Frauen auf Geburtenkontrolle und auf die Freiheit der Entscheidung, wann und unter welchen Umständen sie ein Kind zur Welt bringen wollen;
- dem Recht der Frauen (und der Männer), am Arbeitsplatz frei von Diskriminierungen – seien sie struktureller oder rechtlicher Art – zu sein, dem Recht der Frauen, am ökonomischen Bereich der Gesellschaft teilzuhaben, ohne daß gleichzeitig von der Voraussetzung ausgegangen wird, die Hausarbeit sei natürlicherweise und ausschließlich von ihnen zu verrichten;
- dem Recht der Frauen (und der Männer), frei von Gewalt zu leben, sowohl im privaten als auch im öffentlichen Bereich, dem Recht, frei von jeglicher Art der Dominanz zu leben;
- der Freiheit sexueller Äußerung und sexuellen Genusses für Frauen (und Männer), einschließlich des Rechts eines jeden auf eigene sexuelle Orientierung;
- das Recht der Frauen (und der Männer), frei von rassistischem und ethnischem Haß zu leben;
- dem Recht der Frauen (und der Männer), ihre Gedanken öffentlich, ohne irgendeine Art von Zensur zu äußern.

Während das NEWW vorwiegend Frauenprojekte und -aktivitäten unterstützt, besteht sein längerfristiges Interesse in einer Veränderung dessen, was Geschlecht bedeutet und wie es in der Gesellschaft funktioniert. Das NEWW finanziert sich durch Stipendien und Spenden verschiedener, vor allem in den Vereinigten Staaten ansässiger Stiftungen, u.a. der Mac Arthur Foundation, der Ford Foundation, der Eurasia Foundation und der World Learning, Inc. Für die Geldbeschaffung innerhalb der USA hat das NEWW eine eigene Gruppe, die NEWW, Inc. Das On-Line-Projekt ist nur eines von momentan fünf Projekten, die sich im Laufe seines Bestehens unter dem Dach des NEWW gegründet haben. Neben dem On-Line-Projekt gibt es:

- das „East-East Legal Committee“, das den Einfluß postkommunistischer Gesetzgebungen auf das Leben der Frauen untersucht und beobachtet;
- das „Self-Defense Instructor Training Program“, in dem russische Selbstverteidigungstrainerinnen angeleitet werden;
- das Projekt „Violence Against Women“, das auf die Stärkung der Bewegung zur Beendigung der Gewalt gegen Frauen in Mittel- und Osteuropa und der früheren Sowjetunion zielt;
- die „International Research Group“, die feministische Forschung zur Geschichte der Frauenbewegung des 19. und 20. Jahrhunderts unterstützt

und koordiniert, und die die Einrichtung von Bibliotheken zu Gender Studies und von Zentren und Programmen zu Women Studies überwacht.
Im Moment sind ca. zehn Frauen für das NEWW angestellt, einige halbtags, einige vollbeschäftigt. Sie arbeiten in den beiden NEWW-Büros in Washington und New York und sind weiterhin in Warschau, Krakau und Moskau tätig. Das NEWW hat eine Geschäftsführerin. Sie heißt Shana Penn, ist Amerikanerin und arbeitet im Washingtoner Büro. Die Leiterinnen der verschiedenen Projekte sind ebenfalls Angestellte des NEWW.
Mit dem International Steering Committee (ISC) hat sich das NEWW eine Art Vorstand gegeben. Es hat schrittweise das ehemalige Board of Advicers abgelöst und besteht aus ca. 30 Mitgliedsfrauen. Jedes Land, das Kontakte zum NEWW hat, stellt mindestens eine Frau für das ISC, die im Idealfall von mehreren Frauen und Organisationen ihres Landes gewählt sein sollte, im Moment, am Anfang des ISC, jedoch zumeist auf der Basis der Selbstnominierung arbeitet. Weiterhin sind die Geschäftsführerin und die Leiterinnen der Projekte im ISC vertreten.
Seit Juni 1995 „trifft" sich das ISC regelmäßig zu elektronischen Konferenzen, um beispielsweise über seine Rechte im Rahmen des NEWW zu beraten; um zu überlegen, ob es selbst und auch das NEWW ein Statut braucht; um zu diskutieren, welche Fragen und Projekte innerhalb des NEWW Priorität und Geld erhalten sollen.
Diese elektronischen Konferenzen sind durch die On-Line-Verbindung aller NEWW-Mitgliedstaaten möglich geworden. Die Vorarbeiten zum On-Line-Projekt, das die Infrastruktur für das NEWW und sein ISC darstellt und der Verbesserung des Informationsflusses zwischen den Mitgliedern dient, begannen Mitte 1994; im Januar 1995 konnten die ersten osteuropäischen Mitgliedsinstitutionen ans Netz gehen und e-mails zunächst zu den amerikanischen NEWW-Büros und bald auch zueinander senden bzw. voneinander empfangen.
Im Herbst 1994 waren drei NEWW-On-Line-Trainerinnen in Washington acht Wochen lang in die Grundlagen der elektronischen Kommunikation, den Umgang mit elektronischer Post, mit elektronischen Konferenzen, mailinglists und den Zugangsmöglichkeiten zum Internet vertraut gemacht worden. Anleiterinnen dieser Trainerinnen wiederum waren u.a. solche Organisationen wie Virtual Sisters und Kompass Resources International.
Diese drei Frauen waren dann – mit Computern, Modems und Dollars buchstäblich im Gepäck – von Januar bis April 1995 in Osteuropa und der früheren Sowjetunion unterwegs und leiteten wiederum ca. 150 Frauen an. Was sie dabei in den NEWW-Zentren der verschiedenen Länder an materiell-technischen und finanziellen Voraussetzungen vorfanden, war sehr unterschiedlich.

Einige Stützpunkte mußten mit Computern, Modems und einem monatlichen Stipendium von 100-200 Dollar ausgestattet werden und hatten lange keinen Zugang zum Internet, mußten also ihre e-mails über andere Netzwerke empfangen und senden (dies traf vor allem für Mitglieder in Ländern der früheren Sowjetunion zu). Andere Zentren waren bereits mit Computern und dem Zugang zum Internet ausgestattet. Bei uns im ZiF war das der Fall. Durch unsere Universitätszugehörigkeit haben wir sogar kostenfreien Zugang zum Internet und seit kurzer Zeit auch technisch keinerlei Einschränkungen mehr beim Absenden der e-mails.
Als die Trainerin Victoria Vrana aus Washington auf ihrer Reise durch Osteuropa dann im März 1995 bei uns haltmachte, traf sie auf einen Kreis von sechs neugierigen Zuhörerinnen, die im Empfangen und Absenden von elektronischer Post schon kundig waren und nun mit der Geschichte des Internet, verschiedenen Werkzeugen zu seiner Handhabung und solcher elektronischer Kommunikationsmittel wie „mailing-list“ und „electronic conference“ vertraut gemacht wurden. Victoria stellte den elektronischen Kontakt zum Washingtoner Büro her, abonnierte uns auf die NEWW-eigene conference/ mailing list women.east-west und schlug uns eine zunächst auf ein Jahr begrenzte Mitgliedschaft im ISC vor.
Unser monatliches Stipendium beläuft sich auf 150 Dollar. Damit verbunden ist die Abfassung und Sendung eines vierteljährlichen kurzen Berichtes darüber, wofür das Geld verwendet wird, wie wir die über die conference/ mailing list eingegangenen Informationen verarbeiten, ablegen, evtl. weitergeben und welche Arbeiten wir im und für das NEWW noch leisten.
Im Juni 1995 waren dann alle Stützpunkte in Osteuropa und der früheren Sowjetunion bereist, die meisten Frauen „beschult“ und neben der conference / mailing list women.east-west, die bereits seit März 1994 existiert hatte, wurde dic private On-Line-Konferenz des International Steering Committee eingerichtet.
Im April 1995 war wegen des großen Interesses an aktuellen Informationen zum Stand der Vorbereitung der Weltfrauenkonferenz und des regierungsunabhängigen Forums in China eine zweite conference/mailing list neww.beijing eingerichtet worden.
Im Unterschied zu den conference/mailing lists, die interessierte Frauen aus der ganzen Welt – vorausgesetzt, sie verfügen über einen e-mail-account und sind irgendwie an die Adresse dieser NEWW mailing lists gelangt – ist die private elektronische Konferenz extra für Mitglieder des ISC eingerichtet, um ihnen ein Gremium zur Diskussion und Entscheidungsfindung zu sein. Die Konferenz ist für Außenstehende nicht zugänglich. (Allerdings ist auf einer

der ersten elektronischen Konferenzen der Beschluß gefaßt worden, NEWW-Mitglieder oder Interessentinnen, die dies wünschen, als Beobachterinnen an den Konferenzen teilnehmen zu lassen. Sie dürfen sich auch äußern, sind jedoch nicht abstimmungsberechtigt.)

Anders als Konferenzen im „wirklichen" Leben erstreckt sich die elektronische Konferenz des ISC vor dem Computer über sechs Wochen und läuft folgendermaßen ab:

- Eine zuvor bestimmte Moderatorin gibt den Beginn der Konferenz bekannt, sobald Einigkeit über die zu verhandelnden Punkte besteht;
- in den folgenden zwei Wochen lesen die teilnehmenden ISC-Mitglieder die Diskussionspapiere, beraten diese nach Möglichkeit mit anderen NEWW-Mitgliedern in der Region und äußern sich dann schriftlich über den Computer zu den einzelnen Punkten;
- die darauffolgenden zwei Wochen sind für weitere Diskussionen der ISC-Mitglieder anhand der eingegangenen ersten Meinungsäußerungen vorgesehen;
- nach vier Wochen faßt die Moderatorin die Diskussion zusammen, gibt bekannt, ob sich zu bestimmten Punkten bereits eine Entscheidung in eine Richtung abzeichnet und fordert gegebenenfalls zu Abstimmungen auf. Die ISC-Mitglieder haben jetzt die Möglichkeit, ihre Stimme abzugeben;
- nach insgesamt sechs Wochen gibt die Moderatorin die Ergebnisse der Abstimmungen bekannt und macht auf offene Fragen aufmerksam, die in der Regel auf die Tagesordnung der folgenden Konferenz gesetzt werden;
- ein Protokoll zur Konferenz wird von der Moderatorin verfaßt und von allen Teilnehmerinnen verabschiedet, nachdem eventuelle Änderungen und Ergänzungen eingearbeitet worden sind.

Perspektivisch sollen die Konferenzen des ISC zu thematischen Schwerpunkten abgehalten werden – im Gegensatz zu den bisherigen Verhandlungen zur Geschäftsordnung, zur Frage eines Statuts für ISC und NEWW – zu organisatorischen Problemen also. Außerdem mußten sich in den ersten Konferenzen die einzelnen ISC-Mitglieder zunächst kennenlernen und vor allem auch mit der Durchführung einer Konferenz vor dem Computer vertraut werden.

Das ISC könnte und sollte zu einem Gremium innerhalb des NEWW werden, das über neue Projekte nachdenkt, Diskussionen anregt und Meinungen bündelt, Tendenzen erkennt, das herausfindet, welche Projekte wie und wie hoch finanziert werden, das an der Spitze des NEWW steht, ohne jedoch dogmatisch und losgelöst von der Basis der NEWW-Mitglieder Entscheidungen zu treffen.

Ebenfalls müßte für die Zukunft durch einen breiteren Bekanntheitsgrad des NEWW gewährleistet sein, daß die ISC-Vertreterinnen eines Landes Reprä-

sentantinnen der am NEWW interessierten Frauen im Lande oder wenigstens in der Region sind. Diese Frauen sollten aus ihrem Kreis ein ISC-Mitglied wählen, das dann natürlich auch an den Konferenzen des ISC kompetent und mit einem Wählerinnenauftrag teilnehmen könnte. Bisher nämlich war/ist es ja so, daß wir als ISC-Mitglied ausschließlich die Meinung des ZiF zu den behandelten Fragen auf den Konferenzen abgeben konnten/können. Wäre dagegen eine Repräsentantin einer Region oder sogar eines Landes als ISC-Mitglied gewählt, könnte sie während der Konferenzen Rücksprache mit ihren Wählerinnen nehmen und hätte vielleicht auch Gelegenheit, ein Netz von NEWW-Mitgliedern und -Interessentinnen aufzubauen. Sie würde eine Art Politikerin sein, und so, wie die Arbeit in der Politik bezahlt ist, müßte für die Zukunft ebenfalls über eine Bezahlung der ISC-Mitglieder nachgedacht werden.
Über die confernce/mailing list women.east-west gehen in der Woche im Durchschnitt zwischen zehn und zwanzig Nachrichten auf unserem e-mail-account ein. Diese Nachrichten sind ganz unterschiedlicher Art. Sie reichen von der Vorstellung neuer NEWW-Mitglieder über die Ankündigung von Konferenzen und Tagungen, über die Besprechung interessanter Bücher bis zu Aktionsaufrufen und Berichten über die neuesten politischen und sozialen Entwicklungen in den Mitgliedsländern.
Besondere Aufmerksamkeit erfuhren im Sommer die Vorbereitung der Weltfrauenkonfernz in Peking und das Forum der unabhängigen Frauenorganisationen. Da für diesen Themenkreis jedoch eine eigene conference/mailing list eingerichtet war, auf die wir nicht abonniert sind, kamen über unsere, die women.east-west conference/mailing list, zum Thema Beijing nur ausgewählte Nachrichten an. Immer mal wieder erreichen uns auch Fragen zu unserer Arbeit, unseren Projekten, dem Profil unseres Zentrums, zu Kontaktadressen oder einfach dazu, wie es uns geht.
Eine wesentliche Frage im Office-Alltag und besonders zum Anfang unserer on-line-Zeit war die eines ökonomischen und nutzbringenden Umgangs mit den Informationen, die uns mit den e-mails erreichten. Es schien uns nicht genug, die Nachrichten einfach nur zu lesen, einige zu besprechen, manche, wo nötig, zu beantworten, sie abzulegen und dann zu vergessen. Wir wollten die Nachrichten einem möglichst breiten Kreis von Interessentinnen zugänglich machen und informierten zu diesem Zweck zunächst regelmäßig in unserem ZiF-Bulletin (einem von uns zweimal jährlich herausgegebenen ca. 200seitigen Heft) über das NEWW und über unsere Beteiligung am On-Line-Projekt und setzten auch zu anderen Gelegenheiten Frauen mündlich von dieser Möglichkeit, Informationen über Osteuropa und die frühere Sowjetunion zu erhalten, in Kenntnis.

Wir beschlossen dann, monatlich eine Liste mit kurzen stichwortartigen Zusammenfassungen relevanter e-mails zu erstellen und an solche Frauen und Frauenprojekte zu versenden, die sich bei uns meldeten. Es sollte zudem, bei Bedarf, der Zugriff auf die vollständige e-mail, die bei uns gespeichert ist, möglich sein. Wir senden diese Listen an bisher 15 Abonnentinnen (manche per konventioneller, manche per elektronischer Post), haben allerdings bisher noch keine Nachfragen zu einzelnen e-mails erhalten.
Viele Frauen, vor allem Studentinnen (auch Studenten – unser Zentrum ist für Männer zugänglich), haben mittlerweile eine gewisse Routine im Umgang mit elektronischer Post erlangt. Sie haben ihre eigenen e-mail-accounts, beherrschen die e-mail-Software und erledigen ihre Korrespondenz über den Computer. Die eine oder der andere dringt auch schon mal ins Internet vor – ob aus Lust am Surfen oder aus Forschungsinteresse, ist schlecht zu sagen. Wir beobachten das in unserem Computer-Pool, der in Semesterzeiten fast täglich voll besetzt ist und in dem wir auch Kurse für Frauen, u.a. zum Umgang mit e-mail, anbieten, die sehr gut besucht sind.
Während aber im näheren Umkreis des ZiF auf der einen Seite eine Aufgeschlossenheit gegenüber dieser neuen, schnellen Möglichkeit der Kommunikation per Computer besteht, wundern wir uns auf der anderen Seite über das doch geringe Interesse an dem Network of East-West Women. Wir meinen, daß dies unterschiedliche Gründe haben kann, und werden weiterhin bei jeder Gelegenheit über unsere Aktivitäten im und für das NEWW berichten.
Eine mögliche Ursache des fehlenden Interesses könnte die Schwellenangst bei vielen Frauen gegenüber der Anwendung elektronischer Kommunikationsmittel sein, eine andere die fehlende technische Ausstattung. Weiterhin könnte – fünf Jahre nach der Wende – das Interesse ostdeutscher Frauen und Forscherinnen an Entwicklungen in Osteuropa fehlen; frau beschäftigt sich vielleicht mit „exotischeren„ Themen. Englisch als die Sprache im Net könnte sich für einige ebenfalls als Handicap darstellen. Und es mag einfach auch zu mühselig erscheinen bzw. mühselig sein, anhand der Listen mit den Stichwort-e-mails Nachfragen an uns zu senden, woraufhin wir die vollständige Nachricht finden und wiederum zurücksenden würden. Wir sind uns durchaus darüber im klaren, daß der momentan praktizierte noch nicht der optimale Umgang mit den e-mails ist.
Ich erledige für das ZiF die elektronische Post und gewährleiste seine aktive Teilnahme an den Konferenzen des ISC. Vor Beginn dieser Arbeit einerseits durch eine Freundin vor dem „Verschwinden persönlicher Beziehungen durch die Kommunikation vor dem und durch den Computer“ gewarnt und andererseits von meinem Internet-begeisterten Mann angespornt, die Mög-

lichkeiten dieser neuen Technologie kennenzulernen, habe ich mich mittlerweile mit unserer e-mail-Software so weit vertraut gemacht, daß die Abwicklung der Post technisch kein Problem mehr ist.
Ins Internet bin ich auch schon so manches Mal vorgedrungen, z.B., wenn über die women.east-west conference/mailing list konkrete Adressen für Internet-Recherchen angegeben waren und meine Neugier genug angesprochen war. Ich finde es faszinierend, sich diese Informationsressourcen nutzbar machen zu können. Allerdings war mein Aufenthalt im Internet aus Zeitgründen immer sehr begrenzt, ich arbeite eben nicht in der Forschung, wo mir durch gezieltes Suchen wichtige Informationen schnell, umfassend und brandneu zur Verfügung stehen könnten. Überhaupt denke, höre und erlebe ich, daß der weibliche Umgang mit dem Internet eher pragmatischen Charakter hat, während die Männer – aus welchen Gründen auch immer – zunächst einmal möglichst genau wissen wollen, welche Möglichkeiten ihnen das Internet bietet und in welchem Umfang sie es nutzen könnten, um dann im konkreten Fall mit ihm zu arbeiten. Da die Möglichkeiten des Internet im Moment schon nicht mehr zu überschauen sind und sich stetig erweitern, hat eben auch das männliche Internet-Verlangen keine Grenzen.
Ich habe bisher nicht festgestellt, daß durch die Anwendung der elektronischen Kommunikation persönliche Beziehungen in Gefahr geraten sind. Meinen Freunden schreibe ich weiterhin neben elektronischen auch „richtige„ Briefe; und die Frauen, die ich durch die NEWW-On-Line-Verbindung kennengelernt habe, habe ich bis jetzt noch nie getroffen. Die Kommunikation mit NEWW-Mitgliedern findet ohnehin auf einer formellen Ebene statt; es wird eben Arbeit für das NEWW geleistet.
Mir macht diese Arbeit großen Spaß. Ich fühle mich, wenn ich Nachrichten aus aller Frauen Länder lese, näher mit der Welt verbunden. Die Frauen in Sibirien oder dem ehemaligen Jugoslawien ebenso wie aus den Vereinigten Staaten oder aus der Slowakei bekommen Gesichter für mich, auch wenn ich sie noch nie gesehen habe.
Es wäre wünschenswert, daß das Network of East-West Women eine Zukunft hat. Dank der elektronischen Verbindung seiner Mitglieder miteinander wird diese Möglichkeit wahrscheinlicher.
Zur Erstellung dieses Beitrages habe ich Veröffentlichungen des NEWW verwendet. Es handelt sich dabei um die zweimal jährlich erscheinenden Newsletter des NEWW und um Dokumente zur Selbstdarstellung, die auf der privaten ISC-conference des NEWW eingingen.*

* Alle Zitate sind diesen Quellen entnommen, ihre Übersetzung habe ich selbst vorgenommen.

Tanja Paulitz

Virtuelle Schwestern
Perspektiven elektronischer Kommunikation für feministische Politik

Das Stichwort *Computervernetzung* behauptet sich hartnäckig in der Medienlandschaft. Seine Beurteilung scheint meist in Extreme zu verfallen: Entweder entsteht vor unseren Augen eine Aktionsfläche unbegrenzter Möglichkeiten des Reisens im virtuellen Raum oder aber eine bedrohliche Zukunftsvision, in der unsere Erfahrungsräume entscheidend verändert und unkontrollierbare kriminelle Aktivitäten begünstigt werden. In feministischen Zeitschriften mehren sich ebenfalls die Beiträge zu Datennetzen. Diskutiert wird auf den verschiedensten Ebenen: Neben Texten, die vorrangig darüber aufklären wollen, wie *es* nun eigentlich funktioniert, erscheinen Selbstdarstellungen von konkreten Frauen-Vernetzungsprojekten. Darüber hinaus sind theoretische Abhandlungen zu lesen.[1] In meiner eigenen Auseinandersetzung mit virtuellen Frauenräumen möchte ich bei meiner persönlichen Innenperspektive ansetzen: Als Systembetreuerin der Frankfurter Frauenmailbox *Femail*, die dem *Woman*-Netzwerk angehört, werde ich auf der Basis meiner direkten Erfahrungen Positionen aufgreifen, die mir in der feministischen Öffentlichkeit hinsichtlich elektronischer Frauenvernetzung deutlich geworden sind.[2] Die Werkzeuge und Elemente meiner Argumentation entleihe ich vorwiegend einem Sammelsurium an Eindrücken, die aus meiner praktischen Arbeit resultieren. Prägend sind hierbei in großem Maße Begegnungen mit *vernetzten Frauen* aus der BRD und aus anderen Ländern. Die Frage, was computervermittelte Kommunikation letztlich feministischer Arbeit bringt, steht im Zentrum des Interesses. Mein Ziel ist, Perspektiven zu entwickeln, die Wege und Chancen für die gezielte Nutzung elektronischer Vernetzung aufzeigen.

Frauenräume und Cyberspace

Virtuelle Räume für Frauen sind genausowenig eine Selbstverständlichkeit wie reale. Das alternative *Computernetzwerk Linksysteme* (CL) z.B. bietet eine Reihe von sog. *Frauenbrettern*[3] an, in denen mit ermüdender Beharrlichkeit von männlichen Teilnehmern die Debatte um Sinn und Zweck dieser Frauenbereiche in Gang gehalten wird. Als Resultat solcher fruchtlosen Wortwechsel organisieren die beteiligten Frauen seit einiger Zeit ihre weitere Kommunikation über eine sog. Mailingliste.[4] Diese Form des Nachrichtenaustauschs wählen im *Internet* viele Interessensgruppen, nicht nur Frauen. Eine Alternative dazu stellen separate Frauenmailboxen dar, die sich seit Herbst 1993 allmählich in der BRD gegründet haben.[5] Ihre Besonderheit ist zunächst, daß sie ausschließlich Frauen als sogenannte *Userinnen* aufnehmen. Genauso spezifisch gestaltet sich das thematische Angebot: Es deckt ein breites Spektrum aus Frauenpolitik und -kultur ab, das kontinuierlich erweitert wird. Überdies kann jede Userin mit den anderen elektronisch *plauschen* sowie Rat und Unterstützung einholen. Somit ereignet sich hier u.a. das, was S. Drangsal in halbironischem Ton über Cyberspace zu berichten weiß:

> „was mich fesselt ist nicht die information, davon gibt's eh schon viel zu viel [...] faszinierend ist die idee, virtuelle gemeinschaften zu bilden: die der feministinnen, sprungflohzüchterinnen, businesswomen und der treulose-frauen-liebenden." (Drangsal 1995, S.30)

Daß gegenseitige Bestätigung ein prägender Gesprächsgestus im Frauennetz ist, stellt auch B. Tobler in ihrer empirischen Analyse der Kommunikationsstile in Frauenmailboxen fest (Tobler 1995, S.87ff.). Den Eintritt ins Frauennetz begleiten häufig Vorstellungs- und Begrüßungsrituale, die die persönliche Orientierung in einer neuen *sozialen Gruppe* ermöglichen. In diesem Sinne stellen vermutlich, und hier mache ich einen kleinen Umweg, die neuen Medien keine wirkliche Konkurrenz für die bereits bestehenden dar: Beide erfüllen offensichtlich verschiedene Funktionen. Wie eine im August im Woman-Netz durchgeführte Umfrage zeigte, wird von Nutzerinnen elektronischer Kommunikationsmedien der Eigenwert z.B. von regionalen Frauenzeitungen eindeutig gesehen und geschützt.[6] Auch wenn zunehmend Inhalte der Printmedien elektronisch verfügbar gemacht werden,[7] wird von zahlreichen Frauen das sinnliche Erlebnis beim Lesen einer Frauenzeitung betont: Bedrucktes Papier in der Hand zu halten, dessen Geruch der Leserin in die Nase steigt, in der schaukelnden Straßenbahn raschelnd die Seiten durchblättern und das Layout auf sich wirken lassen ... das ist schon etwas ganz anderes, als vor einer brummenden Glasscheibe ungestalteten Text zu scrollen.

Doch ganz abgesehen davon: Beide Medien bieten unterschiedliche Möglichkeiten, Inhalte zu plazieren und Diskurse zu prägen. Denn während im einen Fall ein Redaktionsteam Vermittlungsarbeit für eine Leserinnenschaft leistet, passiert am Bildschirm mitunter eben Unerwartetes: Interaktion. Der Umweg über den Vergleich der beiden Medien macht letztlich auf allgemeine Spezifika von Kommunikation im Netz aufmerksam. Veröffentlichungen auf der Infobahn bringen Frauen manchmal ganz ungeplant miteinander ins Gespräch. So blieb etwa die erwähnte Netzumfrage nicht bei einer reinen Fragebogenaktion, sprich bei einem Frage-Antwort-Spiel: Die überwiegend in öffentlichen Diskussionsforen ausgefüllten Bögen führten dazu, daß sich verschiedene Frauen spontan miteinander in einen Disput über *Emma* und *Brigitte* verwickelten, der wiederum andere zu weiterführenden Kommentaren herausforderte. Tatsächlich ist die elektronische Öffentlicheit einer der wenigen Orte, an dem sich prinzipiell jede einschalten und zu Wort melden kann. Eine übergeordnete Redaktion und Auswahl der einzelnen Beiträge findet nicht statt. Weder Redezeitbegrenzung noch die Notwendigkeit, schnell zu reagieren, hemmt den Schreibfluß. Jeder zuvor publizierte Text kann als Zitat eingesetzt und mit eigenen Stellungnahmen versehen neu verschickt werden. Das bedeutet: Ein einmal dort freigegebener Text ist mit geringem Aufwand veränderbar und interpretierbar. Das Medium vereinfacht es, auf bereits geäußertes Bezug zu nehmen.

Viele sprechen allerdings schon dann von Kommunikation, wenn lediglich physikalisch Daten durch die Leitungen fließen oder ein *Päckchen* Bits und Bytes in einem Postfach landet. Diesen ausgeleierten Kommunkationsbegriff der Informationstechnologie gilt es, meiner Ansicht nach, wieder zu konkretisieren, d.h. auf real lebende Menschen und die zwischen ihnen über Kommunikation entstehenden Beziehungen anzuwenden. Denn: „Die technische Vernetzung kann zum Selbstzweck werden, wenn allein schon Informationsaustausch als gelungene Kommunikation gilt, aber der Sinn auf der Strecke bleibt.“ (Bertrand/Hüchtker 1992, S.182)

Verständigung geschieht indessen erst dann, wenn eine Äußerung bei einer anderen auch ankommt, aufgenommen und eingeordnet wird und vielleicht eine Rückmeldung erfolgt. D. Maassen schreibt dazu:

> „Unter Interaktion stelle ich mir nicht vor, endlos zu blättern, Briefchen zu schreiben und zu bekommen, sondern auch gemeinsam mit anderen Menschen und Projekten im Netz Strukturen aufzubauen und die Geduld dafür aufzubringen, daß wichtige und interessante Dinge ins Netz kommen.“ (Maassen 1995, S.14)

Allerdings sind unbegrenzt veränderbare Texte auch der Gefahr ausgesetzt, daß Aussage und Zusammenhang verfälscht werden. Gerade die Tatsache, daß elektronisch vorliegende Informationen jederzeit zerpflückt, neu zusammengebastelt, auszugsweise zitiert und kommentiert werden können, läßt die Frage danach aufkommen, wie Macht unter den genannten demokratischen Kommunikationsbedingungen einer Netzgemeinschaft funktioniert. Die Möglichkeit, *Worte zu verdrehen,* ist nicht an eine spezifische institutionalisierte Machtpositition gebunden. Jede kann mitmischen. Das technische Angebot fordert folglich von den Nutzerinnen soziale Kompetenz ein, die aber grundsätzlich von ihnen auch in der face-to-face-Kommunikation verlangt wird. Da das Gespräch im Netz jedoch ausschließlich auf sprachliche Zeichen angewiesen ist und nicht durch Gesten und Mimik begleitet wird, gewinnt der sensible Einsatz von Sprache größere Bedeutung. Allerdings kann gerade die jeweilige Fähigkeit oder Neigung sich sprachlich zu äußern und zu argumentieren, die u.a. Bildungs-, Geschlechter- und andere soziale Unterschiede hervortreten läßt, hierarchische Strukturen etablieren. In diesem Spannungsfeld sehe ich vorrangig drei Eckpunkte, deren Problematik ich anhand feministischer Positionen diskutiern will. Sie lauten:

1. Technik: Die in einer patriarchalen Gesellschaft entwickelten Technologien wirken strukturierend und determinierend auf soziale Handlungsspielräume zurück.
2. Kommunikationsstile: Männer dominieren die Kommunikation im Netz. Frauen können aber langfristig die dort herrschenden sozialen Umgangsformen verändern.
3. Zugangsvoraussetzungen: Frauen wird der Zugang zu Neuen Technologien erschwert. Wichtiger Faktor ist dabei die ungleiche ökonomische Situation beider Geschlechter.

1. Technik

Die feministische Analyse und Kritik der technologischen Entwicklung führte häufig zu einer kompromißlosen Ablehnung von Techniknutzung. Diese anfängliche radikale Position wurde jedoch in vielen Projekten - wohl im Zusammenhang mit dem breiten Einsatz von Computern für die alltägliche Arbeit - revidiert und weicht z.B. in der beiträge-Redaktion einer nun zunehmend „kleinlauteren„ Haltung, da die Außenposition der Kritik definitiv abhanden gekommen ist (beiträge 1994, S.5). Mir stellt sich dabei jedoch die Frage, ob es diese *Außenposition* überhaupt einmal gab? Sie kann sich eigentlich vorwiegend auf die sog. *Neuen Technologien* bezogen haben. Denn grundsätzlich hat sich die Meisterin des Alltags an Technik längst gewöhnt. Mühelos ist sie dazu in der Lage, sowohl eine Kaffeemaschine, die lokalen

Fahrscheinautomaten als auch Stereoanlagen zu bedienen. Und überdies erfolgt das ohne übermäßige Furcht, davon beherrscht zu werden oder den angemessenen Einsatz eines Gerätes im Alltag nicht definieren zu können. Ob sie beim Kauf eines Bügeleisens die Wahl zugunsten der raffiniert programmierbaren Ausführung oder der robusteren Variante ausfüllt, bereitet keinerlei beängstigende Schwierigkeiten. Warum also keine vergleichbar selbstverständliche Kompetenz im Umgang mit Neuen Technologien entwickeln? Schließlich handelt es sich hier keineswegs um einen einheitlich strukturierten Raum: Erfahrungsgemäß kann jede Beteiligte recht schnell einschätzen, welche Bereiche des geheimnisumwobenen Cyberspace, der fast mythisch mit dem ambivalenten Heilsversprechen unbegrenzter Möglichkeiten lockt, sie tatsächlich nutzt. Ebenso kann sie erforschen, wie andere sich darin zu Wort melden. Die Möglichkeit, diesen Handlungsraum zu beurteilen und individuell oder mit anderen zusammen eine Position dazu zu entwickeln, nimmt dem Ding Mythos wie Mystik.

2. Kommunikationsstile

Die Forderung nach virtuellen Frauenräumen resultiert aus einer empirischen Beobachtung, die sich in der *gemischten* Netzwelt machen läßt: Frauen melden sich weniger zu Wort, verständigen sich mehr über private mails und sind deswegen weniger sichtbar. Sie legen sich mitunter männliche Pseudonyme zu, um nicht als Frau identifiziert zu werden etc. Tatsache ist, daß Männer z.B. im CL-Netz mehr „Rederaum“ für sich beanspruchen als Frauen. Tatsache ist auch, daß auf der Infobahn sexuelle Belästigung ebenso stattfindet wie im sonstigen Leben. Allerdings läßt sich daraus nicht geradewegs ableiten, Frauen seien defizitäre Netzwesen, denen mit Frauennetzen *unter die Arme gegriffen* werden müsse. Z.B. fällt bei genauerem Hinsehen auf, daß im CL-Netz die unfruchtbaren Grundsatzdebatten zwischen den Geschlechtern tatsächlich vorwiegend in den Frauenbrettern stattfinden, während in verschiedensten anderen Diskussionforen die Beteiligten problemlos in der Lage sind, beim eigentlichen Thema zu bleiben. Dauerhaft virulent ist folglich, was nicht weiter verwundert, jeglicher ausdrückliche Bezug auf Frauenrelevantes oder die Existenz einer frauenspezifischen Rubrik. Aus diesem Grund halte ich es für notwendig, auch im virtuellen Leben für den ungestörten Austausch unter Frauen einen Rahmen zu schaffen. Dazu kommt, daß Frauenpolitik nicht *mit einer Handvoll Frauenbretter*, die in den meisten Netzen neben vielen Brettern *allgemeiner* Thematik aufgeführt sind, abzuhandeln ist.

Eine andere Position, die sich aus dem unterschiedlichen Kommunikationsverhalten der Geschlechter im Netz ergibt, vertritt R. Tangens. Während Männer sich aggressiver und konfrontativer äußerten, legten Frauen ein sozial integrativeres und somit verträglicheres Kommunikationsverhalten an den Tag. Sie sieht hier eine Chance: „Diese Fähigkeiten, die bisher traditionell eher bei Frauen gefördert worden sind, könnten nun durchaus auch gesellschaftliche Anerkennung finden, da sie Voraussetzung für eine gelungene Kommunikation über das Netz sind.“ (Tangens 1995, S.19)
Durch diesen erworbenen Vorteil sollten Frauen, ihrer Meinung nach, positiven Einfluß auf die Entwicklung der Netzkultur nehmen. Doch gerade dies führt, denke ich, wieder zur gewohnten und bequemen Rollenverteilung zwischen den Geschlechtern. Zudem wird Frauen erneut ein pädagogischer Auftrag zur Verbesserung der unflätigen Männerwelt zugeschoben. Daß jedoch auch die Redeweisen von Frauen unterschiedlich sind und prinzipiell ebenfalls aggressiv oder hierachisierend sein können, ist eine andere Angelegenheit, die allerdings meist erst in Frauenräumen deutlich wird. Perspektivisch stelle ich mir vor, daß Frauen in *gemischten* Netzen mit ihren Nachrichten und Ansichten und nicht *als Frauen* stärker präsent werden. Die Existenz von Frauennetzen ermöglicht schließlich erst die Wahl: Jede kann sich mit den eigenen Informationen an bestimmte Öffentlichkeiten wenden und sich über die Einmischung in Gruppendiskussionen kontextbezogener artikulieren.

3. Zugangsvoraussetzungen

Computervermittelte Kommunikation ist mit vergleichsweise einfacher technischer Ausrüstung praktizierbar. Solange reines Textmaterial (im Unterschied zur Übertragung von Graphiken oder Programmen etc.) übermittelt wird, sind die Anforderungen an Kapazität und Leistung der Geräte ausgesprochen niedrig. Viele Frauen nutzen hierfür Computer, die an anderer Stelle als veraltet aussortiert wurden. Die nötige Software ist überwiegend als Shareware zu haben und erfordert weniger Kenntnisse als zeitgemäße Textverarbeitungsprogramme.[8] Electronic Mail (kurz: E-mail) ist überdies alles andere als *das* Medium der hochtechnisierten Staaten. In den Ländern Südamerikas oder z.B. Osteuropas findet sie viel selbstverständlicher in der Arbeit von einigen Frauenprojekten Einsatz, als etwa in der BRD, wo in erster Linie Frauen an der Uni einen entsprechenden Zugang besitzen. Dies bedeutet, daß die Frage von Zugangsbeschränkungen nicht allein auf das Vorhandensein reichlicher Ressourcen reduziert werden kann. Auch wenn es stimmt, daß Frauen weltweit seltener über einen PC verfügen als Männer, greift dieses Argument allein zu kurz. Denn trotz mangelhafter Geldmittel realisiert z.B. ein russisches Frauenprojekt ganze Bildungsprogramme und weite Teile der internen Koordinierung via E-mail. Dies bietet sich vor allem deshalb an, weil es gilt, große räumliche Distanzen zwischen den einzelnen Projektstandorten zu überbrücken. Es ist dort auch normal, daß sich mehrere Projekte einen Computer teilen und sogar eine gemeinsame E-mail-Adresse besitzen. Kaum eine der Frauen verfügt über einen privaten PC. Voraussetzung ist schließlich dennoch das grundsätzliche Vorhandensein eines Telefonnetzes sowie auch von Anbietern für Telekommunikationsdienste. Aber selbst in Gegenden ohne Telefonleitungen in Südafrika experimentieren Frauen erfolgreich per Funk. Was motiviert politische Gruppen in Afrika, Lateinamerika, Asien und in Osteuropa dazu, trotz mangelhafter technischer Ausstattung und schlechter öffentlicher Infrastruktur sich in Datennetze einzuwählen? T. Sörensen nennt hierfür am Beispiel lateinamerikanischer Staaten zwei wichtige Gründe: a) Die Frauengruppen reagieren mit der elektronischen Vernetzung dort auf die Schwierigkeit über Printmedien an Informationen zu kommen, die für ihre politische Arbeit relevant sind. Über die Datennetze erfahren sie von Ereignissen und Meinungen, die der eigene Medienmarkt ausklammert (Sörensen 1995, S.121); b) Der Besitz einer E-mail-Adresse erhöht das Prestige des jeweiligen Projekts und zwingt andere Institutionen, sie ernst zu nehmen (Sörensen 1995, S.125f.). Wollen sie international wahrgenommen werden, ist es unerläßlich, up-to-date zu sein, oder zumindest nicht *rückständig* zu wirken. Dazu kommen andere Gründe wie internationale Erreichbarkeit, die Notwendigkeit über größere Distanzen zu kommunizieren, geringere Kosten für den Informationstransfer, die Nutzung staatlich nicht kontrollierbarer Kommunikationswege etc. Zusammengenommen spiegeln diese Gründe wieder, daß es für feministische Arbeit in anderen Erdteilen offensichtlich bedeutungsvoller ist, unter Einsatz nicht konventioneller Medien auf internationaler Ebene zu agieren. Es ist Anreiz genug, Zugangsbeschränkungen, Barrieren und Ressourcenknappheit zu überwinden bzw. sich Wege zu schaffen, in internationalen Datennetzen wie z.B. *Association for Progressive Communications* (APC) mitzureden.[9] Vor diesem Hintergrund ist es fraglich, ob Zugangsbeschränkungen von Frauen zu Neuen Technologien global einheitlich diskutiert werden können. Die Frage muß eigentlich anders gestellt werden: Was hält Frauen z.B. in der BRD trotz vergleichsweise guter technischer Ausstattung und ausgebauter öffentlicher Infrastruktur davon ab, die Hürden auf dem Weg in die Vernetzungsstrukturen zu nehmen? Ist der Bezug von Informationen über die politische Arbeit von Frauen weltweit, die teilweise tatsächlich zuerst oder ausschließlich über die Netze verbreitet werden, so unbedeutend, daß es die Mühe nicht lohnt, sich das technische Wissen anzueignen? Die Tatsache, über eine Fülle von gedruckten Nachrichten zu verfügen, ist zweifellos ein Privileg. Daß aber auch in den mit Informationen übersättigten Industrienationen vieles von der Presse ausgeklammert wird, was Frauen hier wie dort denken und auf die Beine stellen, gerät vielleicht manchmal doch in Vergessenheit. Über das weltweite APC-Netz verbreiten zahlreiche Frauen-Organisationen Nachrichten, starten Aufrufe und nehmen zu politischen Ereignissen Stellung. Die Wahrnehmung ihrer Meinungen, Perspektiven, Forderungen etc. könnte Einfluß auf die hiesigen Debatten haben und zu veränderten Zielsetzungen führen, die Sichtweisen von Frauen in anderen Ländern ernst nehmen und mit einbeziehen. Das Resultat könnte nicht zuletzt sein, Aktivitäten zu koordinieren und die verschiedenen Interessen dabei im Blick zu behalten. Die Offenheit der Kommunikationsstrukturen in den Netzen ermöglicht virtuellen Schwestern gleichberechtigtere Bedingungen für die Artikulation der eigenen Positionen, für Meinungsaustausch und Auseinandersetzung. Der Nutzen durch den Einsatz Neuer Technologien in Fraueninitiativen wird demnach z.Zt. sicherlich nicht sein, eine größere Zahl von Frauen innerhalb der BRD zu erreichen als etwa über Printmedien. Der Effekt wäre indessen, andere Frauen als bisher zu erreichen. Vor allem, etwas von ihnen selbst zu erfahren und mit ihnen in Kontakt zu treten!

Anmerkungen

1 Hier reicht die Palette von publizistischen Überlegungen bis hin zur sozialwissenschaftlichen Reflexion vor dem Hintergrund feministischer Technikkritik einerseits und postfeministischer Eskapaden über Cross-Gender Communication in Cyberspace andererseits.

2 Das Frauenmailbox-Netzwerk WOMAN gründete sich im Mai 1995 und besteht z.Zt. aus sechs Boxen: ADA (Köln), CONNECTA (Düsseldorf), ELEKTRA (Heidelberg), FEMAIL (Frankfurt), FENESTRA (Hamburg) und SIRENE (Berlin). (Weitere Infos: woman.info@elektra.zerberus.de).

3 *Bretter* sind elektronische Diskussionsforen, die thematisch gegliedert allen an einem Netz angeschlossenen UserInnen offenstehen.

4 *Mailinglisten*, auch *E-mail-Konferenzen*, sind elektronische Verteiler, in die jede Interessierte sich eintragen kann und darüber alle an diesen Verteiler versendeten Nachrichten in ihr Postfach zugestellt bekommt. Mit diesem Verfahren läßt sich mit Hilfe privater elektronischer Post (E-Mail) die Kommunikation zwischen einer größeren Gruppe bewerkstelligen.

5 Im Herbst 1993 ging die erste Frauen-Mailbox FEMAIL im Frauen-Softwarehaus e.V., Frankfurt/M. ans Netz.

6 Der Rücklauf der Umfrage ist nicht repräsentativ. Ich erwähne sie trotzdem, da die Antworten fast alle eindeutig in eine Richtung wiesen.

7 Woman Online Archive (WOA) heißt das Archiv des Woman-Netzes, in dem einige (vorwiegend englischsprachige) Frauenzeitschriften aus Zagreb, Moskau und von anderswo sowie seit kurzem die Berliner Frauenzeitung Blau ihre Hefte veröffentlichen.

8 *Shareware* ist frei kopierbare Software, die erst nach der Erprobung bezahlt wird.

9 APC ist ein internationales Computernetz für Frieden, Ökologie, Soziales und Menschenrechte.

Literatur

Beiträge zur feministischen theorie und praxis 38 (1994): Editorial, S.5-9

Bertrand, Ute / Hüchtker, Ingrid (1992): Feministische Öffentlichkeit in der informatisierten Gesellschaft. Thesen. In: Gruppe Feministische Öffentlichkeit (Hrsg.): Femina Publica. Frauen – Öffentlichkeit – Feminismus. Köln. S.178-185

Drangsal, Sabine (1995): von leberspeisen, virtuellem sex und nur wenig kulturpessimismus. In: Blau 13. S.30-31.

Maassen, Doris (1995): Internet im Sommerloch. In: Blau 13. S.13-14.

Sørensen, Tove (1995): Moderner Feminismus online? Ein Zwischenbericht über zwei Internationale Frauennetzwerke. In: beiträge zur feministischen theorie und praxis 40. S.121-130

Tangens, Rena (1995): Mailboxen als neues Medium – Gleichberechtigte Kommunikation im Netzwerk. In: Blau 13. S.15-20

Tobler, Beatrice (1995): Mailboxwelten. Zur unterschiedlichen Nutzung des Mediums Computermailbox. Lizentiatsarbeit am Seminar für Volkskunde/ Europäische Ethnologie der Universität Basel. Basel

AutorInnen

Aulenbacher, Brigitte Jg. 1959, Dipl. Soz., Dr. rer. soc., z.Zt. Postdok-Stipendiatin im Graduiertenkolleg „Geschlechterverhältnis und sozialer Wandel" der Universität Dortmund. Bücher: Arbeit-Technik-Geschlecht. Industriesoziologische Frauenforschung am Beispiel der Bekleidungsindustrie, Frankfurt/New York 1993; gemeinsam mit Tilla Siegel (Hrsg.), Diese Welt wird völlig anders sein. Denkmuster der Rationalisierung, Pfaffenweiler 1995.

Becker-Schmidt, Regina Professorin am Psychologischen Institut der Universität Hannover mit den Lehr- und Forschungsgebieten: Sozialpsychologie und Gesellschaftstheorie des Geschlechterverhältnisses, Sozialpsychologie der Technik und psychoanalytischer Sozialisationsforschung.

Buhr, Regina Dr. phil., studierte Soziologie an der Hochschule für Wirtschaft und Politik in Hamburg; seit 1991 am Wissenschaftszentrum Berlin für Sozialforschung (WZB) und der Technischen Universität Berlin. Wissenschaftliche Arbeitsschwerpunkte: organisations- und techniksoziologische Fragestellungen, in die Perspektiven und Erkenntnisse der Frauenforschung eingeschrieben werden.

Buchholz, Boris Soziologiestudium an der Freien Universität Berlin; seit 1993 Mitarbeiter bei Bündnis 90/Die Grünen. Arbeitsschwerpunkte: Technikgeneseforschung, Migration und Entwicklungssoziologie.

Hammel, Martina Jg. 1959, Diplominformatikerin. Eine Tochter. Mitbegründerin und langjährige Mitarbeiterin der Frauen-Softwarehauses e.V. in Frankfurt/Main mit den Arbeitsfeldern betriebliche Gestaltungsprojekte, Qualifizierungen und Beratungen. Derzeit Promotionsstipendiatin bei der Hans-Böckler-Stiftung.

Jelden, Eva Jg. 1958, Dr. phil.; wiss. Assistentin am Institut für Philosophie der Universität Leipzig. Studium der Philosophie, Germanistik und Geographie an der Technischen Universität Berlin. Danach Mitarbeit in einem interdisziplinären Forschungsprojekt zum Einsatz von Expertensystemen in Denkprozessen. Promotion 1992. Arbeitsschwerpunkte: Technikphilosophie, Handlungs- und Erkenntnisprozesse in technisierter Lebenswelt, Technik- und Wirtschaftsethik. Veröffentlichungen (Auswahl): Technik und Weltkonstruktion. Frankfurt u.a. 1995; Prototheorien - Praxis oder Erkennnis? (Hrsg.) Leipzig 1995 (Leipziger Schriften zur Philosophie Bd. 1); „Homo faber – Experten oder Expertensysteme?“ sowie zusammen mit Hubig, Chr.: „Werkzeug, Maschine, System“. Beides in: Dt. Institut für Fernstudienforschung (Hrsg.): Technik – einschätzen, beurteilen, bewerten. Weinheim 1995.

Osietzki, Maria Jg. 1955, Dr. phil; Studium der Geschichte, Philosophie und Germanistik in Köln. Derzeit wissenschaftliche Assistentin am Lehrstuhl für Wirtschafts- und Technikgeschichte der Ruhr-Universität Bochum. Arbeitsschwerpunkte: Geschichte der Kernforschung, der Thermodynamik, Kulturgeschichte der Elektrifizierung, Geschlechter- und Umweltgeschichte. Veröffentlichungen (Auswahl): „Männertechnik und Frauenwelt. Technikgeschichte aus der Perspektive des Geschlechterverhältnisses“. In: Technikgeschichte, Bd. 59, 1991, S. 45-72. „Weiblichkeitsallegorien der Elektrizität als ‘Wunschmaschinen’“. In: Technikgeschichte, 1996, Heft 1, S. 47-70. „Energie und Entropie – Überlegungen zu Thermodynamik und Geschlechterordnung“. In: Meinel, Ch., Renneberg, M. (Hrsg.) Geschlechterverhältnisse in Medizin, Naturwissenschaft und Technik. Stuttgart 1996, S. 182-198.

Paulitz, Tanja Jg. 1966, studierte Russistik, Germanistik, Pädagogik und Sozialwissenschaften. Systembetreuerin der 1. Frauen-Mailbox FEMAIL im Frauen-Softwarehaus e.V. Frankfurt/Main und Gründungsfrau des Frauen-Mailboxnetzes WOMAN. Mitarbeit im Forschungsprojekt „Neue Technologien/Neue Medien als Herausforderung für die Sozial- und Sonderpädagogik“ an der Phillips-Universität Marburg. Derzeit Promotion über die Herstellung von Netzsubjektivitäten.

Poppenhusen, Margot Jg. 1939, Dr. phil.; Studium der Germanistik und Leibesübungen in Freiburg i. Br., Wien und Hamburg. 1966-1973 Lehrerin an Gymnasien, danach Zweitstudium der Soziologie in Freiburg i. Br.; 1987 M.A. in Freiburg, 1990 Promotion über Luhmanns Legitimationstheorie an der FU Berlin. Mitarbeit an verschiedenen Frauen- Forschungsprojekten mit Angelika Wetterer. 1988-1993 Lehrauftrag an der Evangelischen Fachhochschule in Freiburg im Schwerpunkt „Frauen und Mädchenarbeit“, 1989-1992 wiss. Mitarbeiterin beim DFG-Projekt „Lokale Bewegungsnetzwerke“ an der FU Berlin unter der Leitung von Prof. Peter Grottian. 1992-1995 Leiterin der Regionalstelle „Frauen – Technik“ in Kassel; seit 1993 Lehraufträge an der Universität Gesamthochschule Kassel.

Ritter, Martina Jg. 1961, Dr. phil.; Studium der Soziologie, Philosophie und Politikwissenschaft in Frankfurt a.M.; 1987 bis 1992 Mitarbeiterin im Bereich Techniksoziologie am „Institut für Sozialforschung“ in Frankfurt a.M. Seit 1992 wissenschaftliche Mitarbeiterin/wissenschaftliche Assistentin am Institut für Soziologie der Universität Gießen im Bereich „Kultursoziologie“. Arbeitsschwerpunkte: Techniksoziologie, feministische Theorien und soziokulturelle Transformationsprozesse in Rußland. Veröffentlichungen: Computer oder Stöckelschuh? Eine empirische Untersuchung über Mädchen am Computer. Frankfurt a.M. 1994; (m.a.) Frauen in der Defensive. Zur backlash-Debatte in Deutschland. Münster 1995.

Scheich, Elvira Diplom in Physik, Promotion in Politologie; war wissenschaftliche Mitarbeiterin am Institut für Politikwissenschaft der Technischen Universität Berlin, der Forschungsgruppe Soziale Ökologie/Frankfurt, am Institut für Biologie der Technischen Universität Berlin und am „Hamburger Institut für Sozialforschung“. Derzeitiger Arbeitsschwerpunkt: Geschlechterverhältnis und Wissenschaftsentwicklung im 20. Jahrhundert. Veröffentlichungen: Naturbeherrschung und Weiblichkeit. Denkformen und Phantasmen der modernen Naturwissenschaften. Pfaffenweiler 1993; (Hrsg.) Vermittelte Weiblichkeit. Feministische Wissenschafts- und Gesellschaftstheorie. Hamburg 1996; (m.a.) Zwielicht der Vernunft. Die Dialektik der Aufklärung aus der Sicht von Frauen. Pfaffenweiler 1992; Das Geschlecht der Natur. Feministische Beiträge zur Geschichte und Theorie der Naturwissenschaften. Frankfurt 1995.

Schelkle, Barbara Studentin der Informatik an der Technischen Universität Berlin, z.Zt. Systemadministratorin in der Bibliothek des Wissenschaftszentrums Berlin.

Schmitt, Bettina Dr. phil., Dipl.-Soziologin. Zur Zeit wissenschaftliche Mitarbeiterin am Institut für Berufspädagogik der Technischen Universität Darmstadt in einem von LEONARDO geförderten Forschungsprojekt. Arbeitsschwerpunkte: Frauenforschung, Bildungs- und Berufssoziologie, sozialwissenschaftliche Technikforschung.

Stach, Heike Jg. 1963, Diplom-Informatikerin, war von 1993-1997 Mitarbeiterin im Interdisziplinären Forschungsprojekt „Sozialgeschichte der Informatik“ an der Technischen Universität Berlin. Forschungsschwerpunkte sind die Untersuchung der Entstehung der Künstlichen Intelligenz sowie der Programmierung als kulturelle Entwicklungen. Derzeit Dissertation zu Wechselwirkungen zwischen kulturellen und technischen Faktoren in der Entwicklung der Programmierung und Programmiersprachen.

Walter, Christel Dr. rer. soc., Diplom-Soziologin und Diplom-Sozialarbeiterin; zur Zeit Durchführung des Forschungsprojektes „Professionelles Selbstverständnis und Selbstkonzepte von IngenieurInnen und SozialarbeiterInnen“. Arbeitsschwerpunkte: Profession und Geschlecht, Frauen und Technik, Berufs- und Organisationssoziologie, qualitative und quantitative Forschungsmethoden, Sozialarbeitsforschung.

Westphal, Doreen Jg. 1964, nach der Ausbildung zur Kellnerin in der ehemaligen DDR Abitur auf der Abendschule. M.A. in Anglistik/Amerikanistik und Germanistik an der Humboldt Universität zu Berlin. Redakteurin für Schulbücher (deutsche Literatur); „E-mail-Beauftragte“ des Zentrums für Interdisziplinäre Frauenforschung an der Humboldt-Universität zu Berlin. Betreuerin des Sohnes Paul und der Tochter Lea. Verheiratet.